计算机科学先进技术译丛

C++函数式编程

[塞尔维亚]伊凡·库奇（Ivan Čukić） 著

程继洪 孙玉梅 娄山佑 译

机械工业出版社

本书介绍了 C++的面向函数式编程。面向函数式编程是继面向对象编程之后又一编程范式，解决了命令式（过程式）编程与面向对象编程中出现的问题，是一种极具潜力的编程方式，值得研究和学习。主要讲解了函数对象、纯洁性（Purity）、惰性求值、range、函数式数据结构、代数类型及模式匹配、monad、模板元编程、并发系统的函数式设计，以及测试与调试等有关内容，还介绍了使用原有函数创建新函数的知识。

　　本书不仅可以作为 C++程序员、编程爱好者以及软件工程师学习函数式编程的参考书，还可以作为高等院校 C++编程语言的高级教材。

图书在版编目（CIP）数据

C++函数式编程 /（塞尔）伊凡·库奇著；程继洪，孙玉梅，娄山佑译. —北京：机械工业出版社，2019.11（2024.7 重印）

（计算机科学先进技术译丛）

书名原文：Functional Programming in C++

ISBN 978-7-111- 64198-8

Ⅰ.①C… Ⅱ.①伊… ②程… ③孙… ④娄… Ⅲ.①C++语言－程序设计 Ⅳ.①TP312.8

中国版本图书馆 CIP 数据核字（2019）第 263062 号

机械工业出版社（北京市百万庄大街 22 号　邮政编码　100037）
策划编辑：李培培　　责任编辑：李培培
责任校对：张艳霞　　责任印制：单爱军
北京虎彩文化传播有限公司印刷
2024 年 7 月第 1 版 · 第 7 次印刷
184mm×260mm · 17.25 印张 · 427 千字
标准书号：ISBN 978-7-111-64198-8
定价：99.00 元

电话服务　　　　　　　　　　　网络服务
客服电话：010-88361066　　　　机　工　官　网：www.cmpbook.com
　　　　　010-88379833　　　　机　工　官　博：weibo.com/cmp1952
　　　　　010-68326294　　　　金　书　网：www.golden-book.com
封底无防伪标均为盗版　　　机工教育服务网：www.cmpedu.com

译者序

函数式编程（Functional Programming）是近几年来颇受关注的一种编程范式，但它并不是新的东西。有许多函数式编程的语言，至今鲜为人知。但函数式编程与命令式编程和面向对象编程相比，有着显著的优点。

虽然函数式编程语言没有大行其道，但函数式思想却日渐流行。许多编程语言，如Java、C++纷纷引入了函数式编程的特性，作为面向对象和命令式编程的有益补充。

函数式编程有以下优点。

- 极大地改进了程序的模块化。
- 支持闭包和高阶函数。
- 支持惰性求值（lazy evaluation）。
- 引用透明。
- 没有副作用。

虽然函数式编程在学术界比较热门，各种编程语言也引入了函数式编程的特性，但在实际应用开发中，却远远没有流行起来。这本书可以让更多的读者了解和学习函数式编程，并将它应用于实际项目开发，解决命令式或面向对象编程的问题，设计更为健壮、更易于维护和修改的系统。译者希望通过翻译这本书为推广函数式编程略尽绵薄之力。

函数式编程思想不是取代命令式编程和面向对象编程思想，而是对其有益的补充，三者相互结合，才能很好地实现软件系统。

在翻译过程中，译者虽然字斟句酌，力图传达作者的真实意图，但由于文化差异、表达习惯等原因，加之能力有限，不足之处在所难免，恳请各位读者、专家和同行提出宝贵意见。

感谢机械工业出版社的各位领导和编辑，没有他们的辛勤工作，就不会有本书的面世；也感谢我的父母、妻儿，有了他们的辛勤付出，才有了本书的早日上市。

程继洪
于烟台南山学院

致谢

我要对任何支持本书成书的人表示感谢：我的导师 Saša Malkov，他使我喜欢上 C++；Aco Samardžić 教会了我编写可读性代码；我的朋友 Nikola Jelić，他使我相信函数式编程是十分伟大的；Zoltán Porkoláb 支持我的观点，即函数式编程和 C++ 是一种很好的混合；Mirjana Maljković 帮助教导学生学习现代 C++ 技术，包含函数式编程的概念。

另外，感谢 Sergey Platonov 和 Jens Weller 为我们这些生活在欧洲的人们组织精彩的 C++ 会议。可以这么说，没有这些人的支持，就没有这本书。

我要感谢我的父母，我的姐姐 Sonja 和我的另一半 Milica，他们一如既往地支持我的写作；还要感谢 KDE 团队的朋友们，他们使我在过去的十年间变成了一个开发者——最主要的几位是 Marco Martin、Aaron Seigo 和 Sebastian Kügler。

十分感谢 Manning 的编辑团队：Michael（Mike）Stephens 给了我最悠闲的初次采访；感谢 Marina Michaels 和 Lesley Trites 两位开发编辑，他们教会我如何写书（真的十分感谢他们，他们使我收获的比预期要多）；感谢技术开发编辑 Mark Elston，他使我保持扎实和务实；感谢伟大的 Yongwei Wu，他是我的官方技术校对员，然而远胜于此，对本书的提升提供了莫大的帮助。我希望没有对他们中的任何人造成太大的痛苦。

我还希望感谢给本书提出反馈的每一个人：Andreas Schabus、Binnur Kurt、David Kerns、Dimitris Papadopoulos、Dror Helper、Frédéric Flayol、George Ehrhardt、Gianluigi Spagnuolo、Glen Sirakavit、Jean François Morin、Keerthi Shetty、Marco Massenzio、Nick Gideo、Nikos Athanasiou、Nitin Gode、Olve Maudal、Patrick Regan、Shaun Lippy，特别是 Timothy Teatro、Adi Shavit、Sumant Tambe、Gian Lorenzo Meocci 和 Nicola Gigante。

前言

编程是一门罕见的学科，通过它可以从无到有地创建一些东西。编程可以根据自己的意志创建想要的东西，唯一需要的就是一台电脑。

我在上学的时候，大部分的编程课集中于命令式编程——首先是面向过程的 C 语言，然后是面向对象编程的 C++和 Java。在我的大学里情况也没有太大的改变——主要的编程思想还是面向对象的编程（OOP）。

在这段时间，几乎使我认为所有的语言在概念上都是相同的——只不过语法不同，在学习了某种语言的基础之后，如循环和分支，通过很小的调整就可以编写其他程序。

第一次接触函数式编程语言是在大学中，在课堂上学习了 Lisp 语言。我的直觉反应是使用 Lisp 来模拟 if-then-else 语句和 for 循环，这样可以真正使它变得有用。不是使我的认识适合语言，却决定使语言适合我的想法，以便用 C 的方式编程。我只想说那时候，没有看到函数式编程的任何意义——Lisp 可以做的，用 C 语言就可以实现，而且更加简单。

经过相当长的时间我才开始研究函数式编程。这么做的根本原因是，在某些项目中使用的语言发展太慢了。语言中添加了 for-each 循环，就像什么了不起的东西：只需要下载新的编译器，就可以使编程生涯更轻松了。

这让我陷入深思。为了得到诸如 for-each 循环的新语言结构，必须等待语言的新版本和新的编译器。但在 Lisp 中，却可以使用一个简单的函数实现 for 循环相同的功能，根本不需要升级编译器。

这正是我学习函数式编程的原因：无须改变编译器就可以扩展编程语言的能力。编程思想仍然是"面向对象"的，但却学着用函数式风格的结构简化面向对象代码的工作。

我开始投入大量的时间研究函数式编程语言，如 Haskell、Scala 和 Erlang。我惊奇地发现，使面向对象程序员头痛不已的问题，换个角度——以函数式风格思考——就迎刃而解了。

我的工作主要使用 C++，所以必须寻找一种方式用 C++进行函数式编程。事实证明，这样的人并非只有我一个，世界上到处都是具有类似想法的人。很荣幸在各大会议上遇到他们。这是交流思想、学习新的东西、交流 C++函数式编程经验的绝佳机会。

大多数这样的会议结束的时候都有一个共同的结论：如果有人写一本 C++函数式编程的书，那就太棒了。但问题是，所有人都让别人来写，因为我们都需要从实际项目中寻找思想的源泉。

当 Manning 出版社找到我写这本书时，我起初是犹豫的——我宁愿读这样的一本书，而不愿意去写。但我意识到，如果每个人都是这样的想法，将不会有 C++函数式编程的书了。我决定接受邀请，并开始了著书的旅程，于是就有了你看到的这本书。

关于本书

本书不是教授 C++编程语言的书。它是讲解如何使函数式编程适用于 C++的书。函数式编程对软件设计和编程提供了完全不同的思维方式，这种思维方式与命令式、面向对象风格完全不同。

许多人看到书名会感到奇怪，因为 C++通常被误认为是面向对象的语言。虽然 C++对面向对象支持得很好，但却远胜于此。它还支持面向过程的编程，而且对于通用编程的支持，使得许多其他语言相形见绌。C++对绝大多数（如果不是全部）函数式思想支持得很好。每个版本的 C++语言都添加了许多工具，使得函数式编程更加容易。

读者对象

本书主要面向专业的 C++开发者。假设读者具备构建系统和安装使用外部库的能力。另外，对标准模板库、模板、模板参数推断和并发机制。（如信号量）有基本的了解。

对于没有经验的 C++开发者，本书也并非高不可攀。在每章的末尾，对于读者不太熟悉的 C++特性，增加了解释性的文章链接。

学习路线

《C++函数式编程》的编排是线性的，因为每一章的内容是建立在前一章的基础上的。如果第一遍似懂非懂，那就最好再看一遍，不要继续向下进行，因为随着章节的推进，概念的复杂性也随之增加。只有第 8 章例外，如果不关心持久化数据结构是如何实现的，完全可以跳过这一章。

本书分为两部分。第一部分涵盖函数式编程语法，以及如何将其应用于 C++：

- 第 1 章简单介绍了函数式编程，以及它给 C++带来的好处。
- 第 2 章涵盖了高阶函数——接收其他函数作为参数或返回新函数的函数。对于这一概念通过标准库中几个比较有用的高阶函数进行说明。
- 第 3 章讨论了 C++认为是函数的所有东西，或者说类函数的东西——从标准的 C 函数到函数对象和 lambda 表达式。
- 第 4 章介绍了从旧函数创建新函数的不同方式。介绍了使用 std::bind 和 lambda 表达式的偏函数应用，并演示了一种理解科里化（Currying）函数的方式。
- 第 5 章讨论了不可变数据——永远不改变的数据——的重要性。解释了由于可变状态引发的问题，并给出了如何在不改变变量值的情况下编写程序。
- 第 6 章深入介绍了惰性求值（lazy evaluation）。介绍了如何在优化中使用惰性求值——从简单的字符串拼接任务到使用动态编程优化算法，介绍了惰性求值的应用。
- 第 7 章演示了 range 的用法——现代标准库算法采用的结构，旨在提升可用性和效率。

■ 第 8 章解释了不可变数据结构——每次修改都可以保持上一版本的数据结构。

本书的第二部分讲述了高级主题，主要涉及函数式软件设计：

■ 第 9 章介绍了如何使用和类型（sum types）消除程序中的无效状态。讲述了如何使用继承和 std::variant 实现和类型，以及如何通过创建重载函数对象处理和类型。

■ 第 10 章阐述了仿函数（functor）和 monad——一种易于处理通用类型的抽象，可用于处理通用类型，如向量、optional 和 future 的函数进行组合。

■ 第 11 章介绍了 C++编程语言中对函数式编程很有用的模板元编程。涵盖了静态内省（自我检查）技术、可调用对象，以及如何使用 C++的模板元编程创建面向领域的语言。

■ 第 12 章综合本书的所有内容，使用函数式方式设计并发的软件系统。介绍了如何使用延续函数（Continuation）monad 构建反应流软件系统。

■ 第 13 章介绍了关于函数式方法的测试和调试内容。

建议在读本书时，实现所有的概念并查看所有配套源码。本书讨论的技术都可以用老版本的 C++实现，但要编写很多呆板代码，所以本书实现主要使用 C++14 和 C++17。

所有例子假设使用兼容 C++17 的编译器。可以使用 GCC（作者自己的选择）或 Clang；请使用最新发布的支持 C++17 特性的版本。所有实例在 GCC 7.2 和 Clang 5.0 中测试通过。

可以使用普通的文本编辑器，并通过 GNU 的 make 命令（每个实例都有一个简单的 Makefile 文件）手工编译源码实例，或使用集成开发环境，如 Qt Creator（www.qt.io）、Eclipse（www.eclipse.org）、Kdevelop（www.kdevelop.org）或 Clion（www.jetbrains.com/clion），把实例代码导入其中。如果使用微软的 Visual Studio，则建议安装最新版本，这样就可以默认使用 Clang 编译器，而不是微软的 Visual C++编译器（MSVC），在撰写本书时，它似乎缺少很多特性。

虽然几乎所有的例子不需要外部依赖就可进行编译，但有些使用了诸如 range-v3、catch、和 JSON 库的依赖，这些快照可以在随书源码的 common/3rd-party directory 中找到；或者是 Boost 库，可以在 www.boost.org 进行下载。

代码约定与下载

源代码可以从出版者的网站 www.manning.com/books/functional-programming-in-c-plus-plus 和 GitLabhttps://gitlab.com/manning-fpcpp-book 下载。

本书有很多实例源码，书中的清单和文本中的代码对应。不论哪种情况，源码都以特定宽度字体与普通文本相区别。

在许多情况下，源代码都进行重新格式化，添加了换行符并对缩进进行重新编排，以充分使用纸张空间。很少情况下，代码中包含连行符（line-continuation markers➡）。另外，如果代码在正文中描述的话，代码中的注释就删除掉了。很多代码清单包含注解，以突出重要概念。

编码风格永远是一个会引起争议的话题。在涉及 C ++时更是如此，因为所有项目都倾向于拥有自己的风格。

全书尽量采用其他 C++书籍的编码风格，但想要声明几点。

■ 对实际事物如人和宠物建模的类，都以 _t 为后缀。这在叙述中提到现实中的人和 person 类型时比较容易区分——person_t 读起来比 the person type 容易。

■ 私有变量都以 m_ 为前缀，以便与静态成员变量相区分，它们以 s_ 为前缀。

本书论坛

购买《C++函数式编程》可以免费访问 Manning 出版社的私有 Web 论坛，可以对本书进行评论、提出技术问题，并可以从作者和其他读者那里获得帮助。论坛地址 https://forums.manning.com/forums/functional-programming-in-c-plus-plus。还可以通过 https://forums.manning.com/forums/ about 了解更多的 Manning 论坛和行为准则的信息。

Manning 致力于为读者之间，以及读者和作者之间提供交流的平台。但不能对作者的参与次数做出承诺，作者的奉献出于自愿，并且没有任何报酬。为了吸引作者的兴趣，建议向作者提问富有挑战性的问题！只要图书还在发行，论坛和以前的讨论结果都可以通过出版商的网站访问。

关于作者

    Ivan Čukić 在贝尔格莱德数学系教授现代 C++ 技术和函数式编程。他从 1998 年开始使用 C++。在以前和攻读博士学位时研究函数式编程，他应用函数式编程技术编写了全球数亿人使用的真实项目。Ivan 是 KDE 的核心开发人员，KDE 是最大的开源 C++ 项目。

目录

X

第1章
函数式编程简介

本章导读

■ 理解函数式编程。

■ 重点是解决什么，而不是如何解决。

■ 理解纯函数（pure function）。

■ 函数式编程的好处。

■ C++向函数式编程语言的进化。

在程序员的生涯中，需要学习很多种编程语言，但通常只会专注于自己所熟悉的两三种。大家经常听说学习新的编程语言很简单——不同的语言之间主要是语法的不同，而且大多数语言的语法很类似。如果熟悉C++，那么学习Java或C#就会容易很多，反过来也是如此。

这种说法有一定的道理，在学习新的语言时，大家通常会试图模拟熟悉的编程语言的风格。当笔者在大学里第一次使用函数式编程时，就是从以它的特性模拟熟悉的 for 和 while循环，以及 if-then-else 分支结构开始的。这是大家通常采用的办法，但这仅仅是为了通过考试，然后再也不会使用它。

假如只有一把锤子，那么很可能把所有的问题都看作钉子。反过来也是一样，如果碰到一个钉子，就会把手头的任何工具当作锤子。许多程序员觉得函数式编程语言不值得一学，那是没有发现它的好处，仍然企图使用以前的编程模式使用新工具的缘故。

本书不是教读者学习一种新的编程语言，而是教读者使用语言（C++）的另一种方式。这种方式与原来的方式有很大的差异，以至于感觉像是在学习一种新的语言。使用这种新方式，可以写出更简洁、更安全、更易读、更易于理解的代码，并且作者敢说比通常用 C++编写的代码更美观。

1.1 什么是函数式编程？

函数式编程是 20 世纪 50 年代在学术界诞生的一种古老的编程范式，长期以来，也只"存在"于学术界。虽然它一直是科学研究的热门话题，但从未真正流行过，反倒是命令式语言（首先是过程式，后来是面向对象）变得无处不在。

早有预言总有一天函数式编程语言将统治世界，只不过这一天还没有到来。著名的函数式编程语言，如 Hashkell 和 Lisp 还没有挤进最流行编程语言排行榜的前十名，最流行编程语言排行榜仍被命令式编程语言，如 C、Java 和 C++霸占着。与大多数预测一样，这需要公开讨论才能定夺。函数式编程语言没有流行起来，反倒是流行的编程语言引入了函数式编程的特性。

什么是函数式编程（FP, functional programming）？这个问题非常难以回答，因为并没有一个普遍接受的定义。如果问函数式程序员什么是 FP，至少会得到 3 个不同的回答：纯函数（Pure Fucntion），惰性求值（Lazy Evaluation）和模式匹配（Pattern Matching），人们通常通过这些概念解释 FP。

为了使大家都能接受，作者以 Usenet 讨论组中的数学化定义说明什么是函数式编程：

函数式编程是一种编程风格，它强调表达式的求值，而不是指令的执行。这些表达式由函数和基本的值组合而成。函数式语言就是支持并鼓励使用函数式风格编程的语言。

——comp.lang.functional 常见问答

在本书中将会讨论各种关于 FP 的概念。作者把这个任务交给读者，由读者来挑选哪些是函数式语言所必需的。

广义地讲，FP 是一种编程风格，它的程序主要是由函数而不是对象或过程组成。函数式风格的程序不是指定要取得结果的指令，而是定义结果是什么。

看一个小例子：计算一个数列的和。在命令式编程中，对这个数列进行循环处理，并把它们加到累积变量上，需要指明求和的每一个步骤。而在函数式编程中，只需要定义数列的和是什么。当需要求和时，计算机知道如何去做。可以这样定义：数列的和就是把第一个元素与剩余元素的和相加，如果数列为空，则和为 0。这样只是定义了和是什么，而不需要解释如何去计算它。

这里的差别只在于命令式（Imperative）和声明式（Declarative）编程的不同。命令式意味着显式地要求计算机需要做什么，说明计算最终结果需要执行的每一个步骤。声明式则需要说明需要做什么，编程语言来决定如何做。只要定义了什么是数列的和，编程语言即可利用定义计算给定数列的和。

1.1.1 与面向对象编程的关系

不能说哪一个更好：最流行的命令式范式，面向对象编程（OOP）；或常用的声明式范式，FP 范式，都有自己的优点和缺点。

面向对象的范式基于对数据的抽象。它允许编程者隐藏对象的内部细节，并通过对象的 API 给其他部分留下可以操作的接口。

FP 风格基于对函数的抽象。它可以创建比底层语言提供的复杂得多的控制结构。当 C++11 引入基于范围的循环（有时称作 foreach）时，它必须在每个 C++编译器中实现（已有很多编译器实现了）。使用 FP 技术，不必修改编译器就可以实现。许多第三方库已经实现了各自的 foreach 循环。当使用 FP 时，可以创建新语言的结构，如 foreach 循环等，这在编写命令式程序时也很有用。

在某些情况下，某种范式可能更适合，反之亦然。通常情况下，两种方法结合会达到最佳效果。许多老的编程语言都从单一范式向多范式转变，就可以证明这一点。

1.1.2　命令式与声明式编程的比较

为了说明两种编程风格的差异，这里设计一个简单的命令式程序，然后再把它转换成函数式风格。常用于考查软件复杂度的指标是代码行数（LOC）。这个方法是否科学，有待商榷，但用于展示命令式和 FP 之间的差异，它却是一个好办法。

假设要读取一系列文件，并统计每个文件的行数，如图 1-1 所示。为了使例子尽量简单，只需要统计文件中换行符的数目——假设最后一行的后面也有一个换行符。

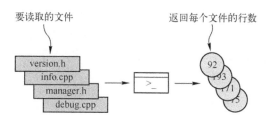

图 1-1　程序的输入是一个文件列表，需要返回每个文件的行数

以命令式编程的方式考虑，需要进行如下分析以解决这一问题。

1）打开每个文件。

2）定义一个 counter 变量保存行数。

3）逐一读取文件的每个字符，并在读取到换行符（\n）时将 counter 加 1。

4）一个文件读取结束，存储计算的行数。

下面的代码逐字读取文件并统计换行符的数目，如清单 1-1 所示。

清单 1-1　命令式统计行数

```cpp
std::vector<int>
count_lines_in_files( const std::vector<std::string> & files )
{
    std::vector<int> results;
    char  c = 0;
    for ( const auto & file : files )
    {
        int  line_count = 0;
        std::ifstream    in( file );

        while ( in.get( c ) )
        {
```

```
            if ( c == '\n' )
            {
                line_count++;
            }
        }
        results.push_back( line_count );
    }
    return results;
}
```

代码需要使用两层循环和一些变量跟踪程序的状态。虽然例子很简单，但还是有几处容易出现错误——未初始化（或初始化有问题）的变量、不适宜的更新状态、错误的循环条件。编译器会以警告的方式报告这些错误，但很难发现这些错误，因为大家总是倾向于忽略这些错误，就像拼写错误一样。所以需要以一种更好的方式编写代码，以避免类似的错误。

许多 C++ 读者可能已经注意到可以使用标准的 std::count，而不需要手动计算行数。C++ 提供了方便的抽象，如流迭代器（Stream Iterator），它可以像熟悉的 List 和 Vector 一样操作 I/O 流，因此可以放心地使用它们，如清单 1-2 所示。

清单 1-2　使用 std::count 统计换行符数目

```
int count_lines(const std::string & filename)
{
    std::ifstream in(filename);

    return std::count(
        std::istreambuf_iterator<char>(in),       ┐ 从流的当前位置统计换行符，
        std::istreambuf_iterator<char>(),          │ 直到文件的末尾
        '\n');                                     ┘
}


std::vector<int>
count_lines_in_files(conststd::vector<std::string>& files)
{
    std::vector<int> results;
    for (const auto & file:files) {
        results.push_back(count_lines(file));   ◀── 保存结果
    }

    return results;
}
```

通过这种解决方式，再也不需要关心统计是如何进行的。只需要说明在给定的流中统计换行符的数目就可以了。这就是函数式编程中的主要思想——使用抽象来表述用户的目的

4

（Intent），而不是说明如何去做——这也正是本书中大多数技巧的目标。这也是 FP 能与泛型编程（Generic Programming）（特别是 C++）相辅相成的原因：两者都可以有更高层次的抽象（与命令式编程相比）。

面向对象？

　　许多程序员说 C++ 是一种面向对象的语言，作者感觉很好笑。因为几乎所有的 C++ 标准库（通常指的是标准模板库，Standard Template Library，即 STL）都没有使用基于继承的多态，而多态恰恰是 OOP 范式的核心。

　　STL 由 OOP 口头评论家 Alexander Stepanov 创建。他使用 C++ 模板和一些 FP 技术实现了自己的泛型编程库。

　　这也正是作者在本书中使用 STL 的原因——即使它不是一个真正的 FP 库，但它模拟了许多 FP 的概念，是学习函数式编程不错的方法。

　　这种解决方案的好处在于，需要考虑的状态变量更少，而且可以在更高的抽象层次上表达自己，而没必要指定求得结果的每一步细节。再也无须关心统计行数的具体细节。count_lines 函数唯一的任务是把它的输入（文件名）改成 std::count 可以理解的类型（两个流迭代器）。

　　这里再进一步，用函数式风格定义整个算法——应该做什么，而不是应该怎样去做。读者已经学习了基于范围的循环（foreach 循环），它可以把一个函数应用于每个元素，并收集结果。这是一个通用的模式，希望在编程语言的标准库中支持这种循环。在 C++ 中，就是 std::transform（在其他语言中，通常称为 map 或 fmap）。与 std::transform 逻辑功能类似的算法如清单 1-3 所示。std::transform 逐个遍历 files 集合中的文件，并对它们施加 count_lines 函数，且把结果存储在 results 向量中。

清单 1-3　使用 std::transform 把文件映射为它的行数

```
std::vector<int>
count_lines_in_files(conststd::vector<std::string>& files)
{
    std::vector<int> results(files.size());

    std::transform(files.cbegin(), files.cend(),    ┐ 指定处理哪个条目
                   results.begin(),    ◀────── 在哪里存放结果
                   count_lines);  ◀─────┐
    return results;                     └ 转换函数
}
```

　　代码中不再声明算法所需的步骤，而是指明如何把输入转换成期望的输出。移除状态变量，依赖标准库中的统计（行数）算法，而不是自行编写的（算法），使得代码不易出错。

　　问题在于代码中包含太多的模板代码，比起原来的例子可读性差了一些。这个函数有 3

个重要的单词：

- transform——代码做什么。
- files——输入。
- count_lines——转换函数。

其余的可以忽略。

如果读者能够自行编写重要的代码并跳过其他的部分，这个函数将更有可读性。在第 7 章将会看到它是怎样通过使用标准库实现的。下面将展示通过 range（范围）和 range transformations（范围转换）实现这个函数。range 使用"|"（管道）操作符表示通过转换传递一个集合，如清单 1-4 所示。

清单 1-4 使用 range 进行转换

```
std::vector<int>
count_lines_in_files( const std::vector<std::string> & files )
{
  Return files | transform( count_lines );
}
```

这段代码与清单 1-3 实现的功能相同，但意义更加明显。输入一个列表，通过一个转换，就可以返回结果。

指定函数类型的符号

C++并不只有一种类型来表示函数（在第 3 章，读者会看到 C++认为是函数的所有东西）。若要指定实参类型和返回函数类型而不指定它在 C++中的确切类型，这需要引入一个独立于语言的新符号。

f: (arg1_t, arg2_t, ..., argn_t)→result_t，这段代码意味着 f 接收 n 个参数，arg1_t 是第一个参数的类型，arg2_t 是第二个参数的类型，以此类推，并且 f 返回一个 result_t 类型的值。如果函数只接收一个参数，则将包含参数类型的圆括号省略。为了简单，在这种写法中没有使用 const 引用。

例如，对于 repeat 函数是这样定义的：(char, int)→std::string，也就意味着函数接收两个参数——一个字符和一个整数——并且返回一个 string。在 C++中，它应该写成这样（自 C++11 开始支持第二种写法）：

```
std::string repeat(char c, int count);
auto repeat(char c, int count) -> std::string;
```

这种写法增加了代码的可维护性。读者可能已经发现 count_lines 函数有一个设计缺陷。如果只看它的名字和类型声明（count_lines: std::string→int），可能觉得这个函数接收一个字符串，但并不能确定这个字符串代表一个文件名。认为这个函数的作用是统计传递给它的字符中的行数，这也是很正常的。为了修改这个错误，可以把这个函数分成两部分：open_file: std::string→std::ifstream，它接收一个文件名并返回一个文件流；count_lines：std::ifstream→int，它统计给定的流中有多少行。通过这种修改，就可以通过它们的名字和类型，很明显

地看出函数的功能了。修改这个基于 range 的 count_lines_in_files 函数，只需要一个附加的转换，如清单 1-5 所示。

清单 1-5　使用 range 转换，修改版

```
std::vector<int>
count_lines_in_files( const std::vector<std::string> & files )
{
  return files | transform( open_file )
                | transform( count_lines );
}
```

这个解决方案比清单 1-1 的命令式解决方案要简洁很多，并且意义更明显。以一个文件名集合开始——与使用什么类型的集合无关——对集合中的每个元素执行两个转换。首先接收一个文件名，创建一个文件流，然后通过这个流统计其中的换行符。这正是前面代码的意义——无须任何额外的语法，也不需要任何模板。

1.2　纯函数（**Pure functions**）

软件中缺陷的主要来源之一是程序的状态。很难跟踪到程序中所有可能的状态。OOP 范式给出了一种选择，可以把状态抽象到对象中，从而更易于管理。但它没有从根本上减少可能的状态。

假设正在开发一个文件编辑器，把用户输入的文本保存在一个变量中。用户单击保存按钮并继续输入。程序每次将一个字符保存到存储器中（这有点太简单了，但不要着急）。如果程序在保存时，用户修改了部分文件，将会怎样呢？程序是把文件保存为用户单击时的样子，还是保存当前的版本，或者进行其他的处理？

问题是 3 种情况都有可能——这与程序的保存操作和用户修改的位置有关。如图 1-2 所示，的情况，程序将保存已不在编辑器中的文本。

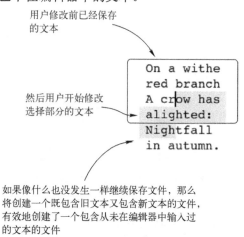

图 1-2　如果在保存时允许用户修改，则会保存不完整或无效的数据，因此会创建一个被破坏的文件

7

保存文件中的一部分来自未修改的文本，而其他部分则来自修改后的文本。两种不同的状态将在同一时刻被保存。

如果保存功能有自己不可改变的数据副本，则不会出现这样的问题，如图 1-3 所示。这是可变状态最大的问题：它在毫无关系的程序部分之间创建了依赖关系。这个例子包含两个不同的用户操作：保存输入的文本和输入文本。它们应该是相互独立执行的。多个操作同时执行，并共享可变状态，会在它们之间创建依赖关系，从而能够处理刚刚描述的那些问题。

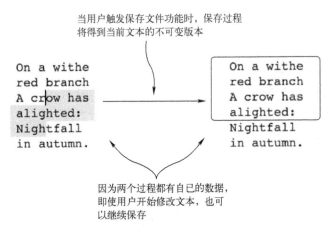

图 1-3　如果创建完整的副本或使用可以同时记住多版本数据的结构，则可以在文本
编辑器中分离保存文件和编辑文本的两个过程

《修改代码的艺术（Working Effectively with Legacy Code）》（Prentice Hall，2004 年版）的作者 Michael Feathers 说："OO 通过对移动部分的封装提高了代码的可理解性，FP 通过减少移动部分使代码更好理解"。基于同样的道理，即使是局部的可变变量也认为是不好的，它们创建了同一函数内部不同部分之间的依赖关系，给代码重构带来困难。

FP 的核心思想是纯函数（pure function）：函数只使用（而不修改）传递给它们的实际参数计算结果。如果使用相同的实参多次调用纯函数，将得到相同的结果，并不会留下调用痕迹（无副作用）。这都意味着纯函数不能修改程序的状态。

太好了，终于可以不用考虑程序的状态了！但是很不幸，这也意味着纯函数不能从标准输入读取内容，不能向标准输出写入内容，不能创建或删除文件，也不能向数据库插入记录等。如果要追求彻底的"不变性"，甚至要禁止纯函数改变处理器的寄存器、内存或其他硬件的状态。

这样纯函数的定义就没有用了。CPU 一条一条地执行指令，它需要跟踪下一条要执行的指令。如果连 CPU 的内部状态都不可修改，那么在计算机上将无法执行任何操作。另外，如果不能与用户或其他软件系统交互，程序就毫无作用。

正是因为这样，本书放松一下对纯函数的要求，重新定义如下：任何（在更高层次上——除硬件以上的层，译者著）没有可见副作用的函数称为纯函数。纯函数的调用者除了接收它的返回结果外，看不到任何它执行的痕迹。本书并不提倡只使用纯函数，而只是限制非纯函数的数量。

1.2.1　避免可变状态

本书通过命令式实现的统计文件集合中每个文件的行数的例子，引入 FP 编程的风格。统计函数对于相同的文件（假设文件没有被其他外部实体改变）集合，应该返回相同的整数数组。这意味着该函数可以用纯函数实现。

仔细观察清单 1-1 中的最初实现，就会发现很多"不纯"的语句：

```
for ( const auto & file : files )
{
    Int  line_count = 0;
    std::ifstream in( file );
    while ( in.get( c ) )
    {
        if ( c == '\n' )
        {
            line_count++;
        }
    }
    results.push_back( line_count );
}
```

调用输入流的 get() 方法改变了输入流和变量 c 的值。代码向数组中添加新值改变了结果数组，通过 line_count 自加改变了它的值（处理一个文件时的状态变化，如图 1-4 所示）。这个函数绝不是以纯函数的方式实现的。

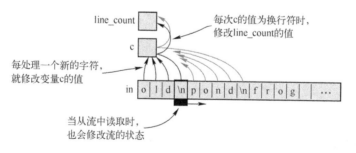

图 1-4　在统计单个文件的行数时，这个例子需要修改几个独立变量的值。
它们中有些是相互影响的，其他的则不然

但要考虑的不仅仅是这些，另一个很重要的方面是这个函数的"不纯"性是不是外部可见的。这个函数的所有可变变量都是局部的——即使函数的并发调用也不会共享——不会被调用者或其他实体看到。虽然它的实现不是纯函数，但它的使用者可以认为这是一个"纯函数"。这对它的调用者是有利的，因为不需要修改它们的状态，而只需要管理自己的（状态）。这样做的话，必须保证不能更改不属于自己的任何东西。如果限制修改属于自己的状态，以纯函数的方式实现，那就再好不过了。如果能够保证以纯函数实现，那就没必要考虑是否漏掉了任何状态改变，因为没有修改任何东西。

第二种解决方案把统计功能分离到 count_lines 函数中，如清单 1-2 所示。这个函数也是外表上看起来像个纯函数，虽然它的内部声明了一个输入流并且修改它。很不幸，由于 std::ifstream API 的原因，这已经是最好的解决方案了：

```
int count_lines( const std::string & filename )
{
    std::ifstream in( filename );
    return std::count(
                std::istreambuf_iterator<char>( in ),
                std::istreambuf_iterator<char>(),
                '\n' );
}
```

这一步并没有对 count_lines_in_files 函数有什么实质性提高。它只是把"不纯"的部分移到了其他的地方，但仍然保留了两个可变的变量。与 count_lines 不同，count_lines_in_files 函数不需要 I/O，但还是用它（count_lines 函数）的思想实现的，所以作为调用者，可以认为它是纯函数，而不论是不是含有"不纯"的部分。下面的代码使用了范围操作符（range notation）实现 count_lines_in_files 函数，没有局部状态——没有可变状态也没有不可变状态。它的实现只是对给定的输入调用了其他的函数：

```
std::vector<int>
count_lines_in_files( const std::vector<std::string> & files )
{
    return files | transform( count_lines );
}
```

这个解决方案是 FP 风格很好的例子。它简明扼要，浅显易懂。更重要的是，其他的事情（除统计行数外）它一概没做——没有任何可见的副作用。它只是对给定的输入给出期望的结果。

1.3 以函数方式思考问题

先写出命令式的代码，然后再一点一点地把它变成函数式的代码，这是低效的，也不是高产的方法。读者应该以另一种方式思考问题。应该考虑输入是什么，输出是什么，从输入到输出需要什么样的转换，而不是去思考算法的步骤。

给定一个文件名字的列表（集合），需要计算出每一个文件中的行数，如图 1-5 所示。首先想到的应该是简化这个问题，即一次只处理一个文件。虽然给定了一个文件名的集合，但可以一次一个地处理它们。如果能找出解决统计一个文件行数的办法，就可以很容易地解决这个问题，如图 1-6 所示。

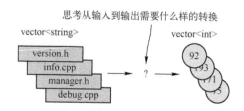

图 1-5　当以函数式方式思考时，考虑的是从输入到输出需要进行的转换

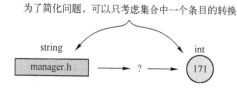

图 1-6　可以对集合中的每个条目执行相同的转换。这就可以把问题简化为对集合中单个条目转换的问题

　　现在问题转化为，定义一个函数，接收一个文件名并计算该文件中行数的问题。从这个角度分析，很明显给定了一个东西（文件名），但需要的却是另一个东西（文件的内容，这样才可以统计出文件的行数）。因此，需要一个函数，它可以接收一个文件名，并给出它的内容。至于内容是字符串、文件流、或其他形式由用户决定。它只需要每次提供一个字符，用户把这个字符传递给统计行数的函数就可以了。

　　当有了给出文件内容的函数（std::string → std::ifstream），就可以用它的结果调用统计行数的函数（std::ifstream → int）。把第一个函数返回的 ifstream 类型的结果传递给第二个统计行数的函数，就可以得到想要的结果如图 1-7 所示。

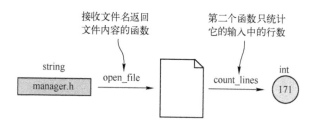

图 1-7　可以把统计文件行数这样的大问题，分解成两个小问题：给定文件名，
打开该文件；统计给定文件的行数

　　这样问题就解决了。现在需要提升这两个函数用于处理一个文件的集合，而不再是单一的一个文件了。从概念上讲，std::transform 就是这样实现的（还有很多复杂的 API）：它需要一个可以应用于单个值的函数，并创建一个可以处理整个值集合的转换，如图 1-8 所示。把处理单个值的函数提升（lifting）为处理该类型复杂数据结构的函数，是一种通用技术。第 4 章对这种提升进行了详细的论述。

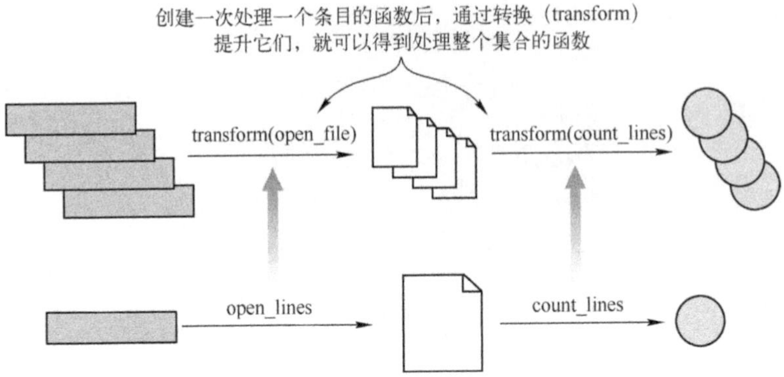

创建一次处理一个条目的函数后，通过转换（transform）
提升它们，就可以得到处理整个集合的函数

transform(open_file)   transform(count_lines)

open_lines   count_lines

图 1-8　通过使用 transform，可以把每次只处理一个条目的函数改造成处理集合的函数

通过这个例子，读者已经学会了利用函数式的方法，把一个大的问题分解成小的问题、独立的任务，并且方便地把它们组合起来。与函数组合和提升比较类似的例子是动态流水线，如图 1-9 所示。最初是制作产品的原料。这些原料通过机器的转换，最后得到最终产品。在流水线中，关心的是产品经过哪些转换，而不是机器加工产品的具体步骤。

可以对给定的输入逐个应用不同的转换。这里为
用户提供了所有这些转换函数的组合方式

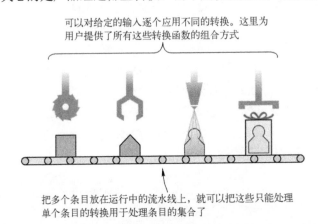

把多个条目放在运行中的流水线上，就可以把这些只能处理
单个条目的转换用于处理条目的集合了

图 1-9　函数的组合和提升可以比作一个运行中的流水线。不同的转换只处理单个条目。通过提升把它们用于处理条目的集合，并把一个转换的结果作为下一个转换的输入，把它们组合起来，这样可处理任意多的条目

在这个例子中，原料是输入，机器是施加于输入的函数。每个函数只做自己的工作而不关心其他的函数。每个函数只需要一个有效的输入，而不论这个输入来自何处。输入条目逐个放在流水线中（或有多个流水线，那就可以并行处理多个条目了）。每个条目经过转换，最终得到想要的东西。

1.4　函数式编程的优点

FP 的不同方面各有自己的优点，本书将在后续章节中介绍，这里先总体上介绍 FP 的优点。

当开始以函数式方式编程时，最明显的就是代码变短了。有些项目甚至有正式的代码注释（annotations），如"可能是 Haskell 中的一行"。这是因为 FP 提供的工具简单但表现力很强，大多数功能都可以在更高的层次上实现，而不必拘泥于细节。

这个特点与"单纯性（purity）"相结合，已经使 FP 成为最近几年的焦点。单纯性提高了代码的正确性，富有表现力可以允许用户编写更少的代码（在编写代码时可能产生错误）。

1.4.1　代码简洁易读

函数式编程者声称以函数式风格编写的代码易于理解。这只是一种主观认识，习惯于编写命令式代码的人可能有不同的看法。客观地讲，函数式风格的代码更短小而且简洁。通过前面的例子能很明显地看出这一点：开始时有 20 行代码，最后 count_lines_in_files 函数只有一行代码，而 count_lines 只有 5 行代码，而且大多是 C++ 和 STL 模板强加给的（代码）。使用 STL 的 FP 部分提供的更高级别的抽象可以实现这一点。

对于许多 C++ 程序员来说，一个不幸的事实是，距离使用诸如 STL 算法之类的更高抽象的代码还相距甚远。他们有各种各样的理由，可以手动编写出更高效的代码，写出的代码他人不易理解等。这些理由某些情况下是成立的，但大多数情况下不成立。对于使用的编程语言，不使用它的高级特性，会使语言的强大功能和表现力大打折扣，从而编写的代码更复杂，更难以维护。

在 1987 年，Edsger Dijkstra 发表了论文《Go To Statement Considered Harmful （go-to 语言被认为是有害的)》。在那个滥用 GOTO 的时代，他提倡避免使用 GOTO 语句，而使用结构化编程和过程、循环与 if-then-else 等更高级的结构：

无限制地使用 GOTO 语句的直接后果是很难找到一组有意义的坐标来描述处理过程。……GOTO 语句和它的字面意义一样，是很原始的，大量的使用会使程序变得更糟[⊖]。

有许多情况下，循环和分支也过于原始。就好像 GOTO 一样，循环和分支使程序难以编写和理解，可以使用层次更高的 FP 结构替代。程序员在多处编写相同的代码，却没有发现它们是相同的，因为它们用于不同的类型或有不同的行为，但可以很容易地把它们重构出来。

通过使用 STL 或第三方库提供的抽象，并通过创建自己的抽象，可以使代码更安全、更简短。同时，更易于暴露这些抽象中的缺陷，因为这些相同的代码将被用于不同的场合。

1.4.2　并发和同步

开发并发系统的主要难点在于共享可变的状态。必须保证组件不能相互干扰。

使用纯函数编写并行程序就很简单，因为这些函数并不修改任何东西。不需要原子或信号量进行显式同步，可以把用于单线程的代码，几乎不加修改地用于多线程系统。第 12 章对

⊖ Communications of the ACM 11, 第 3 期 (1968 年 3 月).

此进行了更详细的介绍。看一下下面的代码片段，它把 xs 向量中的值的平方根累加起来：

```
std::vector<double> xs = {1.0, 2.0, ...};
auto result = sum(xs | transform(sqrt));
```

如果 sqrt 是一个纯函数，那么 sum 就可以把整个向量分成若干部分，并在不同的线程中对不同的部分进行求解。当所有线程都求解完成时，它就可以收集这些结果，再累加起来。

但是很不幸，C++还没有纯函数的概念，因此并行不能自动执行。但可以显式地调用 sum 的并行版本。sum 函数甚至可以在运行时检测 CPU 的核数，并决定把 xs 向量分成几个部分。如果用 for 循环实现前面的代码，就不可能简单地把它并行化。需要保证同一时刻，变量不能被多个线程同时修改，还要根据运行程序的系统确定线程的最优数目，而不能把这些工作全都留给提供累加功能的算法。

注意： C++的编译器在检测到循环体是"纯"的时，可以自动地进行向量化或进行其他的优化。这种优化会对标准代码产生影响，因为标准算法的内部是通过循环实现的。

1.4.3 持续优化

使用抽象层次更高的 STL 或其他可信的库函数还有另一个优点：即使不修改任何一行代码，程序也在不断地提高。编程语言、编译器实现或正在使用的库的实现的每一个改进都将改进程序。虽然函数式或非函数式的高层次抽象都会得到改进，但 FP 概念显著增加了可以用这些抽象来覆盖的代码量。

这看起来有点简单，但很多程序员倾向于手动编写低层次的关键性能（performance-critical）代码，有时甚至用汇编语言。这种做法有一定的好处，但这种优化只针对特定的平台，而且阻碍了编译器对其他平台代码的优化。

再来看一下 sum 函数。针对预取指令的系统进行优化，可以在内部循环中一次取两个（或更多）条目，而不是一次只取一个。这可以减少代码中的跳转次数，因此 CPU 一般会预取到正确的指令，而且在目标系统中可大幅提高性能。但如果在另一不同的平台上运行这个程序会怎样呢？对于某些平台来说，其原始的循环可能已经是优化了的；对于其他平台，有可能每次循环能对更多的条目进行累加。有些系统甚至可以提供 CPU 级的指令来实现这个函数的功能。

通过这种方式手动优化代码，针对的只有一个平台，而失去了其他所有平台的优化。如果使用高层次抽象，就可以依赖其他的人对代码进行优化。绝大多数 STL 实现都对目标平台和编译器进行了特定的优化。

1.5 C++作为函数式编程语言的进化

C++作为 C 语言的扩展，允许用户编写基于面向对象的程序。（最初被称为"带类的 C"）甚至它的第一个标准版本（C++98），也很难称为面向对象的语言。通过引入模板和

STL，零星地使用继承和虚成员函数，C++才变成了一个多范式的编程语言。

C++不是主要面向对象的编程语言，而是一个泛型编程语言，这一点颇有争议。通过考查 STL 的设计和实现，就可以看出这一点。泛型编程（Generic programming）基于这样一种思想：可以编写通用概念的代码，并可以把它应用于适合这些概念的任意结构。例如，STL 提供的向量模板，可用于不同的类型，包括整型、字符型和其他满足前置条件的类型。编译器会对每一种特定的类型优化代码。这被称作"静态或编译时多态（static or compile-time polymorphism）"，与之相对的是动态或运行时多态（dynamic or runtime polymorphism），这是靠继承和虚成员函数支持的。

对于 C++中的 FP 来说，模板的重要性并不主要体现在可以创建诸如向量的容器类，而体现在它允许创建 STL 算法——一系列通用算法模板，如排序和计数。许多这样的算法可传递一个自定义的函数实现算法的具体行为，而不必借助函数指针或 void*。通过这种方式，可以改变排序顺序，定义计数时需要统计的条目等。

这种能够把函数作为参数传递给其他函数，并可以返回函数（或更确切地说，是看起来像函数的东西，本书在第 3 章进行介绍）的能力，使得第一个标准版本的 C++更像一个 FP 编程语言。C++11、C++14 和 C++17 引入了几个特性，可以使编写函数式风格的程序更加容易。其他附加特性绝大多数都是语法糖——但却是很重要的语法糖，如 auto 关键字和 lambda 表达式（将在第 3 章进行介绍）。这些特性对于标准的算法也有实质性的提升。该标准的下一次修订计划于 2020 年进行，预计引入更多受 FP 启发的特性，如范围（range）、概念（concept）和协程（coroutine），目前这些还只是技术规范。

ISO C++标准演变

　　C++编程语言是 ISO 标准。每个版本发布前都须经过严格的程序。语言核心和标准库由一个委员会负责开发，因此每一个新特性在成为标准的一部分前，必须经过彻底讨论和投票表决。最终，所有的变更纳入到标准的定义中时，还必须经过第二轮投票——任何新 ISO 标准都必须经过的投票。

　　自 2012 年以来，这个委员会把它的工作分成若干小组。每个小组负责一个特定的语言特性，如果该分组相信它已经完成，就发布一个技术规范（Technical Specification，TS）。TS 与主标准是相互独立的，可随后进入标准。

　　TS 的目的是让开发人员在引入标准之前，测试这些新特性的缺陷。编译器的供应商不要求实现这些 TS，但他们通常会这样做。可以在 https://isocpp.org/std/status 找到 C++标准的更多信息。

虽然本书涵盖的概念都可应用于早期版本的 C++，但主要针对 C++14 和 C ++17。

1.6　将会学到什么

本书主要针对有 C++开发经验，并且想提高自身能力的读者。为了能更好地学习本书，读者应该熟悉基本的 C++特性，如 C++的类型系统、引用、常量、模板和操作符重载等。读者没必要熟悉 C++14/17 的新特性，这将在本书中详细介绍；这些特性尚未广泛使用，很多读者可能不熟悉它们。

本书从基本的概念如高阶函数（higher-order functions）开始讲起，它们可提升语言的表达能力，使代码变得更短，可以设计不含可变状态的软件，从而避免并发系统中显式同步带来的问题。然后，进入第二个环节，讲述更高级的主题，如范围（range）（标准库算法的真正可组合替代方案）和代数数据类型（可用于减少程序中使用的状态）。最后，介绍一个 FP 中常用的习语——有名的 monad——以及如何使用各种 monad 实现复杂的、高度可组合的系统。

当读完本书时，读者将能够设计和实现更安全的并发系统，这些系统可以毫不费力地水平扩展，减少或避免因错误或缺陷引起的系统状态错误，把软件看作一个数据流，并使用下一代 C++ 利器——范围（range）——来定义这个流等。有了这些技术，即使开发面向对象的软件系统，也可以编写更简洁、更健壮的代码。如果完全采用函数式风格，它将使软件系统更纯洁、更易于组合，就像第 13 章中看到的简单 Web 服务一样。

提示：关于本章主题更多的信息和资源，请参阅 https://forums.manning.com/posts/list/41680.page。

总结

- 函数式编程的主要思想是：不应该关注某些东西应该如何工作，而应该关注它应该做什么。
- 两种方法——函数式编程和面向对象编程——都提供了很多特性，读者应该知道何时用这个，何时用那个，何时把它们联合使用。
- C++是一种多范式的编程语言，可以编写各种风格的程序——面向过程的、面向对象的和面向函数的——也可以通过泛型编程的方式将它们组合起来。
- 函数式编程和泛型编程通常联合使用，特别是在 C++中。它们提倡程序员不要在硬件层次上而要在更高层次上考虑问题。
- 函数提升可以让读者通过操作单个值的函数创建一个处理集合的函数。通过函数组合，可以把一个值通过一系列转换，每一个转换把它的结果传递给下一个。
- 避免可变状态可提高代码的正确性，并且在多线程代码中不需要信息量。
- 以函数方式思考问题，主要是考虑输入的数据和获得期望的结果所需要的转换。

第 2 章
函数式编程之旅

本章导读
- 理解什么是高阶函数（higher-order function）。
- 使用 STL 中的高阶函数。
- STL 算法中的组合性问题。
- 递归和尾调（tail-call）优化。
- 折叠算法（folding algorithm）的力量。

上一章通过几个例子，展示了如何通过简单的函数式编程技术提升编写的代码。笔者只是侧重讲述了面向函数编程的好处，如代码更简洁、更健壮并且更高效，并没有揭开函数式编程语言的神秘面纱，使读者编写函数式风格的代码。

事实上，函数式编程并不神秘——它只是简单的概念，但作用很大。在前一章，第一个简单的，但还远没有理解的概念就是可以把一个函数作为参数传给 STL 中的算法。STL 算法可解决大多数问题，因为可以定制它们的行为。

2.1 函数使用函数？

所有函数式编程语言的主要特色就是函数可被看作一个普通的值。它们可被存储于变量中，放到集合或结构中，作为参数传递给其他函数，并可以作为其他函数的返回结果。

能够接收函数作为参数或返回函数作为结果的函数称为高阶函数（higher-order function）。它们是函数式编程中最重要的概念。在前一章，已经看到通过标准算法的帮助，从更高的层次描述程序应该做什么，而不是手动实现所需的一切，这可以使程序更加简洁和高效，这离不开高阶函数的支持。它允许定义 C++编程语言之外的抽象行为和更复杂的控制结构。

现在来看一个例子。假设有一组人，需要写出组内所有女性的名字，如图 2-1 所示。

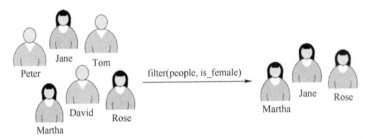

图 2-1　通过 is_female 谓词函数过滤集合中的人。它应该返回一个仅包含女性的新的集合

　　这里使用的首个高阶结构是集合过滤。通俗地讲，过滤（filtering）是一个简单的算法，它主要检查原集合中的每个条目是否满足一定的条件。如果满足，则该条件被放入结果集中。过滤算法并不能事先知道用户对他们的集合使用什么样的谓词函数进行过滤。过滤可以针对一个特定的属性（如本例中的性别属性的值），也可以同时针对多个属性（如找到所有黑头发的女性），或更复杂的过滤条件（获取最近购买新车的所有女性）。因此，这种结构必须提供一种方法，可以让用户指定所需的谓词。在这个例子中，这个结构需要提供一个接收人的谓词，并返回这个人是不是女性。因为过滤允许传递一个谓词函数，按照定义，它是一个高阶函数。

更多指定函数类型的符号

　　对于包含某一类型 T 的任意集合，把它写作 collection<T> 或只写 C<T>。这就意味着这个函数的参数是另一个函数，可以把它的类型写在参数列表中。

　　过滤结构接收一个集合和一个谓词函数（T → bool）作为参数，并返回一个过滤后的集合，因此它的类型可以写作：

```
filter: (collection<T>, (T → bool)) → collection<T>
```

　　过滤任务完成后，还有获取姓名的任务。需要一个结构，它接收一组人并可返回他们的名字。与过滤类似，这个结构也不能事先知道要从原集合中选取哪些值。用户可能想获取一个特定的属性（如这个例子中的姓名）、多个属性组合（可能需要找到姓和名并把它们拼接起来），或更复杂的操作（获取一个人的所有孩子）。同样，这个结构也需要允许用户指定一个函数，从集合中获取一个条目，对条目进行某些操作，并返回一个值，把这个值放在结果集中，如图 2-2 所示。

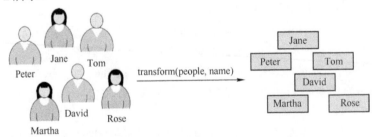

图 2-2　一个人的集合。transform 算法应该对每个人调用转换函数，并收集结果。在这个例子中，传递一个返回一个人姓名的函数。transform 算法将每个人的名字收集到新的集合中

请注意，输出集合没必要与输入集合包含相同的类型（这一点与过滤不同）。这种结构称为映射（map）或转换（transform），它的类型如下：

transform: (collection<In>, (In → Out)) → collection<Out>

当把这两种结构组合在一起，把一个结果作为另一个的输入，如图 2-3 所示，这样就得到了问题的解决方案：获取一组给定的人中女性的名字。

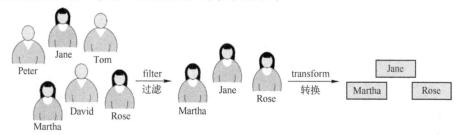

图 2-3 如果有一个可以过滤所有女性的函数和一个提取指定集合中姓名的函数，就可以把这两个函数组合成一个来获取人的集合中所有女性的名字

过滤和转换是通用的编程模式，许多程序员在项目中不断地重复。一些微小的变化就是不同的过滤谓词——例如，基于性别或年龄过滤人的集合——需要不停地编写相同的代码。高阶函数允许把这些相同的代码抽取出来，在更高的层次上予以实现，能极大地提高代码的重用性。

2.2 STL 实例

STL 以算法的名义提供了许多高阶函数，提供了许多通用编程模式的高效实现。使用标准库算法而不是使用低层次的循环、分支和递归，可使代码更短小更健壮。本书并不介绍 STL 中全部的高阶函数，而是介绍几个有趣的函数激发读者的兴趣。

2.2.1 求平均值

假设有一个电影评分列表，需要计算它的平均分。命令式实现方法是使用循环遍历所有的得分，一个一个累加，最后除以总个数，如图 2-4 所示，代码如清单 2-1 所示。

清单 2-1 命令式求平均值

```cpp
double average_score(const std::vector<int>& scores)
{
    int sum = 0;                    ◄────── 累加初始值
    for (int score:scores) {
        sum += score;              ┐
    }                              ├── 分数累加
    return sum / (double)scores.size();   ◄────── 计算平均值
}
```

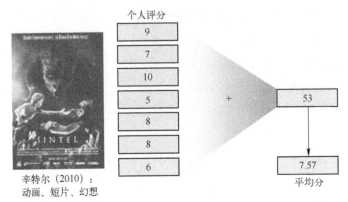

图 2-4 计算电影的个人评分的平均值。先计算出所有评分的和，然后再除以评分者的总数

虽然这种方法奏效，但比较冗长，而且很多地方易出错，比如，遍历集合时用错类型；在循环中因输入错误改变了代码语义，但仍允许它编译等。代码中还定义了一系列累加的串行实现，然后累加可以很容易地在多核上并行执行，甚至可由硬件完成。

STL 提供了一个高阶函数可以计算集合中所有条目的累加和：std::accumulate 算法。它接收一个集合（作为一对迭代器）和一个初始值，返回初始值和集合中所有元素的累加和。只需要除以得分个数，就像前面的例子一样。下面的实现没有指明如何实现累加——它只说明了应该做什么，如清单 2-2 所示。实现与图 2-4 中的问题表示一样通用。

清单 2-2 函数式求平均值

```cpp
double average_score(conststd::vector<int>& scores)
{
    return std::accumulate(              ──┤ 累加集合中所有得分
            scores.cbegin(), scores.cend(),
            0  ◄───────────────────────────── 累加初始值
    ) / (double)scores.size();    ◄──────┤ 计算平均值
}
```

虽然 std::accumulate 算法也是累加的串行实现，换成并行版本并没有太大意义。另一方面，对初始实现制作并行版本却是十分重要的。

标准算法的并行版本

从 C++17 开始，许多 STL 算法允许指定是否以并行方式运行。可以并行化的算法接收一个"执行策略"的额外参数。如果要使算法并行执行，需要传递 std::execution::par 策略。关于更多执行策略的信息见http://mng.bz/EBys中的 C++参考。

std::accumulate 算法比较特别，它保证集合中的每个元素逐个累加，这使得不改变其行为的情况下不可能将它并行化。如果要并行地累加所有的元素，可使用 std::reduce 算法：

```cpp
double average_score( const std::vector<int> & scores )
{
    return std::reduce(
```

```
                    std::execution::par,
                    scores.cbegin(), scores.cend(),
                    0
                    ) / (double) scores.length();
}
```

如果读者的编译器比较老，并且 STL 实现并不完全支持 C++17，那么可以在 std::experimental::parallel 命名空间中找到 reduce 算法，或可以使用第三方库，如 HPX 或 Parallel STL（参见作者的文章 "C++17 and Parallel Algorithms in STL—Setting Up"，网址是 http://mng.bz/8435）。

清单 2-2 忽略了一些东西。作者说过 std::accumulate 是一个高阶函数，但没有给它传递一个函数，也没有让它返回一个新的函数。

默认情况下，std::accumulate 对所有条目进行累加，但可以提供一个自定义函数改变它的行为。如果由于某种原因需要计算所有得分的乘积，则可以把 std::multiplies 作为最后一个函数传递给 std::accumulate，并设初始值为 1，如清单 2-3 所示。笔者将在下一章详细介绍 std::multiplies 函数对象。这里，只需要知道它接收两个某种类型的值，并返回它们的乘积即可。

清单 2-3　计算所有得分的积

```
double scores_product(const std::vector<int>& scores)
{
    return std::accumulate(                              ┐ 计算所有得分的积
                scores.cbegin(), scores.cend(),
将得分相乘而        1,     ◄─────────────               ┐ 计算乘积的初始值
不是累加   └──────►  std::multiplies<int>()
            );
}
```

能够通过一个简单的函数调用对一系列整数求和自有它的优势，但如果仅仅限于计算和或积，那它不会给读者太多的印象。以其他更有趣的东西代替加法和乘法似乎更有吸引力。

2.2.2　折叠（Folding）

为了计算某些东西，通常需要一次处理集合中的一个条目。结果可能是一个简单的和或积（就像前面的例子一样），也可能是包含特定值或符合预定谓词的条目的数目。结果可能更复杂，比如，包含原集合中部分元素的新集合（过滤），或元素重新排序的新集合（用于排序或分区）。

std::accumulate 算法是折叠（folding）（或精减（reduction））的一种实现。这是一个高阶函数，它提供了对递归结构，如向量、列表和树等的遍历处理，并允许逐步构建自己需要的结果。在前一个例子中，使用折叠计算电影评分集合的累加和。std::accumulate 算法首先计算传递给它的初始值和集合中第一个元素的和，结果再与集合中下一个元素相加，以此类推，一直重复到集合结束，如图 2-5 所示。

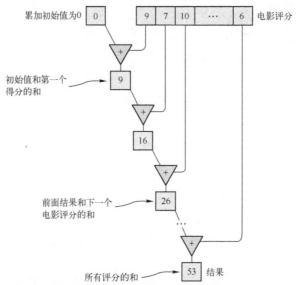

图 2-5　折叠计算集合中所有电影评分的和，首先把初始值与第一个评分相加，
再把第二个评分和前面的和相加，以此类推

　　通常折叠不要求实际参数与传给它的二进制函数有相同的类型。折叠接收一个集合，其中包含 T 类型的条目、R 类型的初始值（没必要与 T 是相同的类型）和一个函数 f: (R, T)→R。对初始值和集合的第一个元素调用给定的函数。结果与集合中的第二个元素再传递给函数 f。一直重复到集合中所有元素处理完毕。算法返回一个 R 类型的值：这个值也是函数 f 最后一次调用的返回值，如图 2-6 所示。在前面的示例代码中，初始值为 0（在乘积中为 1），二进制函数 f 执行加法操作（或乘法操作）。

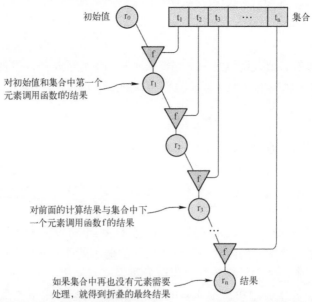

图 2-6　通常，折叠取集合中第一个元素和初始值（r0），并对它们调用指定的函数 f；然后，再取出集合的第二个元素和前面的计算结果，再对它们调用函数 f。重复此操作，直到集合中的最后一个元素

通过使用 std::accumulate，可以实现一个简单的函数，通过统计字符串中换行符的数目，统计字符串中的行数。可以作为第一个函数 f 的返回值类型与折叠集合中的元素类型不一致的例子。提醒一下，在第 1 章中，已经使用 std::count 实现了此操作。

通过问题的需求，可以推断出传递给 std::accumulate 的函数 f 的类型。std::string 是字符的集合，因此类型 T 将会是 char 类型；结果是换行符的数目，是一个整数，因此类型 R 是 int 类型。这也就意味着函数 f 将是(int, char) → int 类型。

读者还知道函数 f 第一次被调用，它的第一个参数是 0，因为这时刚开始统计。当它最后一次被调用时，应该返回最终的统计结果。此外，因为 f 不知道当前处理的是第一个、最后一个或字符串的随便一个字符，所以在 f 的实现中不能使用字符的位置信息。它只知道当前字符的值（value）和上一次的返回结果。这就要求传递给 std::accumulate 的函数的第一个参数必须是前一次处理部分的行数。从这一点来看，这个实现很直接：如果当前字符不是换行符，就返回和上一次相同的统计值；否则，修改这个值并返回。具体例子如图 2-7 所示，代码如清单 2-4 所示。

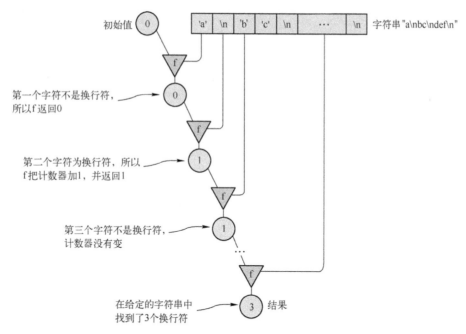

图 2-7　可以通过一个简单的函数对字符串进行折叠运算，它每遇到一个换行符就把计数器加 1

另一种学习折叠的方法是，改变对传递给 std::accumulate 算法的函数 f 的感知。如果读者认为左结合的二元操作符写作中缀式是很正常的，如+号，那么折叠就相当于把把这个符号放在集合的每两个元素之间。在计算电影评分总和的例子中，它就等价于将所有评分逐个写出，然后在它们之间加+号，如图 2-8 所示。它将从左向右求值，就好像 std::accumulate 执行折叠一样。

清单 2-4　用 std::accumulate 统计换行符

```
int f(int previous_count, char c)
{
    return(c != '\n')? previous_count
                     : previous_count + 1;
}


int count_lines(const std::string& s)
{
    return std::accumulate(
             s.cbegin(), s.cend(),
             0,
             f
         );
}
```

如果当前字符为换行符，
则count加1

折叠处理整个字符串

count从0开始

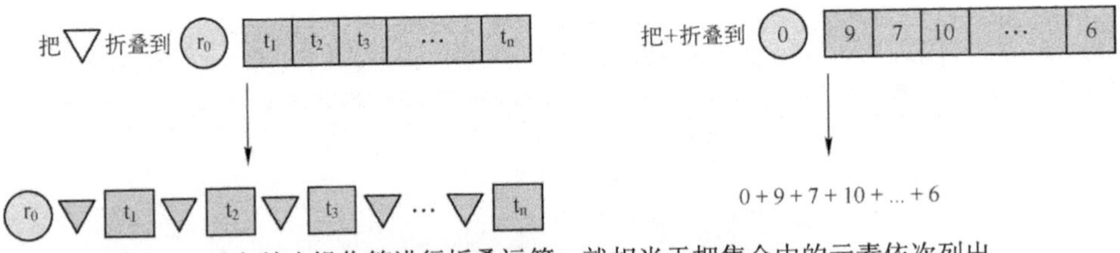

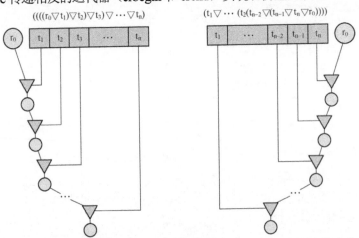

图 2-8　对左结合操作符进行折叠运算，就相当于把集合中的元素依次列出，
并在每两个元素之间添加该操作符

　　这种类型的折叠——从第一个元素开始处理——称为左折叠（left fold）。还有右折叠（right fold），从集合的最后一个元素开始处理，依次向前移动。对于图 2-8 中所示的中缀式，如果操作符为右结合的，可使用右折叠，如图 2-9 所示。C++没有单独提供独立的右折叠算法，但可以给 std::accumulate 传递相反的迭代器（crbegin 和 crend）实现右折叠的效果。

$$((((r_0 \bigtriangledown t_1) \bigtriangledown t_2) \bigtriangledown t_3) \bigtriangledown \cdots \bigtriangledown t_n)$$

$$(t_1 \bigtriangledown \cdots \bigtriangledown (t_2(t_{n-2} \bigtriangledown (t_{n-1} \bigtriangledown t_n \bigtriangledown r_0))))$$

图 2-9　左折叠和右折叠的主要区别是，左折叠从集合的第一个元素开始向集合的末尾移动，
而右折叠则从集合的末端开始，向集合的开头移动

折叠看起来很简单——对集合中的一些数字求和。当使用任意的二元操作符替换加号时，该操作甚至可以得到不同于集合元素类型的结果，折叠就成为实现许多算法的强大工具。稍后在本章中读者会看到另一个具体的例子。

结合性

　　如果 $a \nabla b \nabla c = (a \nabla b) \nabla c$，则操作符 ∇ 是左结合，右结合是 $a \nabla b \nabla c = a \nabla (b \nabla c)$。在数学中，加法和乘法既是左结合，又是右结合——无论是从左侧开始乘还是从右侧开始乘都是一样的。但在 C++ 中，加号和乘号被定义成左结合，这样语言就可以保证表达式的求值顺序。

　　这仍然不能意味着，C++ 在所有场合都能够保证参数的求值顺序，它只能保证按顺序把操作符应用于这些参数。例如，对于表达式 $a \times b \times c$（此处的 a，b 和 c 是嵌套表达式），不知道哪一个先被计算，但确切地知道乘法的执行顺序：c 乘以 a 和 b 的积[⊖]。

2.2.3　删除字符串空白符

假设给定一个字符串，需要除去开头和结尾的空白字符。例如，要读取文件中的一行，显示在屏幕中央。如果保留前导和尾部空白符，文本将不会居中显示。

STL 并没有去除字符串首尾空白符的函数。但它提供了一些算法可以实现这样的功能。

这样就需要 std::find_if 算法。它查找集合中第一个满足指定谓词的元素。这样的话，需要查找字符中第一个不是空白字符的字符。算法返回一个迭代器，它指向字符串中满足谓词函数的第一个字符。删除字符串中从开头到这个元素的所有字符，也就删除了所有前导空白符：

```
std::string trim_left( std::string s )
{
    s.erase( s.begin(),
        std::find_if( s.begin(), s.end(), is_not_space ) );
    return(s);
}
```

和以前一样，算法接收两个迭代器定义集合。如果传递相反的迭代器，它将从末尾向前搜索字符串。这样就可以删除尾部空白符：

```
std::string trim_right( std::string s )
{
```

　　⊖ C++17 在某些场合下定义了参数的求值顺序（见 Gabriel Dos Reis、Herb Sutter 和 Jonathan Caves，"Refining Expression Evaluation Order for Idiomatic C++（传统 C++ 表达式求值顺序精华）"，open-std.org，2016 年 6 月 23 日，http://mng.bz/gO5J），但没有对求与乘积这样的运算指定顺序。

```
    s.erase( std::find_if( s.rbegin(), s.rend(), is_not_space ).base(),
        s.end() );
    return(s);
}
```

值传递

　　在前面的例子中，字符串最好以值的方式，而不能以常引用的方式传递，因为要修改它并返回修改后的版本。否则，需要在函数中创建这个字符串的副本。如果用户以一个临时的值（rvalue）调用函数，则需要复制这个临时字符串，而不是直接移入（move）该函数。使用值传递的唯一缺点是，如果复制字符串的构造函数出现异常，跟踪回溯将会使函数的用户感到困惑⊖。

　　组合这两个函数，就得到了删除空白符的全部功能：

```
std::string trim( std::string s )
{
    return trim_left( trim_right( std::move( s ) ) );
}
```

　　这个例子展示了高阶函数 std::find_if 的可能用法。用它查找第一个非空白字符，先从字符串的开头开始查找，然后再从字符串的末尾开始查找。这里还介绍了如何组合两个函数（trim_left 和 trim_right）实现需要的功能。

2.2.4　基于谓词分割集合

　　在学习更多知识之前，假设有一个人的集合，需要把所有女性移到集合的前面。为了实现这一功能，可以使用 std::partition 和它的变体 std::stable_partition。

　　两个算法都接收一个集合和一个谓词。它们对原集合中的元素进行重排，把符合条件的与不符合条件的分开。符合谓词条件的元素移动到集合的前面，不符合条件的元素移动到集合的后面。算法返回一个迭代器，指向第二部分的第一个元素（不符合谓词条件的第一个元素）。返回的迭代器和原集合开头的迭代器配合，获取集合中满足谓词条件的元素（构成的集合），与原集合尾端迭代器配合，可获得原集合中不符合谓词条件的元素（构成的集合）。即使这些集合中存在空集合也是正确的。

　　两个算法的不同在于，std::stable_partition 可以保持集合中原来的顺序。下面的例子使用了 std::partition——Rose 最终位于 Martha 的前面，虽然在原集合中她位于 Martha 的后面，如图 2-10 所示，代码如清单 2-5 所示。

　　⊖ 关于拷贝和移动的详细信息，参见 Alex Allain，"Move Semantics and rvalue References in C++11（C++11 中的移动语义和 rvalue 引用）"，Cprogramming.com, http://mng.bz/JULm。

图 2-10 基于谓词对一组人按性别进行划分。结果是所有女性移动到集合的开头

清单 2-5 女性优先

```
std::partition(
    people.begin(), people.end(),
    is_female
    );
```

虽然这个例子有点杜撰，假设有一个 UI 元素列表。用户可以选定一些元素，把它们拖到特定的位置。如果这个位置位于 UI 元素列表的开头，这就与前面的这个问题等价，只是这里需要移动 UI 元素，而不是女性。如果需要移动指定的元素到末尾，就等价于移动未被选定的元素到开头。

如果想要把选定的元素移到列表的中间，可以将列表按指定的分割点分成两部分。那么一个子表中的选定元素移到表的底端，另一个子表中的元素则移动到顶端。

当用户拖动元素时，他们希望能够保持顺序的完整，即使未被选中的元素也要保持原来的顺序：不能因为移动了几个元素就打乱了剩下元素的顺序。这时必须使用 std::stable_partition 而不是 std::partition，即使后者更高效，如图 2-11 所示。代码如清单 2-6 所示。

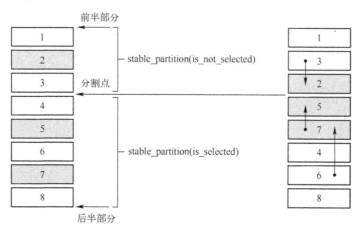

图 2-11 通过 std::stable_partition 移动选定的元素到指定的位置。在分割点上面的元素应向下移动，分割点下面的元素应向上移动

清单 2-6 把选定的元素移动到指定位置

```
std::stable_partition( first, destination, is_not_selected );
std::stable_partition( destination, last, is_selected );
```

2.2.5　过滤（Filtering）和转换（Transforming）

这里使用 STL 算法解决一下本章一开始提出的问题。提醒一下，问题是获取一组人中所有女性的名字（如图 2-12 所示）。

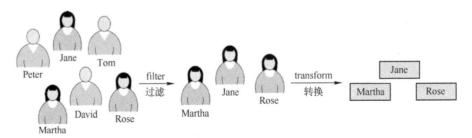

图 2-12　获取一组人中所有女性的名字

人员的类型为 person_t，并且使用 std::vector 作为集合类型。为了简单起见，假设 is_female、is_not_female 和 name 函数都不是成员函数：

```cpp
bool is_female(const person_t& person);
bool is_not_female(const person_t& person);
std::string name(const person_t& person);
```

在前面已经看到，首先要做的是过滤集合得到一个只包含女性的向量。使用 STL 有两种方法。如果允许修改原来的集合，可以使用 erase-remove 风格的 std::remove_if 算法删除不是女性的人，如清单 2-7 所示。

清单 2-7　删除不需要的元素对元素进行过滤

```cpp
people.erase(                                    ─── 删除已标记的元素
    std::remove_if(people.begin(), people.end(),  ─┐
                   is_not_female),                  ── 标记要删除的元素
    people.end());
```

> **erase-remove 风格**
>
> 　　如果想使用 STL 算法删除集合中满足谓词或包含特定值的函数，可以使用 std::remove_if 和 std::remove。很不幸，由于这些算法只能对由两个迭代器定义的一系列元素进行操作（range），而不知道下层的集合，因此不能移除集合中的元素。算法只是把符合删除条件的元素移到集合的开头部分。
>
> 　　其他的元素则是不确定的状态，算法返回一个指向第一个这样元素的迭代器（如果没有元素被删除，则指向集合的末尾）。需要把这个迭代器传递给集合的成员函数.erase，由它来执行删除操作。

相反的，如果不想改变原来的集合——这才是正确的，因为读者追求的是越纯越好——可以使用 std::copy_if 算法，把所有符合谓词条件的元素复制到新的集合中。这个算法要求

传递一对迭代器来定义输入的集合：一个迭代器指向复制结果的目标集合，一个迭代器返回是否需要复制的谓词。因为不能事先知道女性的数量（可以通过统计数据预测一下这个数量，但这已经超出了这个例子的范围），所以需要创建一个空的 females 向量，并使用 std::back_inserter(females)作为目标迭代器，如清单 2-8 所示。

清单 2-8　过滤元素并把它们复制到新的集合

```
std::vector<person_t> females;          ←——————    创建一个新集合存放过滤的元素

std::copy_if(people.cbegin(), people.cend(),
             std::back_inserter(females),           复制符合条件的元素到新的集合
             is_female);
```

下一步是获取已过滤集合中的人员姓名，这可以通过 std::transform 来完成。可以将输入集合作为一对迭代器、转换函数和结果存放位置传递给它。这里知道名字的数量与女性的数量相等，因此可以创建指定大小的结果向量 names，并且使用 names.begin()作为目标迭代器，而不是依赖于 std::back_inserter，如清单 2-9 所示。通过这种方式就可以消除向量调整大小所需的内存再分配。

清单 2-9　获取名字

```
std::vector<std::string> names(females.size());

std::transform(females.cbegin(), females.cend(),   ←——  需要转换的部分
               names.begin(),   ←———————————————————     从哪里开始存放结果
               name);   ←——————                          转换函数
```

读者已经把一个大的问题分解成两个小的问题。通过这种方式，不是创建一个高度专业化、用途单一的函数，而是创建两个独立的、应用更广泛的函数：一个基于谓词过滤集合中的人，另一个取得集合中人的名字，代码的重用性大幅提升。

2.3　STL 算法的可组合性

前面的解决方案是有效的，并且可用于任意类型的集合，如向量、列表、集合、散列图和树，只要可以迭代就可以。意图也十分明显：从输入集合中复制所有女性，然后再得到她们的名字。

很不幸，这种方法并不如手写循环高效和简单：

```
std::vector<std::string> names;
for ( const auto & person : people )
{
    if ( is_female( person ) )
```

```
    {
        names.push_back( name( person ) );
    }
}
```

基于 STL 的实现会生成不必要的 people 集合的副本（这是一个耗时的操作，甚至可能在拷贝构造函数被删除或私有时被禁用），并且会创建一个实际上并不需要的附加向量。为了解决这些问题，可使用引用或指针而不是副本，或者创建一个智能的迭代器，它可跳过所有不是女性的人员等。但这些额外的工作表明 STL 在这场战斗中已经输了，手写循环更好、更省力。

什么地方不对了？回想一下 transform 和 filter 的方法签名，它们被设计成可组合的。可以在结果集上调用下一个：

```
filter : (collection<T>, (T → bool)) → collection<T>
transform : (collection<T>, (T → T2)) → collection<T2>
transform(filter(people, is_female), name)
```

std::copy_if 和 std::transform 不适合这些类型。它们需要相同的基本元素，但工作方式截然不同。它们通过一对输入的迭代器接收集合，如果不把结果集合存放在一个变量中，将无法使用它们。它们也不能返回转换后的集合作为调用结果，而是需要把输出结果的集合作为参数传递给它们。它们的结果是一个指向目标范围的迭代器，指向最后一次存储元素的下一个位置：

```
OutputIt copy_if( InputIt first, InputIt last,
                  OutputIt destination_begin,
                  UnaryPredicate pred );

OutputIt transform( InputIt first, InputIt last,
                    OutputIt destination_begin,
                    UnaryOperation transformation );
```

如果不创建中间变量，这两个函数是不能组合在一起的，正如在前面看到的一样。

这看起来像是一个不该发生的设计错误，但有它的实际原因。首先，使用一对迭代器传递集合，可允许遍历集合的一部分，而不是全部。把输出迭代器作为参数传递，而不是作为方法的返回值，这可使输入和输出成为不同类型的集合（例如，如果想收集所有不同女性的名字，可以把迭代器传递给 std::set 作为输出结果）。

把函数的结果作为目标范围的迭代器，并指向最后一次存储元素的下一个位置，也有其优点。如果要创建一个包含所有人员的数组，只是女性放在前面，后跟其他人员（就像 std::stable_partition，但是创建一个新的集合，而不是修改原来的），就可以简单地两次调用 std::copy_if，一次复制所有的女性，再一次获取其他人。第一次调用返回的迭代器正好指向第二次开始复制非女性人员的位置，如清单 2-10 所示。

清单 2-10　女性优先

```
std::vector<person_t> separated(people.size());

const auto last = std::copy_if(          ←———     最后一个人员复制后，返回位置
        people.cbegin(), people.cend(),
        separated.begin(),
        is_female );

std::copy_if(
        people.cbegin(), people.cend(),
        last,          ←———————————     存放所有女性之外的人员
        is_not_female );
```

虽然标准的算法提供了一种编写函数式风格代码的方式，而没必要手动编写循环和分支，但它们并没有设计成像其他 FP 库或语言一样的可组合的。在第 7 章将介绍 range 库中更多可组合的方法。

2.4　编写自己的高阶函数

STL 中实现了很多算法，而且还有像 Boost 一样的第三方库，但经常遇到一些特定领域的问题。有时需要一个标准算法的特定版本，有时需要自己从头实现一个。

2.4.1　接收函数作为参数

在前面的例子中，要获得一个集合中所有女性的名字。假设有一个人的集合，经常需要获得满足条件的名字，但又不想限制为指定的谓词，如 is_female。需要接收 person_t 的任何谓词。用户可能基于年龄、头发颜色、婚姻状况等对人们进行划分。

创建一个可以多次使用的函数是很有用的。这个函数需要接收一个人的向量和一个用于过滤的谓词（函数），返回一个包含满足谓词条件的人的名字的字符串向量。

这个例子有点过于具体化。如果这个函数可以处理任意类型的集合和任意结果类型的集合，而不仅限于人的向量，那么它将更有用。如果这个函数能够提取人的任何信息，而不仅仅是姓名，那就更好了。可以使它更通用，但这里还是让它尽量保持简单，以便专注于重要的事情。

读者知道应该把人向量作为常引用传递，但函数需要做什么呢？当然可以使用函数指针，但限制太多。在 C++中，许多东西的行为类似于函数，但没有通用的类型用于存放类似函数的东西，而不损害程序的性能。可以把函数类型用作模板参数，让编译器在编译时确定具体的类型，而不是猜测哪种类型更好：

```
template <typename FilterFunction>
std::vector<std::string> names_for(
```

```
const std::vector<person_t> & people,
FilterFunction filter )
```

这将允许用户传递任何类似函数的东西作为参数，可以像普通的函数一样调用它。本书将在下一章介绍 C++类似函数的东西。

2.4.2　用循环实现

读者已经看到可以使用 STL 算法实现 names_for 函数。虽然建议只要有可能就使用 STL 算法，但这不是一条牢不可破的规则。如果读者决定打破它，最好有充足的理由，并且应该明确地知道在代码中将出现更多的缺陷。在这个例子中，因为使用 STL 算法将导致不必要的内存分配，如果以手动编写的循环来实现上面的例子，可能是比较好的，如清单 2-11 所示。

> **range 前来救驾**
>
> STL 算法的组合问题引发了不必要的内存分配。这个问题已经出现一段时间了，已经创建了一些库解决这一问题。
>
> 第 7 章详细介绍了 range 的概念。range 当前作为技术规范发布，并准备在 C++20 中引入。直到 range 作为 STL 的一部分，才可作为第三方库应用于 C++11 兼容的编译器中。
>
> 通过创建可组合的小函数，而不损失性能，range 可让读者拥有自己想要的，并且享用它。

清单 2-11　使用硬编码循环实现函数

```
template <typename FilterFunction>
std::vector<std::string> names_for(
    const std::vector<person_t> & people,
    FilterFunction filter )
{
    std::vector<std::string> result;
    for ( const person_t & person : people )
    {
        if ( filter( person ) )
        {
            result.push_back( name( person ) );
        }
    }
    return result;
}
```

使用硬编码循环实现一个如此简单的函数不是什么大问题。函数的名字和参数名字已足以说明循环是做什么的了。与这个函数一样，几乎所有的 STL 算法都是由循环实现的。

如果 STL 算法是由循环实现的，那为什么使用循环实现所有内容却不是个好主意？为什么还要学习 STL？

这有几个原因。首先是简单。使用别人的代码节省时间。这也就引出了第二个好处：正确性。如果同样的东西写了一遍又一遍，一时疏忽产生错误也理所当然。STL 经过了严格的测试，对于任何输入都能正常工作。基于同样的原因，使用硬编码循环实现的常用函数，也必须通过测试。

虽然很多 STL 算法不是纯的，但它们被设计成高阶函数，这样它们就更通用，适用于更多的场合。如果某些东西被经常使用，它也不太可能包含前面不可见的缺陷。

2.4.3　递归（Recursion）和尾调用优化（Tail-call optimization）

前面的解决方案从外面看是"纯"的，但具体的实现却不是。当发现一个新的符合条件的人员时，它就要修改结果向量。在纯 FP 语言中是不存在循环的，遍历集合的函数通常是由递归实现的。本书并不深入研究递归，因为读者并不常用到它，但需要说明一些重要的东西。

对于一个非空向量，可以递归地处理它的头（第一个元素）和尾（所有其他元素），这又可以被看作一个向量。如果头满足谓词，则把它包含在结果中。如果接收到一个空向量，则什么也不需要处理，也就返回一个空向量。

假设有一个 tail 函数，它接收一个向量并返回它的尾。还有一个 prepend 函数，它接收一个元素和一个向量，返回原来向量的副本，把这个元素添加到结果向量的前面，如清单 2-12 所示。

清单 2-12　相互递归实现

```
template <typename FilterFunction>
std::vector<std::string>names_for(
        conststd::vector<person_t>& people,
        FilterFunctionfilter)
{
    if (people.empty()) {
        return {};                        ◄——  如果集合为空，
    } else {                                    则返回空结果集
        const auto head = people.front();
        const auto processed_tail = names_for(  ◄——  递归调用函数
                tail(people),                         处理集合的尾
                filter);
        if  (filter(head)) {
            return prepend(name(head), processed_tail);   如果第一个元素符合谓词
        } else {                                          要求，把它包含在结果中，
            return processed_tail;                        否则跳过它
        }
    }
}
```

这种实现是低效的。首先，由于某种原因导致向量的 tail 函数不存在：它需要创建一个新向量并将旧向量中的所有数据复制到其中（第一个元素除外）。tail 函数的问题可用一对迭

33

代器代替向量作为输入来解决。在这种情况下，获取向量尾变得很简单——只需要移动迭代器，使它指向第一个元素即可如清单 2-13 所示。

清单 2-13　递归实现

```
template <typename FilterFunction, typename Iterator>
std::vector<std::string> names_for(
    Iterator people_begin,
    Iterator people_end,
    FilterFunction filter )
{
    …
    const auto processed_tail = names_for(
        people_begin + 1,
        people_end,
        filter );
    …
}
```

这种实现的第二个问题是，把元素插入在向量的前端。这种情况并不多。在硬编码的循环中使用添加，在向量连接时，比前置（插入）更高效。

最后也可能是最重要的问题是如果集合大量调用这个函数，可能会出现问题。每次递归都要占用堆栈中的内存，如果堆栈溢出则程序崩溃。即使集合不够大，不会导致堆栈溢出，但函数调用也要付出代价，简单的循环比它更高效。

虽然前面的问题容易解决，但这个不同。这里需要依赖编译器把递归转换成循环。为了让编译器进行转换，必须实现称为尾递归（tail recursion）的形式。在尾递归中，递归调用是函数的最后一件事情：递归后不能做任何事情。

前面的例子，都不是尾递归函数，因为用户从递归调用获取结果；当 filter(head)为 true 时，向它添加一个元素，然后返回结果。把函数改造成尾递归不如前面的改变来得简单。因为函数必须返回最终结果，所以必须寻找另一种策略收集中间结果。这样就必须使用一个附加参数，在每次调用时传递，如清单 2-14 所示。

清单 2-14　尾递归实现

```
template <typename FilterFunction, typename Iterator>
std::vector<std::string> names_for_helper(
    Iterator people_begin,
    Iterator people_end,
    FilterFunction filter,
    std::vector<std::string> previously_collected )
{
    if ( people_begin == people_end )
    {
        return previously_collected;
```

```
    } else {
    const auto head = *people_begin;
    if ( filter( head ) )
    {
        previously_collected.push_back( name( head ) );
    }
    return names_for_helper(
                people_begin + 1,
                people_end,
                filter,
                std::move( previously_collected ) );
    }
}
```

现在可以返回已经计算的或内层递归调用返回的值。还有一点小问题，就是必须使用附加参数调用函数。因此，把它命名为 names_for_helper，对主函数稍微进行修改，调用这个辅助函数，并传递一个空向量作为 previously_collected 参数，如清单 2-15 所示。

清单 2-15　调用辅助函数

```
template <typename FilterFunction, typename Iterator>
std::vector<std::string> names_for(
    Iterator people_begin,
    Iterator people_end,
    FilterFunction filter )
{
    return names_for_helper( people_begin,
                people_end,
                filter,
                {} );
}
```

在这种情况下，支持尾调用优化（TCO）的编译器就可以将这个递归函数转换成一个简单的循环，这样的话就和一开始的实现（见清单 2-11）一样高效了。

注意： C++标准并不能保证尾调用优化一定会进行。但大多数现代的编译器，包括 GCC、Clang 和 MSVC 都支持这种优化。有时它们甚至可以进行相互递归（a 函数调用 b 函数，b 函数也调用 a 函数）的优化和不是十分严格的尾调用递归优化。

递归是一种强大的机制，可以让用户在不支持循环的语言中实现循环。但递归仍然属于低水平的结构。可以通过递归实现内部的"纯洁"性，但在许多情况下这样做没有意义。作者说过，编写"纯"的代码可减少错误，因为这样就可以不考虑可变的状态。但在清单 2-14 的代码中，以另一种方式使用了可变状态和循环。它只能作为一次不错的练习，仅此而已。

递归，就像手写循环，有它的一席之地。但在 C++中，代码评审时就会出现问题。需要检查它的正确性，并且保证在所有情况下都不会堆栈溢出。

2.4.4　使用折叠实现

因为递归是一种低水平的结构，即使在纯 FP 语言中也要避免手工实现。有这样的说法，之所以高阶结构在 FP 中如此流行，正是因为递归太复杂了。

前面已经见过折叠，但还没有从根本上理解它。折叠（Folding）一次取得一个元素，并对以前积累的值（是一个集合）和当前元素施加指定的函数，产生一个新的累积值。如果读者阅读前面的部分，就会发现这正是清单 2-14 尾递归函数 names_for_helper 实现的。实质上，折叠只不过是编写尾递归函数遍历集合的一种更好的方式。共同的部分被抽取出来，用户只需要指定集合、初始值和必需的累加处理过程，而没必要编写递归函数。

如果要通过折叠（std::accumulate）实现 names_for 函数，那么现在知道通过尾递归如何实现就不那么重要了。以空字符串向量开始，如果某人的名字满足谓词的要求就添加它，如清单 2-16 所示。

清单 2-16　使用折叠实现

```cpp
std::vector<std::string> append_name_if(
    std::vector<std::string> previously_collected,
    const person_t & person )
{
    if ( filter( person ) )
    {
        previously_collected.push_back( name( person ) );
    }
    return previously_collected;
}

...
return std::accumulate(
        people.cbegin(),
        people.cend(),
        std::vector<std::string>{},
        append_name_if );
```

副本太多

如果以一个大集合运行清单 2-16 中的代码，会发现很慢。原因是 append_name_if 函数以值传递的方式接收一个向量，每当 std::accumulate 调用 append_name_if 就会产生一个副本，把当前累积的值传递给它。在这种情况下，没有必要总是创建副本，这将在 C++20 中得到修正。在此之前，可以使用自己的 std:accumulate 的变体，它可以对累积值触发 C++的移动（move）语义，而不是创建副本（就像 C++20 中做的那样）。可以在随书源码中找到 moving_accumulate 的实现。

折叠功能强大。到现在为止，读者已经看到它可以实现计数、转换（或映射）和过滤（最后一个例子实现了转换和过滤的组合）。折叠可以用来实现多个标准算法。使用 std::accumulate 实现诸如 std::any_of、std::all_of 和 std::find_if 将是一个不错的练习。看一下这些实现是否和原始算法一样快，如果不是，调查一下为什么。另一个很好的练习是使用 std::accumulate 实现插入排序。

提示：关于本章主题更多的信息和资源，请参阅 https://forums.manning.com/posts/list/ 41681.page。

总结

- 通过向诸如转换和过滤算法传递谓词函数，可以改变通用算法的行为，解决自己的问题。
- std::accumulate 算法定义在<numeric>头文件中，但它不仅限于执行简单的计算，而是可用于很多其他领域。
- std::accumulate 实现了折叠的概念，并不仅限于进行加法和乘法，而是可用于实现许多标准的算法。
- 如果在元素拖动过程中不想改变被选中元素的顺序，最好使用 std::stable_partition 而不是 std::partition。相似的，在 UI 中，std::stable_sort 比 std::sort 更常用。
- 虽然 STL 算法是可以被组合的，但与其他函数式编程语言的组合方式不同。通过使用 range（范围）可以使这一点得到改观。
- 事实上大多数标准函数是用循环实现的，但这并不是使用硬编码循环的理由。就像别人都使用 goto（跳转）——但如果有更好的解决办法用户也可以不使用 goto 语句。

第3章
函数对象

本章导读

■ 其他东西在 C++中也可用作函数。

■ 创建通用函数对象。

■ 什么是 lambda，以及它们与普通函数对象的关系。

■ 使用 Boost.Phoenix 库和手动创建优美的函数对象。

■ 什么是 std::function，以及何时使用它。

在前一章中已经介绍了如何创建可以接收函数作为参数的函数。现在将介绍另一个相关的概念——C++中可以看作函数的东西。这个主题有点枯燥，却是深入理解 C++函数以及无性能损失地使用高阶函数所必需的。如果想要在 C++编程生涯中使用它提供的强大功能，就需要知道在 C++中哪些可看作函数——哪些可用作函数，而哪些不能。

使用鸭式类型（duck-typing，如果它走起路来或叫声像鸭子，那它就是鸭子），可以说任何可以像函数一样被调用的东西都是一个函数对象。也就是，如果可写出一个实体，后跟圆括号界定的实际参数，就像 f(arg1, arg2, ..., argn)一样，那么这个实体就是一个函数对象。在本章将讲述 C++中所有被认为是函数对象的东西。

定义 为了区分普通 C++函数和可用作函数的东西，在需要显式区别时，把后者称为函数对象（function objects）。

3.1 函数和函数对象

函数（function）是一组命名语句的集合，可以被程序的其他部分调用，或在递归中被自己调用。C++提供了几种不同的定义函数的方式。

```
int max(int arg1, int arg2) { … }
```
← 原来的类C语法

```
auto max(int arg1, int arg2) -> int { … }
```
← 末尾返回类型的格式

虽然有些人希望使用末尾返回类型的格式定义函数，但这不是必需的。这一语法主要用于编写函数模板，其中返回值类型与实参类型有关。

> **末尾返回类型的定义**
>
> 在前面的代码片段中，返回值类型在函数名和参数的前面或后面并不重要。当编写函数模板并需要通过参数类型推断返回值类型时，才需要将返回值类型写在函数名和参数的后面。
>
> 有些人希望用末尾返回类型的格式，因为与函数名和它的参数比起来，返回值类型没那么重要，所以跟在它们后面。虽然这种写法完全合法，但还是传统写法用得比较多。

3.1.1 自动推断返回值类型

从 C++14 开始，完全可以忽略返回值类型，而由编译器根据 return 语句中的表达式进行推断。这个类型推断基于模板参数推测规则。

下面的代码中有一个名为 answer 的整型值和两个函数 ask1、ask2。两个函数体相同，都是返回 answer。但它们的返回值类型却不相同。第一个函数返回一个自动推断类型的值，而第二个函数返回一个自动推断的 const-ref 类型的值。编译器检查传递给 return 语句的变量类型，即 int 类型，并用它替换 auto 关键字：

```
int answer = 42;
auto ask1() { return answer; }          ←———| 返回类型为int
const auto& ask2() { return answer; }   ←———| 返回类型为const int&
```

虽然模板参数推测（还是返回类型推断）规则远没有使用一个类型替换 auto 关键字这么简单，但比较直观，这里就不再解释它们[⊖]。

如果一个函数有多个返回语句，则所有的语句都返回相同的类型，如果返回的类型不同，编译器将报错。在下面的代码片段中，函数接收一个 bool flag，根据 flag 的值返回一个 int 或 std::string。第一次推断返回类型为整型，第二次推断为不同的类型，编译器将报错：

```
auto ask(bool flag)
{
    if (flag) return 42;
    else      return std::string("42");   ←———|
}
```

Error:inconsistent deduction for 'auto':'int'and then'std::string' 'auto':'int'和'std::string' 推断不一致

推断出返回值类型之后就可以用在函数的其余部分中。这就允许用户编写自动推测返回值类型的递归函数，如下面的清单所示：

⊖ 在 C++参考手册（http://mng.bz/YXIU）中可以找到关于模板参数推测规则的详细说明。

```
auto factorial(int n)
{
    if (n == 0) {
        return(1);              ←─── 推断返回值类型为int
    } else {
        return factorial(n - 1) * n;  ←── 已经知道factorial返回int类型的值，
    }                                      那么两个int相乘也是一个int类型的值，
}                                          所以这样写是正确的
```

交换 if 和 else 分支的位置就会出现错误，因为编译器首先编译 factorial 函数的递归调用，之后才是函数的类型推断。在编写递归函数时，要么指定返回值类型，要么先编写非递归的返回语句。

auto 表明使用模板参数类型推测规则来生成类型，还可以使用 decltype(auto)作为返回值类型的声明来替代。在这种情况下，函数的返回值将是返回表达式的 decltype 类型：

```
返回
int: decltype(answer)
    └──────→ decltype(auto) ask() { return answer; }          返回int类型的引用：
             decltype(auto) ask() { return (answer); }  ←──   decltype((answer))，
                                                              而auto只能推断为int
             decltype(auto) ask() { return 42 + answer; } ←── 返回
                                                              int: decltype(42+answer)
```

这对于编写把函数返回结果不加修改地传递给其他函数的通用函数是非常有用的。在这种情况下，不知道传递给用户什么函数，也不能知道是向调用者传递它的结果值还是结果值的引用。如果作为引用传递，它可能返回一个临时值的引用，可能产生未定义的行为。如果作为值传递，可能造成不必要的副本。副本会产生性能问题，并且有时产生语法错误——调用者可能希望得到已存在对象的引用。

如果想要完美地传递结果（不加修改地把返回的结果直接返回），可以使用 decltype(auto) 指明返回值类型：

```
template <typename Object, typename Function>
decltype( auto ) call_on_object( Object && object, Function function )
{
    return function( std::forward<Object>( object ) );
}
```

在这段代码中，有一个简单的模板函数，它接收一个对象（object）和一个函数（function），并对这个对象调用该函数。可以完美地把 object 传递给 function，并且使用 decltype(auto)作为返回值类型，把 function 的结果返回给调用者。

完美传递实际参数

有时需要编写包含在其他函数中的函数。包含函数唯一要做的就是调用被包含函数，对某些实参进行修改、添加或移除。在这种情况下，就存在如何从包含函数向被包含函数传递实际参数的问题。

如果按照前面代码片段的方式编写，则无法知道用户传递什么样的函数，也就无法知道如何传递参数给它。

第一种做法是，使 call_on_object 函数以值的形式接收 object 参数，并把它传递给被包含函数。如果被包含函数接收 object 的引用作为参数，这将会出现问题，因为它需要改变这个 object。这种改变在 call_on_object 函数外无法看到，因为它只存在于 call_on_object 函数的局部副本对象中：

```
template <typename Object, typename Function>
decltype( auto ) call_on_object( Object object,
               Function function )
{
    return function( object );
}
```

第二种做法是把 object 作为引用传递。这样的话，对 object 的改变就可以对函数的调用者可见。但如果函数只需要一个常引用，而不需要实际改变这个对象时，也会出现问题。调用者不能通过常对象（不能改变的对象）或者临时值调用 call_on_object 函数。这种把 object 作为普通引用的方式，也是不正确的。而且不能引用一个常量，因为函数可能要改变它。

某些 C++11 之前的库采用重载的方式解决这一问题，提供常引用和引用两种方式接收参数。这也不太实际，因为随着函数数据的增加，重载的数量成指数级增长。

C++11 使用转发引用（forwarding reference，以前称之为通用引用（universal reference）[⊖]）解决了这一问题。转发引用在模板类型中写作两个引用符号。在下面的代码中，fwd 参数是一个 T 类型的转发引用，而 value 不是（它是一个普通的 rvalue 引用）：

```
template <typename T>
void f(T&& fwd, int&& value) { … }
```

转发引用即允许接收常对象也可以接收普通对象和临时值。现在可以简单地传递这个参数，把它原封不动地进行传递，这正是 std::forward 所做的。

3.1.2 函数指针

函数指针（function pointer）是一个存放函数地址的变量，可以通过这个变量调用该函数。C++从 C 继承了这个低层次结构，以方便多态的编码。（动态）多态通过改变函数指针来实现，因此在调用函数指针时，改变函数的行为。

函数指针（和引用）也是函数对象，因为它们也可以像普通函数那样进行调用。另外，所有可以自动转换为函数指针的类型，也都是函数对象，但应避免这种自动类型转换。应该

⊖ 见 Scott Meyers 的《Universal References in C++11（C++11 中的通用引用）》，标准 C++基础，2012 年 11 月 1 日，http://mng.bz/Z7nj。

使用合适的函数对象（下面有几个例子），因为这样更强大也更容易处理。在调用 C 的库时，有的函数接收一个函数指针，而且要传递一些比简单函数更复杂的东西，可被转换成函数指针的对象就比较有用。

下面的例子，说明了函数指针、函数引用和可转换成函数指针对象的调用情况：

```cpp
int ask() { return 42; }

typedef decltype (ask) * function_ptr;

class convertible_to_function_ptr {
public:
    operator function_ptr() const
    {
        return ask;
    }
};
int main(int argc, char* argv[])
{
    auto ask_ptr = &ask;
    std::cout << ask_ptr() << '\n';
    auto& ask_ref = ask;
    std::cout << ask_ref() << '\n';
    convertible_to_function_ptr ask_wrapper;
    std::cout << ask_wrapper() << '\n';
}
```

转换操作符可以只返回一个函数指针。虽然可以根据条件返回不同的函数，但不能向它们传递任何数据（除非使用不正当手法）

指向函数的指针

函数引用

可以自动转换成函数指针的对象

这个例子说明，可以创建函数指针（ask_ptr）指向一个普通函数，也可以创建一个函数引用（ask_ref）引用相同的函数，还可以像调用函数本身一样使用平常的函数调用语法来调用它们。它也说明了，可以创建一个可以转换成函数指针的对象，不加任何说明地像普通函数一样调用它。

3.1.3 调用操作符重载

除了创建可以转换成函数指针的类型，C++还提供了一个更好的方式创建类似函数的类型：创建一个类并重载它们的调用操作符。与其他操作符不同，调用操作符（call operator）可以有任意数目的参数，参数可以是任意类型，因此可以创建任意签名的函数对象。

重载调用操作符的语法与定义成员函数一样简单——只有一个特殊的名字 operator()。需要指明返回值类型和函数所需要的所有参数：

```cpp
class function_object {
public:
    return_type operator()( arguments ) const
```

```
    {
        …
    }
};
```

与普通函数相比，这些函数对象有一个优点：每一个实例都有自己的状态，不论是可变还是不可变的状态。这些状态可用于自定义函数的行为，而无须调用者指定。

假设有一个人的列表，就像在前一章看到的一样。每个人都有姓名、年龄和其他现在无须关心的属性。允许用户统计比指定年龄大的人数，如图 3-1 所示。

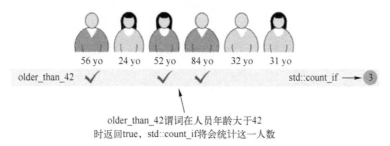

图 3-1　在统计超过指定年龄的人员时，可以使用普通函数检查一个人的年龄是否大于 42 岁。
但这种方法只能检查一个单一的指定值

如果年龄的限制是固定的，则可以创建一个普通的函数检查一个人的年龄是否比预定的值大：

```
bool older_than_42( const person_t & person )
{
    return person.age > 42;
}
```

```
std::count_if( persons.cbegin(), persons.cend(),
        older_than_42 );
```

这种方法没有扩展性，因为对于所有的年龄限制都必须定义一个独立的函数，或采用容易出错的方式：将年龄限制（界限）保存在一个全局变量中。

比较明智的做法是创建一个合适的函数对象，将年龄限制（界线）作为它的内部状态。这样谓词就可以只定义一次，然后根据不同的年龄限制进行实例化：

```
class older_than {
public:
    older_than( int limit )
        : m_limit( limit )
    {
    }
```

```
bool operator()( const person_t & person ) const
{
    return person.age() > m_limit;
}


private:
    int m_limit;
};
```

现在就可以定义几个这种类型的变量，并把它们作为函数使用：

```
older_than    older_than_42( 42 );
older_than    older_than_14( 14 );

if ( older_than_42( person ) )
{
    std::cout << person.name() << " is more than 42 years old\n";
} else if ( older_than_14( person ) )
{
    std::cout << person.name() << " is more than 14 years old\n";
} else {
    std::cout << person.name() << " is 14 years old, or younger\n";
}
```

定义 包含调用操作符重载的类通常称作仿函数（functor）。这个术语是有问题的，因为它已经用在了分类理论中表示不同的意思。虽然可以忽略这一事实，分类理论对于函数式编程（和通常编程）是非常重要的，因此，依然称之为函数对象（function objects）。

std::count_if 算法并不关心传递了什么样的谓词函数，只要它可以像普通函数一样被调用即可——通过重载调用操作符实现：

```
std::count_if( persons.cbegin(), persons.cend(),
        older_than( 42 ) );
std::count_if( persons.cbegin(), persons.cend(),
        older_than( 16 ) );
```

像 std::count_if 这样的函数模板，对传递给它们的参数类型并不作要求。只要求参数具有实现函数模板所具有的特征。如此说来，std::count_if 要求前两个参数充当前向迭代器（forward iterators），第三个参数充当函数。有些人把这称为 C++的弱类型（weakly typed）部分，实际上这是典型的用词不当。这仍然是强类型的，只是模板使用了鸭式类型（duck-typing）。在运行时并不检测类型是否为函数对象，所有检查均在编译时完成。

3.1.4 创建通用函数对象

在前面的例子中，创建了一个函数对象检查一个人是否比设定的年龄大。它解决了不同的年龄限制需要定义不同函数的问题，但仍然不灵活，它只能接收"人"作为输入。

很多东西都有年龄信息——从具体的小汽车和宠物到抽象的软件项目，都有"年龄"的说法。如果要统计超过 5 年的汽车数量，如图 3-2 所示，就不能使用前面定义的函数，因为它只能处理人的信息。

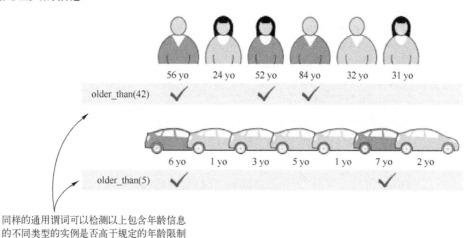

图 3-2 在定义谓词时，如果既能检测不同的年龄限制，又可以支持不同的类型，那就再好不过了

同样地，不必为每种类型编写不同的函数对象，而应该定义一个函数对象，可用于各种需要检测年龄信息的类型。这可以通过面向对象的方法解决，创建一个包含.age()虚函数的超类。但这种方法会影响运行时的性能，而且对于支持 older_than 函数对象的所有类都必须强制继承这个超类。这破坏了封装性，因此不予考虑。

第一种可以采用的方法是将 older_than 类改造成类模板，对于需要检测年龄的类型创建模板类：

```cpp
template <typename T>
class older_than {
public:
    older_than( int limit )
        : m_limit( limit )
    {
    }


    bool operator()( const T & object ) const
    {
        return object.age() > m_limit;
    }
```

```
private:
    int m_limit;
};
```

对于具有.age() get 方法的任意类型都可以使用 older_than：

```
std::count_if( persons.cbegin(), persons.cend(),
        older_than<person_t>( 42 ) );
std::count_if( cars.cbegin(), cars.cend(),
        older_than<car_t>( 5 ) );
std::count_if( projects.cbegin(), projects.cend(),
        older_than<project_t>( 2 ) );
```

很不幸，这种方法在实例化要检测的对象时，必须指定对象的类型，虽然有时这种做法很有用，但在大多数情况下是非常冗长的，而且很有可能导致指定的类型与调用操作符要求的类型不一致的问题。

可以把调用操作符作为一个模板成员函数，而不是创建一个模板类，如清单 3-1 所示（可在随书源码的 older-than-generic/main.cpp 中找到）。这种情况在实例化 older_than 函数对象时，就不需要指定类型，编译器在调用调用操作符时，会自动推测参数的类型。

清单 3-1　使用通用调用操作符创建函数对象

```
class older_than {
public:
    older_than(int limit)
        : m_limit(limit)
    {
    }

    template<typename T>
    bool operator()(T&& object) const
    {
        return std::forward<T>(object).age() > m_limit;    ◄
    }

private:
    int m_limit;
};
```

> 这里传递对象是因为age成员函数的lvalue和rvalue实例有不同的重载。通过这种方式可以调用正确的重载

现在再使用 older_than 函数对象时，就无须显式指明对象类型了，甚至可以对不同的类型使用相同的对象实例（如果根据相同的年龄限制检查所有的物品）：

清单 3-2　使用带有通用调用操作符的函数对象

```
older_than predicate(5);
std::count_if(persons.cbegin(), persons.cend(), predicate);
std::count_if(cars.cbegin(), cars.cend(), predicate);
std::count_if(projects.cbegin(), projects.cend(), predicate);
```

单个 older_than 类型的实例检查传递给它的对象年龄是否超过 5 岁。相同的实例可以对包含 .age() 成员函数的任意类型的对象进行检测，它返回一个整数或与整数类似的值。到此为止，通用的函数对象创建完成。

到目前为止，已经学习了 C++中编写不同类型的函数对象。这种函数对象非常适合从标准库传递到算法或自己编写的高阶函数。唯一的问题是语法有点冗长，而且需要在使用它们的范围之外进行编写。

3.2　lambda 和闭包（Closure）

前面的例子基于这样一个事实：传递给算法的函数已经在其他地方进行了定义。仅仅是为了调用一个标准库中的算法或其他的高阶函数，就必须定义一个函数，甚至是一个类，这样未免有点啰唆。只在算法调用时作为参数的函数，对它进行创建并命名不是一种好的做法。

幸运的是 C++有 lambda 表达式，它是创建匿名函数对象的语法糖。lambda 允许创建内联函数对象——在要使用它们的地方——而不是正在编写的函数之外。再看一下前面的例子：有一组人，需要从中挑出所有的女性成员，如图 3-3 所示。

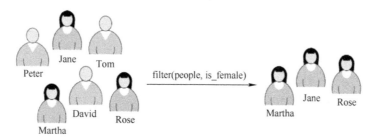

图 3-3　获取一组人中所有的女性。已经使用 is_female 谓词函数实现这一功能，
现在使用 lambda 表达式实现同样的功能

在第 2 章中，已经学习了使用 std::copy_if 基于性别过滤集合中的人。谓词函数 is_female 不是一个成员函数，它接收一个 person_t 类型的对象，性别为女时返回 true。因为 person_t 类型具有返回其性别的成员函数，只是为了能够在调用 STL 算法时使用这些谓词，就必须为所有可能的性别定义非成员谓词函数是不合适的。

相反的，可以使用 lambda 表达式实现相同的功能，同时保持代码局部化，并且不污染程序的命名空间：

```
std::copy_if( people.cbegin(), people.cend(),
        std::back_inserter( females ),
        [] (const person_t &person) {
            return person.gender() == person_t::female;
        }
        );
```

和前面的例子一样调用 std::copy_if 函数，所不同的是不再传递一个已经存在的谓词函数，而是告诉编译器创建一个仅在此处使用的匿名函数对象——一个接收 person 对象的常引用（作为参数）并返回 person 的性别是否女性的函数——并把这个函数对象传递给 std::copy_if 函数。

3.2.1 lambda 语法

从语法上讲，C++的 lambda 表达式由 3 个主要的部分组成——头、参数列表和体：

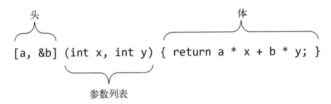

lambda 头指明了周围（包含 lambda 的范围）的哪些变量在体中可见。变量可以作为值进行捕获（如前面代码片段中的变量 a），也可以作为引用进行捕获（变量前面加&符号——前面代码片段中的变量 b）。如果变量作为值捕获，则 lambda 对象保存这个值的副本，如果作为引用进行捕获，则只保存原来值的引用。

也可以不声明所有需要捕获的变量，这时依赖于编译器从上下文中捕获 lambda 体中需要使用的变量。如果所有变量都作为值进行捕获，则 lambda 头可写作[=]，如果把它们作为引用捕获，则写作[&]。

下面来看一些 lambda 头的例子。

- [a,&b]——前面例子中的 Lambda 头，a 作为值进行捕获，b 作为引用进行捕获。
- []——这样的 lambda 不使用周围的任何变量。这些 lambda 没有任何内部状态，并且可以自动转换成普通函数的指针。
- [&]——把所有 lambda 体中使用的变量都作为引用进行捕获。
- [=]——把所有 lambda 体中使用的变量都作为值进行捕获。
- [this]——以值的方式捕获 this 指针。
- [&, a]——除了 a 作为值进行捕获外，所有变量作为引用进行捕获。
- [=, &b]——除了 b 作为引用进行捕获外，所有变量作为值进行捕获。

显式指定所有 lambda 体中需要使用的变量，而不使用[&]和[=]之类的通配符，有时会显得比较冗长，但却是一种好的方法，因为这可以防止意外使用不应该使用的变量。（通常的问题是 this 指针，因为在访问类的成员或调用类的成员函数时会隐式地用到它。）

3.2.2 lambda 详解

虽然 lambda 提供了一种创建内联函数对象的绝佳方式，但它们并不神秘。没有它们用户不能做的事情，它们同样也不能做。它们只是一种创建并实例化函数对象的漂亮语法。

下面通过例子学习一下 lambda 表达式。假设仍然要处理一个人的列表，但这次他们是一个公司的职员。公司被分成若干个小组，每个小组有自己的名字。需要用 company_t 来表示一个公司，它需要有一个成员函数获取每个员工所属分组的名字。读者的任务是实现一个成员函数，它接收一个分组的名字，并返回该分组包含的员工数。下面开始创建：

```
class company_t {
public:
    std::string team_name_for( const person_t & employee ) const;
    int count_team_members( const std::string & team_name ) const;

private:
    std::vector<person_t> m_employees;
    …
};
```

需要实现 count_team_members 成员函数。可以通过检查每个员工所在的分组以及统计分组与函数参数匹配的人数来实现，如图 3-4 所示。

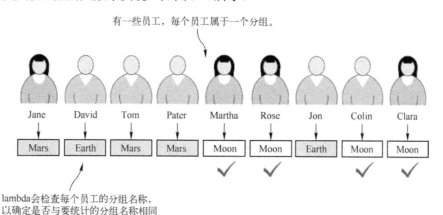

图 3-4　向 std::count_if 算法传递一个 lambda 表达式作为谓词函数。lambda 接收一个员工，并检查这个员工所在的分组是否与要统计的分组相同。std::count_if 算法将计算所有的结果并返回答案

和以前一样，使用 std::count_if，但将传递更复杂的 lambda 表达式作为谓词函数，如清单 3-3 所示（参见源码 counting-team-members/main.cpp）。

清单 3-3　统计指定分组中的员工数

```
int company_t::count_team_members(
        const std::string & team_name) const
{
    return std::count_if(
            m_employees.cbegin(), m_employees.cend(),
            [this, &team_name]
                (const person_t& employee)
                {
                    return team_name_for(employee) ==
                        team_name;
                }
        );
}
```

需要捕获 "this"，因为在调用 team_name_for 成员函数时要用到它；还要捕获 team_name，因为需要用它进行比较

和之前一样，这个函数对象只有一个参数 employee。这里将返回它们是否属于特定的分组

如果这样写的话，C++会怎么做呢？C++在编译时，lambda 表达式将被转换成一个包含两个成员变量的新类——一个指向 company_t 对象的指针和一个 std::string 的引用——每个成员对应一个捕获的变量。这个类将包含一个与 lambda 有相同参数和体的调用操作符，得到如下的等价类，如清单 3-4 所示。

清单 3-4　lambda 转换成类

```
class lambda_implementation {
public:
    lambda_implementation(
        const company_t* _this,
        const std::string & team_name )
        : m_this( _this )
        , m_team_name( team_name )
    {
    }


    bool operator()( const person_t & employee ) const
    {
        return m_this->team_name_for( employee ) == m_team_name;
    }


private:
    const company_t      * m_this;
    const std::string &    m_team_name;
};
```

求解 lambda 表达式时，除了要创建类以外，还要创建一个称作闭包（closure）的类实例：一个包含某些状态和执行上下文的类对象。

需要注意的是 lambda 的调用操作符默认是 const 的（这与 C++的其他地方需要显式地指明 const 不同）。如果需要修改捕获变量的值，而且它们是作为值捕获而不是引用捕获时，需要将 lambda 声明为可修改的。在清单 3-5 中，使用 std::for_each 算法用 count 变量统计以大写字母开头的单词数目。可修改的 lambda 可能对调试有利，但应该避免使用。显然，对于这种情况有更好的解决方法，这里只不过是演示可修改的 lambda 的用法。

清单 3-5　创建可修改的 lambda

```
int count = 0;
std::vector<std::string> words { "An", "ancient", "pond" };    正在按值捕获count；
std::for_each( words.cbegin(), words.cend(),                    对它所有的更改都是
        [count] ◄──────                                        局部化的且仅对
                                                               lambda可见
            (const std::string & word)
         mutable ◄──────
                                              mutable在参数列表之后，并告诉编译器
        {                                     lambda上的调用操作符不应为const
            if (isupper(word[0]))
            {
                std::cout << word
                        << " " << count << std::endl;
                count++;
            }
        }
        );
```

以前不能做的事情，lambda 也不能做。但却使用户从许多呆板的代码中解脱出来，并且可以使用户的逻辑代码局部化，而无须在使用代码之外的地方创建函数或函数对象。在这些例子中，有用的代码还不如呆板的代码多。

注意: 在创建 lambda 时，编译器用调用操作符创建了一个类，并为该类提供了一个内部名称。这个名字对程序员是不可见的，并且不同的编译器给定的名字也不同。唯一保存 lambda 的方法是使用 atuo 声明变量（在没有 std::function 帮助的情况下。std::function 后面会看到）。

3.2.3　在 lambda 中创建任意成员变量

到目前为止，已经创建了可以使用外部变量的 lambda，无论是使用外部变量的引用或者是值的副本。另一方面，通过编写自己的调用操作符类，可以创建任意多的成员变量，而无须把它们关联到外部变量。可以把它们初始化为固定的值，也可以初始化为函数的调用结果。虽然这看起来不是什么大事（可以在创建 lambda 之前声明一个具有特定值的局部变量，然后在 lambda 中捕获它），但有时候却很有必要。

就算有能力通过值或引用捕获对象，也不能将 move-only（只能移动）的对象保存在

lambda 内部（只定义了 move 构造函数，而没有 copy 构造函数的类实例）。很明显，在将 std::unique_ptr 指向一个 lambda 时就会产生这样的问题。

假设要创建一个网络请求，并且把 session 数据存放在一个唯一的指针对象中。在请求完成之后执行一个 lambda。在这个 lambda 中要能够访问 session 中的数据，因此需要在 lambda 中捕获它（session 中的数据），如清单 3-6 所示。

清单 3-6　尝试捕获 move-type 类型的值时触发错误

```
std::unique_ptr<session_t>session = create_session();

auto request = server.request("GET /", session->id());

request.on_completed(                      错误：std::unique_ptr<session_t>
        [session]          ◄──────         没有copy构造函数
        (response_t response)
        {
            std::cout << "Got response: " << response
                      << " for session: " << session;
        }
    );
```

这种情况下，可以使用扩展语法（通用 lambda 捕获）。可以单独定义任意的成员变量和它的初始值，而不是指定要捕获哪个变量。变量的类型可以根据指定的值自动推测，如清单 3-7 所示。

清单 3-7　通用 lambda 捕获

```
request.on_completed(
        [ session = std::move(sessiont),  ◄──    把session的所有权
                                                  移到Lambda中
          time = current_time()    ◄──
        ]                                         创建一个时间Lambda成员变量，
        (response_t response)                     并赋值为当前时间
        {
            std::cout
                << "Got response: "<< response
                << " for session: " << session
                <<" the request took: "
                << (current_time() - time)
                << "milliseconds";
        }
    );
```

通过这种办法可以把外围的对象移到 lambda 中。前面的例子使用 std::move 调用 lambda 成员变量 session 的 move 构造函数，并将所有权交给 lambda。

前面还创建了一个新的成员变量 time，它并不从外围捕获任何东西。它是一个彻底的新变量，它的值在 lambda 创建时初始化为 current_time 的返回值。

3.2.4 通用 lambda 表达式

至此，读者已经看到 lambda 和普通函数对象一样，可以实现很多功能。在本章的前面通过把调用操作符作为函数模板的方法实现了一个泛型函数对象，用来计算给定集合中超过预定年龄限制的项目数，而无须关心这些项目的类型，如清单 3-2 所示。

通过指明参数类型为 auto 的方式，lambda 允许创建通用的函数对象。可以很容易地创建一个通用的 lambda，它可以接收任何具有.age()成员函数的对象，检查该对象的年龄是否超过了指定的限制，如清单 3-8 所示。

清单 3-8　接收包含 age()对象的通用 lambda

```
auto predicate = [limit = 42](auto&& object) {
    return object.age() > limit;
};
std::count_if(persons.cbegin(), persons.cend(),
            predicate);
std::count_if(cars.cbegin(), cars.cend(),
            predicate);
std::count_if(projects.cbegin(), projects.cend(),
            predicate);
```

因为object参数没有类型名，所以不能很好地传递。应该写作 std::forward<decltype(object)>(object)

这里需要注意的是，通用 lambda 是一个调用操作符模板化的类，而不是一个包含调用操作符的模板类。lambda 在每次调用而不是创建时，自动推断每个参数的具体类型，并且相同的 lambda 可用于处理完全不同类型的对象。

C++20 中更通用的 lambda

在创建 lambda 时，如果有多个参数声明为 auto，这些参数的类型都需要单独进行推断。如果通用 lambda 的所有参数同属于一种类型，这时可以使用一点小技巧，使用 decltype 声明参数的类型。

例如，可能要创建一个通用的 lambda，它接收两个相同类型的参数比较它们是否相等。可以把 first 参数声明为 auto，second 参数声明为 decltype(first)，如下所示：

```
[] (auto first, decltype(first) second) { ⋯ }
```

当 lambda 被调用时，first 参数的类型将会被推断，second 参数与它的类型相同。

在 C++20 中，lambda 语法将会被扩展，允许显式声明模板参数，而不再需要声明为 decltype，如下所示：

```
[] <typename T> (T first, T second) { ⋯ }
```

虽然这个新语法计划在 C++20 中引入，但 GCC 已经支持它了，其他的编译器很快也会支持。

3.3 编写比 **lambda** 更简洁的函数对象

正如前面看到的，lambda 非常不错，消除了创建函数对象时大量的呆板代码。然而却引入了调用时的呆板代码（虽然数量少得多），如图 3-5 所示。

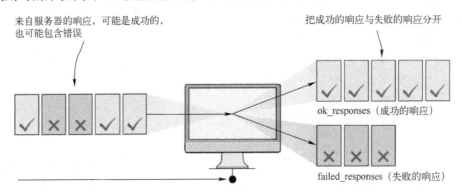

图 3-5 基于响应是否包含错误对响应进行过滤，以便分别处理

假设正在编写一个 Web 客户端，已经向服务器发送了几个请求并收到一个响应（response_t 类型）的集合。因为请求可能失败，所以 response_t 提供了.error()成员函数返回失败时的信息。如果请求失败，这个函数返回 true（或当强制转换为 bool 时，返回 true 的对象），否则返回 false。

要根据响应是否有错对集合进行过滤，而且要创建一个包含有效响应的集合和一个无效响应的集合。可以很容易地将 lambda 传递给前面定义的 filter 函数：

```
ok_responses = filter( responses,
                [] (const response_t &response) {
                return !response.error();
            } );
failed_responses = filter( responses,
                  [] (const response_t &response) {
                return response.error();
            } );
```

如果需要经常执行此操作，对于具有.error()成员函数并返回 bool 值（或其他可以转换成 bool 的类型）的其他类型，那这些呆板的代码量将远超过手工定义函数对象的呆板代码量。如果有更简洁的语法创建 lambda，就比较理想了，如下所示：

```
ok_responses = filter(responses, _.error() == false);
failed_responses = filter(responses, _.error());
```

然而很不幸，这是无效的 C++代码，但现在已经知道可以创建类似的东西了。

要创建的是一种函数对象，它可以处理任何提供.error()成员函数的类对象，并提供了简洁的语法。虽然不能使用前面代码段的语法格式编写，但却可以做得更好：可以提供一些方式，让用户编写谓词函数（在对布尔值进行检测时，不同的人喜欢不同的符号），就和普通的 C++代码一样，没有任何呆板的代码：

```
ok_responses = filter(responses, not_error);
        // 或    filter(responses, !error);
        // 或    filter(responses, error == false);
failed_responses = filter(responses, error);
            // 或  filter(responses, error == true);
            // 甚至  filter(responses, not_error == false);
```

为了实现这种写法，只需要实现一个简单的类重载调用操作符。它需要存储一个单独的 bool 值，来告诉用户是选择正确的还是错误的响应（或其他的对象），如清单 3-9 所示。

清单 3-9 检测错误谓词的基本实现

```
class error_test_t {
public:
    error_test_t(bool error = true)
        : m_error(error)
    {
    }

    template<typename T>
    bool operator()(T&& value) const
    {
        return m_error ==
                (bool) std::forward<T>(value).error();
    }

private:
    bool m_error;
};
error_test_t error(true);
error_test_t not_error(false);
```

> 这里std::forward的用法看起来有些奇怪，它只不过是更好地向调用操作符传递引用型参数。之所以这样传递，是因为error()可能是以不同于lvalue或rvalue引用的方法实现的

这样就可以把 error 和 not_error 作为谓词使用了。为了支持前面的语法，还需要提供 operator ==和 operator !，如清单 3-10 所示。

清单 3-10　给谓词函数对象定义方便的操作符

```
class error_test_t {
public:
    …
    error_test_t operator==(bool test) const
    {
        return error_test_t(
                test ? m_error : !m_error
            );
    }


    error_test_t operator!() const
    {
        return error_test_t(!m_error);
    }
    …
};
```

如果test为true，就返回谓词当前的状态
如果为false，就返回状态的逆状态

返回当前谓词的逆状态

虽然在调用的地方调用谓词比书写 lambda 简单，但实现谓词的代码有点多，但如果这个谓词用得比较多的话，这样做还是值得的。不难想象检测错误的谓词用的还是比较多的。

笔者的建议是不要回避对重要代码的简化。通过创建 error_test_t 谓词函数，可以把大量代码写在一个独立的文件（如果测试完成）中，在调试程序的主要代码时，这些代码根本不需要看。这种简化可使主程序短小且易于理解，而且调试也比较容易。

3.3.1　STL 中的操作符函数对象

正如前几章提到的一样，可以对标准库中的许多算法定义它们的行为。例如，std::accumulate 允许把加法换成其他的操作，std::sort 可以改变比较元素的方式。

可以编写一个函数或 lambda 表达式传递给这些算法，但有时这样并不恰当。就像实现 error_test_t 函数对象一样，标准库对所有普通的操作符提供了包装器，见表 3-1。例如，要把集合中的所有整数相乘，可以编写自己的函数，把两个数相乘，并返回结果，也可以使用 STL 中的 std::multiplies：

```
std::vector<int> numbers{1, 2, 3, 4};
product = std::accumulate(numbers.cbegin(), numbers.cend(), 1,
                    std::multiplies<int>());
// product is 24
```

同样的道理，如果想要用 std::sort 进行降序排列，可以使用 std::greater 作为比较函数：

```
std::vector<int> numbers{5, 21, 13, 42};
std::sort(numbers.begin(), numbers.end(), std::greater<int>());
// numbers now contain {42, 21, 13, 5}
```

表 3-1 标准库中的操作符包装器

分类	包装器名称	操作
算术操作符	std::plus std::minus std::multiplies std::divides std::modulus std::negates	$arg\_1 + arg\_2$ $arg\_1 - arg\_2$ $arg\_1 * arg\_2$ arg_1 / arg_2 $arg\_1 \% arg\_2$ $- arg\_1$ (a unary function)
比较操作符	std::equal_to std::not_equal_to std::greater std::less std::greater_equal std::less_equal	$arg\_1 == arg\_2$ $arg\_1 \ != arg\_2$ $arg\_1 > arg\_2$ $arg\_1 < arg\_2$ $arg\_1 >= arg\_2$ $arg\_1 <= arg\_2$
逻辑操作符	std::logical_and std::logical_or std::logical_not	$arg\_1 \ \&\& \ arg\_2$ $arg\_1 \ \| \ arg\_2$ $!arg\_1$ (a unary function)
位运算操作符	std::bit_and std::bit_or std::bit_xor	$arg\_1 \ \& \ arg\_2$ $arg\_1 \ | \ arg\_2$ $arg\_1 \ \wedge \ arg\_2$

菱形操作符

从 C++14 开始，在调用标准库中的操作符包装器时，无须再指明类型。可以写作 std::greater<>()，而不用写作 std::greater<int>()，在调用时会自动推断参数的类型。

例如，在调用 std::sort 时，可以写作：

```
std::sort(numbers.begin(), numbers.end(),
std::greater<>());
```

如果使用的编译器和标准库是 C++14 兼容的，那么就推荐这种写法，除非在比较之前想把参数强制转换成特定的类型。

3.3.2 其他库中的操作符函数对象

虽然 STL 中的操作符包装器可以覆盖最基本的情况，但写起来有点笨拙，且不容易组合。Boost 项目中的一些库解决了这样的问题（有些库不属于 Boost）。

Boost 库

最初，Boost 是作为要纳入 C++ STL 库的测试版存在的。后来，随着库的不断扩充，已经覆盖了语言的大部分常用和不常用的领域。许多 C++ 程序员认为它是 C++ 的有机组成部分，如果标准库中没有的东西，则可以到 Boost 中去寻找。

这里举几个使用 Boost.Phoenix[⊖] 库创建函数对象的例子，但并不打算对它进行详细介绍。有了这些例子做基础，读者就可以深入研究这个库，并根据它的思想实现自己的东西。

现在从一个小例子开始。假设要使用 std::partition 算法将一个数字集合，按照是否大于 42 进行划分。

⊖ Boost.Phoenix 库文档请参阅 http://mng.bz/XR7E。

读者已经学习了 STL 中的 std::less_equal 函数对象，但不能在 std::partition 中使用它。分类算法希望返回布尔结果的一元函数，而 std::less_equal 却要求两个参数。虽然标准库提供了将其中一个参数绑定到固定值的方法（将在下一章介绍此方法），但这样写并不完美，而且还有重大缺陷。

对于严重依赖操作符重载的函数对象，像 Boost.Phoenix 这样的库给出了另一种定义方法。这个库定义了 magic 参数占位符，并且操作符允许进行组合。这样，解决这一问题就易如反掌了：

```
using namespace boost::phoenix::arg_names;
std::vector<int> numbers{21, 5, 62, 42, 53};
std::partition(numbers.begin(), numbers.end(),
               arg1 <= 42);
// numbers now contain {21, 5, 42,    62, 53}
//                         <= 42       > 42
```

arg1 是定义在 Boost.Phoenix 库中的占位符，会把自己绑定到传递给该函数对象的第一个参数。当对 arg1 进行<=操作时，它并不与 42 进行比较，而是返回一个一元函数对象。当调用这个函数对象时，才返回传递的参数是否大于 42。它的行为类似于读者定义的 error_test_t 类中的==（bool）操作符。

通过这种方式，可以创建更复杂的函数对象。例如，可以计算集合中每个数字平方的一半的和（假如需要计算这样奇怪的结果）：

```
std::accumulate(numbers.cbegin(), numbers.cend(), 0,
                arg1 + arg2 * arg2 / 2);
```
记住：在折叠过程中，第一个参数为累加值，第二个参数为当前正在处理的值

arg1 + arg2 * arg2 / 2 表达式产生一个函数对象，它接收两个参数，对第二个参数进行平方，然后再除以 2，并把结果与第一个参数相加，如图 3-6 所示。

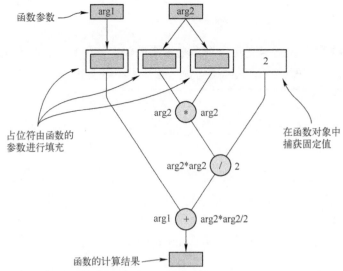

图 3-6　Phoenix 表达式由捕获的值和表示函数参数的占位符组合而成。在调用函数对象时，参数被赋值，计算表达式的值，并把计算结果作为函数的返回值

58

读者甚至可以替换先前使用的标准库中的操作符包装器：

```
product = std::accumulate(numbers.cbegin(), numbers.cend(), 1,
                          arg1 * arg2);

std::sort(numbers.begin(), numbers.end(), arg1 > arg2);
```

虽然这些都是让读者创建复杂的函数对象，但在编写简单的函数对象时也非常有用。如果要创建复杂的函数对象，可以使用 lambda。如果函数足够大，那么 lambda 带来的呆板代码就不那么重要了，lambda 可以使编译器优化代码变得容易。

像 Boost.Phoenix 一样的库，主要缺陷是编译过程异常缓慢。如果项目中这个问题比较突出，那就应该使用 lambda 表达式，或者创建自己的简单函数对象，就像前面实现的错误对象一样。

3.4　用 std::function 包装函数对象

如果要接收函数对象作为参数（使用模板使函数对象类型参数化）或创建变量保存 lambda 表达式（使用 auto 而不是显示指明类型），到目前为止只能依赖自动类型检测。虽然这种方式为大家所接受，但有时是不可能实现的。当要把函数对象保存为类的成员时，就不能将函数对象的类型模板化（因此必须显式指明它的类型），或者在两个独立的编译单元中使用一个函数时，就必须指明具体的类型。

在这些情况下，没有适合于所有函数对象的超类型，所以标准库提供了一个 std::function 类模板，它可以包装任何类型的函数对象：

```
std::function<float(float, float)> test_function;   ◀────┤先写函数的结果类型，后跟圆
                                                         括号中的参数（类型）列表
test_function = std::fmaxf;   ◀──────┤普通函数
test_function = std::multiplies<float>();   ◀──────┤含有调用操作符的类
test_function = std::multiplies<>();   ◀──────┤包含通用调用操作符的类
test_function = [x](float a, float b) { return a * x + b; };   ◀──────┤lambda
test_function = [x](auto a, auto b) { return a * x + b; };   ◀──────┤通用lambda
test_function = (arg1 + arg2) / 2;   ◀──────┤boost.phoenix表达式
test_function = [](std::string s) { return s.empty(); } // ERROR!  ◀──────
                                                        错误签名的lambda
```

std::function 并不是对包含的类型进行模板化，而是对函数对象的签名进行模板化。模板参数指定了函数的返回值和参数的类型。可以使用相同的类型存储普通函数、函数指针、lambda 表达式和其他可以调用的对象（就像前面的代码片段一样）——任何在 std::function 模板参数中指定了签名的对象。

还可以做得更多。可以存储不提供普通调用语法的内容，如类的成员变量和类的成员函数。例如，C++核心语言阻止使用 std::string 的.empty()成员函数，就好像它不是一个成员函

数（std::string::empty(str)）一样，正因如此，读者可能不认为数据成员和成员函数是函数对象。但如果把它们存放在 std::function 对象中，就可以用普通调用语法调用它们[○]：

```
std::string str{"A small pond"};
std::function<bool(std::string)> f;

f = &std::string::empty;

std::cout << f(str);
```

本书把函数对象（如前面定义的）连同指向成员变量和函数的指针称为 callables（可调用的）。在第 11 章讲述 std::invoke 函数时，将介绍如何实现一个函数，它可以调用任何可调用的对象，而不仅仅是函数对象。

虽然前面的内容都证明 std::function 很有用，但不能滥用，因为它有明显的性能问题。为了隐藏包含的类型并提供一个对所有可调用类型的通用接口，std::function 使用类型擦除（type erasure）的技术。本书并不打算深入研究这个问题，只需要知道它是基于虚成员函数调用就足够了。因为虚调用是在运行时进行的，编译器不能在线调用，所以也就失去了优化的机会。

std::function 另一个需要注意的是，虽然它的调用操作符限定为 const，但它可以调用非 const 对象。在多线程代码中，容易导致各种问题。

小函数对象（small-function-object）优化

当包装的对象是函数指针或者 std::reference_wrapper（与 std::ref 函数产生的一样）时，小对象优化（small-object optimization）就会执行。这些可调用对象就存储在 std::function 对象中，无须动态分配任何内存。

比较大的对象需要动态分配内存，通过指针访问对象 std::function。在调用 std::function 的调用操作符时，由于 std::function 对象的创建和析构，可能对性能产生影响。小函数对象（small-function-object）优化的最大值，与编译器和标准库的实现有关。

提示：关于本章主题更多的信息和资源，请参阅 https://forums.manning.com/posts/list/41682.page。

总结

- 与普通函数类似，可以使用可自动转换成函数指针的对象，但调用操作符是创建函数对象的首选方法。
- 如果函数的返回值类型不太重要而不需要显式声明，可以使用 auto 关键字，让编译

○ 如果使用 Clang 的话，由于 libc++的 bug，可能得到一个链接错误，不能导出 std::string::empty。

器根据返回值推测返回值的类型。

- 当显式声明返回类型时，使用自动类型推断应避免任何类型转换和窄化（例如，在应该返回 int 的函数中返回 double）。
- 如果要创建能够处理多种类型的函数，需要把它的调用操作符设置为函数模板。
- lambda 是非常有用的创建函数对象的语法糖。使用它们比手工编写带有调用操作符的整个类要好很多。
- C++14 中的 lambda 可替代绝大多数函数对象。为变量捕获添加了新的可能，并且支持创建通用函数对象。
- 虽然 lambda 为创建函数对象提供了更简洁的语法，但有时候还是比较冗长的。在这些情况下，可以使用诸如 Boost.Phoenix 的库，或编写自己的函数对象。
- std::function 虽然比较有用，但会带来与虚函数调用一样的效率问题。

第4章
以旧函数创建新函数

本章导读
- 理解偏函数的应用。
- 通过 std::bind 给函数参数指定值。
- 通过 lambda 使用偏函数。
- 所有函数都是一元的吗？
- 创建操作集合元素的函数。

许多编程范式都提供一种方式提高代码的重用性。在面向对象的编程中，创建类供各种场合使用。可以直接使用，也可以把它们组合成更复杂的类。把复杂的系统分解成更小的组件，单独使用和测试，这本身就是一项强大的功能。

同样，在 OOP 中给出了组合和修改类型的强大工具，函数式编程范式提供了轻松创建新函数的方法，可以组合已经存在的函数，升级专用的函数来进行升级（upgrading）适应更通用的场合，或反过来，把通用的函数进行简化来适应特定的应用。

4.1 偏函数应用

在前一章中，统计了集合中大于指定年龄的对象数目。如果仔细思考一下这个例子，从概念上讲，需要一个函数，它接收两个参数：一个对象（如一个人或一辆车）和一个与对象属性进行比较的值，如图 4-1 所示。如果对象的年龄大于给定的值，该函数就返回 true。

因为 std::count_if 算法希望给它传递一个一元谓词，所以只能创建一个函数对象保存自己的年龄信息，在需要检查时再进行获取。这种没必要立刻传递函数所有参数的概念是本部分讨论的重点。

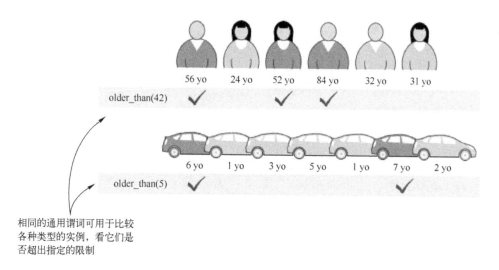

相同的通用谓词可用于比较
各种类型的实例，看它们是
否超出指定的限制

图 4-1 在更高的层次上，有一个接收两个参数的函数：一个对象和一个表示年龄限制的整数值。
函数返回对象的年龄是否超过了指定的限制。当年龄限制固定为一个特定的值，就得到了一个一元函数，
用于比较对象的年龄和预定义的值

看一下前一章中例子的简化版本。在这个例子中，使用通用的 greater-than 操作符
（一个接收两个参数的函数），把它的第二个参数固定为一个值，从而创建一个一元函
数，如图 4-2 所示，而不是判定一个人的年龄是否大于指定的值。

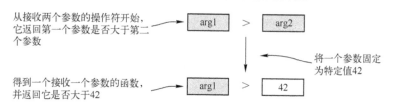

图 4-2 把大于比较操作符的第二个参数固定为 42，就把它转换成了一个一元谓词，
用来检测一个值是否大于 42

现在创建一个普通的函数对象，在构建时获得一个整数值，并把它保存在函数对象的内
部，然后与传递给它的调用操作符的参数进行比较。

这个类的实例可用于任何高阶函数（如 std::find_if、std::partition 或 std::remove_if），只
要它接收一个谓词，并传递一个整数值（或可自动转换成整数的值）调用谓词，如清单 4-1
所示。

这里没有做任何复杂的事情，只是把一个二元函数——operator> :(int, int)→bool——通
过它创建了一个新的一元函数对象，实现了相同的功能，只是把第二个参数固定为了一个特
定的值，如图 4-2 所示。

清单 4-1 将参数与预定值比较

```
class greater_than {
public:
    greater_than(int value)
        : m_value

    {
    }

    bool operator()(int arg) const
    {
        return arg > m_value;
    }

private:
    int m_value;
};
…

greater_than greater_than_42(42);

greater_than_42(1);    // false //
greater_than_42(50);   // true //

std::partition(xs.begin(), xs.end(), greater_than(6));
```

创建这个对象的一个实例，就可以多次进行比较，看指定的值是否大于42

也可以在调用诸如std::partition算法时，直接创建这个对象的实例，将大于6与小于6的元素分开

这种通过把已知函数的一个或多个参数设定为特定值的方法创建新函数的概念称为偏函数应用（partial function application）。偏（partial）的意思是在计算函数结果时，只需传递部分参数，而不需要传递所有参数。

4.1.1 把二元函数转换成一元函数的通用方法

让前面的实现再通用一些，创建一个包装函数，把用户传递给它的二元函数进行包装，把其中一个参数进行绑定。为了统一起见，要绑定第二个参数，就和 greater_than 类一样。

注意: 标准库包含一个名为 std::bind2nd 的函数，它实现了与本节相同的功能。虽然这个函数已从标准库中删除，但有利于 lambda 和 std::bind（在下一节中讲述），它是 C++实现偏函数应用非常好的例子。

这个函数对象应该能够保存一个二元函数和它的一个参数。因为不能事先知道函数和第二个参数的类型，所以需要创建这两个类型的模板类。构造函数只需要初始化成员，而不需要做其他操作。注意，为了简单起见，需要捕获函数和稍后按值传递给它的第二个参数。

清单 4-2 模板类的基本结构

```
template <typename Function, typename SecondArgType>
class partial_application_on_2nd_impl {
public:
    partial_application_bind2nd_impl( Function function,
                    SecondArgType second_arg )
        : m_function( function )
        , m_value( second_arg )
    {
    }
    …
private:
    Function    m_function;
    SecondArgType    m_second_arg;
};
```

由于不能事先知道第一个参数的类型，所以调用操作符也要做成模板。实现也比较直观：调用存放在 m_function 成员中的函数，并把调用操作符的参数作为第一个参数传递给它，且把存放在 m_second_arg 成员中的值作为第二个参数，如清单 4-3 所示。

清单 4-3 偏函数应用的调用操作符

```
template <typename Function, typenameSecondArgType>
class partial_application_bind2nd_impl {
public:
    …
    template <typenameFirstArgType>
    auto operator()(FirstArgType&& first_arg) const
        -> decltype(m_function(
                std::forward<FirstArgType>(first_arg),
                m_second_arg))
    {
        return m_function(
                std::forward <FirstArgType> (first_arg),
                m_second_arg);
    }
    …
};
```

如果编译器不支持返回值类型推断，则需要使用decltype完成相同的功能。或者写作decltype(auto)

调用操作符的参数被传递给函数作为第一个参数

保存的值作为函数的第二个参数

注意： 因为使用的是普通的函数调用语法，清单 4-3 中的类只能处理函数对象，而不能是其他可调用的对象，如指向成员函数或成员变量的指针。如果要支持所有的可调用对象，则需要使用 std::invoke，这将在第 11 章介绍。

现在已经定义了完整的类，如果想要使用还要做一件事情。如果要在代码中使用，需要在创建类的实例时显式指定模板参数的类型。这样写代码比较难看，而且有些时候不可能（例如，不知道 lambda 的类型）。

注意：在类模板实例化时，必须显式指定模板参数的类型，这个要求自 C++17 已经没有了。但这个标准目前并未被广泛接受，所以这些例子不依赖这一特性。

为了让编译器自动推断类型，可以创建一个函数模板，它的唯一任务就是生成这个类的实例。因为模板参数推断[⊖]（template-argument deduction）在调用函数时发生，所以调用时不需要指明类型。这个函数调用前面定义的类的构造函数，并把它的参数传递给构造函数。这些呆板代码是编程语言强加的，为的是能够在不显式指定模板参数的情况下，实例化类模板，如清单 4-4 所示。

清单 4-4　用于创建先前函数对象的包装函数

```
template <typename Function, typename SecondArgType>
partial_application_bind2nd_impl<Function, SecondArgType>
bind2nd( Function && function, SecondArgType && second_arg )
{
    return(partial_application_bind2nd_impl<Function, SecondArgType>(
            std::forward<Function>( function ),
            std::forward<SecondArgType>( second_arg ) ) );
}
```

现在使用新创建的函数替换前面例子中的 greater_than，如清单 4-5 所示。

清单 4-5　使用 bind2nd 创建函数对象

```
auto greater_than_42 = bind2nd(std::greater<int>(), 42);

greater_than_42(1); // false
greater_than_42(50); // true
std::partition(xs.begin(),xs.end(),bind2nd(std::greater<int>(),6));
```

现在已经创建了一个更加通用的函数，它比 greater_than 应用更加广泛，该函数代替了所有的 greater_than。为了说明它的通用性，下面的小例子使用新创建的 bind2nd 函数执行乘法而不是大于比较运算。

假设有一个集合，保存了角的度数，单位是度，但代码却需要以弧度为单位的数值。这个问题在图形编程中很常见——图形库经常以度定义旋转角度，但大部分的数学库却要求使用弧度。度和弧度的转换十分简单：以度为单位的数值乘以 $\pi/180$，如图 4-3 所示，代码如清单 4-6 所示。

⊖ 关于模板参数更多信息，请参阅 http://mng.bz/YXIU。

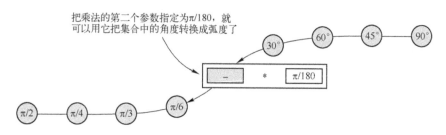

图 4-3 把乘法的一个参数绑定为 π/180 就得到一个把角度转换成弧度的函数

清单 4-6 使用 bind2nd 把度转换成弧度

```
std::vector<double>degrees = {0, 30, 45, 60};
std::vector<double>radians(degrees.size());
```

```
std::transform(degrees.cbegin(), degrees.cend(),
                radians.begin(),
              bind2nd(std::multiplies<double>(),
                      PI / 180));
```

遍历角度向量中的所有元素

把转换结果保存到弧度向量

传递乘法和第二个参数 π/180作为转换函数

这个例子说明，没有必要局限于谓词函数（返回 bool 值的函数），通过把第二个参数绑定为特定值，可以把任何二元函数转换成一元函数。这就允许在需要一元函数的场合使用二元函数，就像前面的例子一样。

4.1.2 使用 std::bind 绑定值到特定的函数参数

在 C++11 之前，标准库提供了两个类似于前面创建的函数的函数。函数 std::bind1st 和 std::bind2nd 提供了一种方式，通过把第一个或第二个参数绑定为特定的值，把二元函数转换成一元函数——很像 bind2nd。

在 C++11 中这两个函数已不再推荐使用（在 C++17 中已经删除），因为有了更加通用的 std::bind。std::bind 不再局限于二元函数，而是可用于任意数目参数的函数。也不限制用户指定绑定哪些参数，可以以任意顺序绑定任意数目的参数，而留下不需绑定的参数。

从一个基本的例子开始：使用 std::bind 把一个函数的所有参数绑定为特定的值，但并不调用它。std::bind 的第一个参数是要绑定参数的函数，其他的参数是要绑定的值。现在要把 std::greater 比较函数的参数绑定为 6 和 42。理论上来说，这不是偏函数应用，因为绑定了函数的所有参数，但可以作为介绍 std::bind 语法的例子，如清单 4-7 所示。

清单 4-7 使用 std::bind 绑定函数的所有参数

只有在调用bound函数对象时，
才会将6和42进行比较

std::greater函数还没有被调用；
只是创建了一个函数对象，它
将调用std::greater对指定的值6
和42进行比较

```
auto bound =
    std::bind(std::greater<double>(), 6, 42);
bool is_6_greater_than_42 = bound();
```

在对一个函数进行绑定时，通过为所有需要的参数提供值，可以创建一个新的函数对象，它保存了要绑定的函数（这里是 std::greater 函数）和该参数所需要的所有参数的值，如图 4-4 所示。绑定只是定义了参数的值，但没有调用函数。只有当 std::bind()返回的函数对象被调用时，这个函数才会被调用。在这个例子中，只有当调用 bound()时，std::greater 才会被调用。

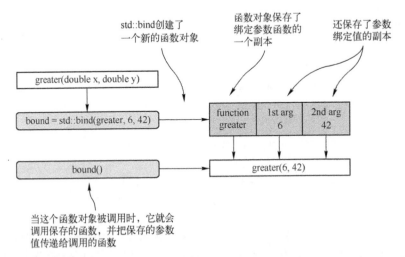

图 4-4　这个有两个参数的函数检查它的第一个参数是否大于第二个参数。通过把两个参数都绑定为特定的值，如 6 和 42，可以创建一个空参数的函数对象，当调用该对象时，会返回 greater(6, 42)的结果

现在来看一下，如何绑定一个参数，而留下另一个参数。不能只定义一个值，而跳过另一个，因为 std::bind 也不知道要绑定哪个参数——第一个还是第二个。因此，std::bind 函数引入了占位符（placeholders）的概念。如果要绑定一个参数，可以传递一个值给 std::bind，就像前面做的一样。但如果要留下一个参数不进行绑定，那就必须传递一个占位符。

占位符的外观和行为与在前一章通过 Boost.Phoenix 库创建的函数对象类似。这次，它们的名称有一点小小的不同：_1 而不是 arg1，_2 而不是 arg2，以此类推。

注意：占位符定义在<functional>头文件中的 std::placeholders 命名空间中。这里没有显式指明命名空间，但这种情况比较少见，因为这样会降低代码的可读性。对于所有的 std::bind 的例子，都可以认为已经使用了命名空间 std::placeholders。

仍借用前面的例子，把它修改一下，只绑定一个参数。需要创建两个谓词，一个用于检测数值是否大于 42，另一个检测数值是否小于 42——都只能使用 std::bind 和 std::greater。在第一个谓词中，把第二个参数绑定一个特定值，而把第一个参数作为占位符，第二个正好相反，如清单 4-8 所示。

清单 4-8　通过 std::bind 绑定函数的参数

```
auto is_greater_than_42 =
```

```
  std::bind( std::greater<double>(), _1, 42 );
auto is_less_than_42 =
  std::bind( std::greater<double>(), 42, _1 );

is_less_than_42( 6 );          /* 返回 true */
is_greater_than_42( 6 );       /* 返回 false */
```

这里发生了什么呢？使用一个两参数的函数——std::greater——绑定它的一个参数为固定值，另一个为占位符。把参数绑定为一个占位符，就明确表示这个参数暂时没有值，只提供了一个位置，等后面再进行赋值。

当用一个特定的值调用 std::bind 返回的函数对象时，这个值就被赋给_1 这个占位符，如图 4-5 所示。如果把几个参数绑定到相同的占位符，则所有的这些参数都使用相同的值。

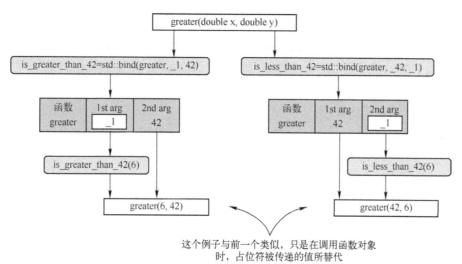

这个例子与前一个类似，只是在调用函数对象
时，占位符被传递的值所替代

图 4-5　这个有两个参数的函数检测它的第一个参数是否大于第二个参数。
把一个参数绑定为特定的值，另一个参数绑定为占位符，可以创建
一个一元函数对象。在使用一个参数调用时，使用这个参数对占位符赋值

4.1.3　二元函数参数的反转

现在已经学习了把所有参数绑定为特定的值，或使用_1 占位符留下一个参数不进行绑定。但可以同时使用多个占位符吗？

假设有一个 double 类型的向量需要按升序排列。通常用 std::less（这是 std::sort 的默认行为）实现，但为演示例子的需要，将使用 std::greater 实现，如图 4-6 所示。这样的话，可以通过 std::bind 创建一个函数对象，在参数传递给 std::greater 之前将它们反转。

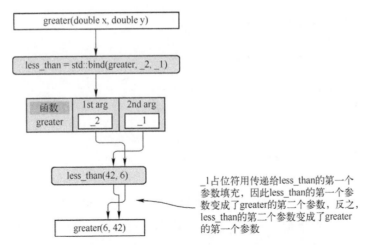

图 4-6 把第一个占位符设置成传递给 greater 的第二个参数，反之亦然。
它的结果是一个与 greater 相同的新函数，只不过两个参数调换了

这样就创建了一个两个参数的函数对象（因为最大的占位符为_2），在它被调用时，就会调用 std::greater，虽然接收的参数相同，但位置已经互换。可以使用它按升序对得分进行排列，如清单 4-9 所示。

清单 4-9 按升序排列电影得分

```
std::sort(scores.begin(), scores.end(),
          std::bind(std::greater<double>(), _2, _1));
```
参数被反转了：_2接收第一个参数，_1接收第二个

现在已经掌握了 std::bind 的基本用法和它的功能，下面再介绍一些更复杂的例子。

4.1.4 对多参数函数使用 std::bind

这里将再一次使用人的集合，但这次要做的是把所有的人都写到标准输出或其他的输出流。从定义非成员函数开始，把人员信息按预定格式输出。函数有 3 个参数——人员、输出流的引用和所需的输出格式：

```
void print_person( const person_t & person,
                   std::ostream & out,
                   person_t::output_format_t format )
{
    if ( format == person_t::name_only )
    {
        out << person.name() << '\n';
    } else if ( format == person_t::full_name )
    {
        out    << person.name() << ' '
               << person.surname() << '\n';
    }
}
```

　　现在，如果要输出集合中所有成员的信息，可以把 print_person 传递给 std::for_each 算法，并把 out 和 format 参数绑定，如图 4-7 所示。

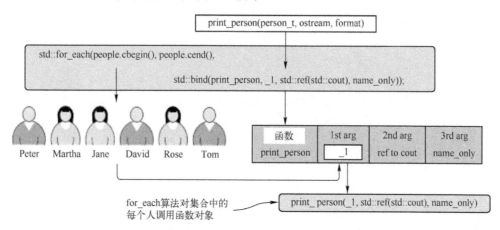

图 4-7　要创建一个把人的姓名打印到标准输出的函数。而有一个可以输出多种格式和不同输出流的函数。
指定输出流和格式，而留下 person 为空，由 std::for_each 算法确定

　　默认情况下，std::bind 在它返回的函数对象中保存绑定值的副本。因为 std::out 不能复制，所以需要把 out 参数绑定到 std::out 的引用，而不是它的副本。因此，需要 std::ref 的帮助，如清单 4-10 所示（见 printing-people/main.cpp）。

清单 4-10　绑定 print_person 的参数

```
std::for_each(people.cbegin(), people.cend(),
        std::bind(print_person,
                _1,                          创建一个打印姓名到
                std::ref( std::cout ),       标准输出的一元函数
                person_t::name_only
        ));
std::for_each(people.cbegin(), people.cend(),
        std::bind(print_person,
                _1,
                std::ref(file),              把名和姓输出到指定的文件
                person_t::full_name
        ));
```

　　从 3 个参数的函数开始——人、输出流和输出格式——并用它创建两个新的函数。每个函数接收一个人作为参数，但行为各异。一个把人的名字打印到标准输出，另一个把人的全名输出到指定的文件。这里并没有手工创建新的函数，只是使用了已有的函数，把它的两个参数绑定，得到一个一元函数，可以在 std::for_each 算法中使用。

　　至此，可能比较倾向于非成员函数或静态成员函数，而不是类成员函数，因为类成员函数不被认为是函数对象——它们不支持函数调用语法。

这种限制是人为的。成员函数和普通函数本质上是一样的，除了它们有一个暗含的第一个参数 this，该参数指向要调用成员函数的类实例。

有一个 3 参数的函数：person_t，输出流和输出格式。可以用 person_t 类型的成员函数替换这个函数，如下所示：

```
class person_t {
    …
    void print( std::ostream & out, output_format_t format ) const
    {
        …
    }

    …
};
```

本质上，print_person 和 person_t::print 函数没有任何差别，只不过 C++不允许使用普通的调用语法调用后者。print 成员函数也有 3 个参数——一个暗含的指向 person_t 实例的参数 this，两个显式参数 out 和 format——而且与 print_person 函数实现的功能相同。

幸运的是，std::bind 可以绑定任意可调用对象的参数，在它看来 print_person 和 person_t::print 是一样的。如果要把前面的例子改成使用这个成员函数，需要把 print_person 替换成指向 person_t::print 成员函数的指针，如清单 4-11 所示。

清单 4-11 绑定 print 的参数

```
std::for_each(people.cbegin(), people.cend(),
        std::bind(&person_t::print, ◄────┐   使用成员函数指针创建
            _1,                           │   一个一元函数对象
            std::ref(std::cout),          │
            person_t::name_only           ┘
        ) );
```

注意：对于前面例子中的非成员函数，通过 std::bind 的帮助，很容易替换成成员函数，这是一个非常不错的练习。

读者已经看到 std::bind 允许通过绑定某些参数执行偏函数应用，并且可以对函数参数进行重新排序。从面向对象的角度看，它的语法有点不规范，但它简洁且易于理解。它支持任何可调用对象，使得在标准算法和其他高阶函数中，使用普通函数对象、成员变量以及函数指针变得容易。

4.1.5 使用 lambda 替代 std::bind

虽然 std::bind 提供了优美简洁的语法，用于对已存在的函数进行参数绑定和参数重新排序来创建新的函数对象，但也带来了额外的开销，编译器越发复杂并且难以优化。它实现于

库的层次，使用了复杂的模板元编程技术来达到目标。

对于偏函数应用可以使用 lambda 替代 std::bind。lambda 是语言的核心特性，编译器比较容易优化。语法上虽然有点冗长，但它可以让编译器更加自由地优化代码。

把 std::bind 调用转换成 lambda 很简单，如图 4-8 所示。

■ 把任何绑定变量或引用变量的参数转换成捕获变量。

■ 把所有占位符转换成 lambda 的参数。

■ 把所有绑定到特定值的参数直接写在 lambda 体中。

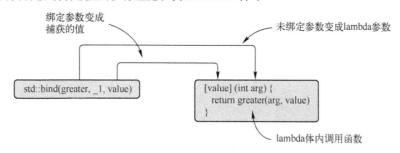

图 4-8 如果想用 lambda 而不是 std::bind，需要把绑定参数变为捕获的值；未绑定参数变为 lambda 参数

现在来看一下前面的例子是个什么样子。首先，有一个两个参数的函数，且绑定两个参数为特定的值。没有参数绑定到变量，因此不需要捕获任何东西。没有占位符，因此 lambda 也没有任何参数。在调用 std::greater 函数时传递绑定的值：

```
auto bound = [] {
return std::greater<double>()(6, 42);
    };
```

如果用>操作符替换 std::greater，代码还可以更短。不过就让它这样吧，因为并不是所有的函数都可以用中缀操作符进行替换，并且通过它还说明以 lambda 替换 std::bind 的通用方法。

在下一个例子中，把一个参数绑定为特定的值，而另一个绑定为占位符。这时，因为只有一个占位符，所以 lambda 只有一个参数，仍然不需要捕获任何变量：

```
auto is_greater_than_42 =
    [] (double value) {
        return std::greater<double>() ( value, 42 );
    };
auto is_less_than_42 =
    [] (double value) {
        Return std::greater<double>() ( 42, value );
    };
is_less_than_42( 6 );           /* returns true */
is_greater_than_42( 6 );        /* returns false */
```

和以前一样，调用 std::greater 时直接在 lambda 体内传递绑定的值。

下面要使用 std::greater 重新实现对得分向量进行升序排列。在这个例子中，调用比较器时需要交换两个参数。现在有两个占位符，因此 lambda 有两个参数：

```
std::sort( scores.begin(), scores.end(),
        [] (double value1, double value2) {
                return std::greater<double>() ( value2, value1 );
        } );
```

与使用 std::bind 的例子一样，使用一个函数对象调用 std::sort，当用两个参数进行调用时，以相反的顺序传递这两个参数。

在上一个例子中，使用 std::for_each 打印集合中人的名字。在这个例子中，需要考虑以下几个问题。

- 有一个占位符_1，因此需要创建一个一元 lambda。
- 在调用 print_person 时，person_t::name_only 和 person_t::full_name 需要绑定的值可以直接传入。
- 使用 std::cout 的引用而不需要捕获，因为无论如何它在 lambda 中都可见。
- 需要一个称为文件的输出流引用，它需要在 lambda 中进行捕获。

```
std::for_each( people.cbegin(), people.cend(),
        [] (const person_t &person) {
                print_person( person,
                              std::cout,
                              person_t::name_only );
        } );
std::for_each( people.cbegin(), people.cend(),
        [&file]( const person_t &person ) {
                print_person( person,
                              file,
                              person_t::full_name );
        } );
```

所有这些例子已经与使用 std::bind 大体上相同了，只是语法稍微冗长一点。但还是有一些其他细微的差别。std::bind 在它创建的函数对象中保存所有值、引用和函数的副本，甚至还要保存使用哪个占位符的信息。而 lambda 只保存要它们做的。如果编译器不对其正确优化就会使 std::bind 比普通的 lambda 慢很多。

现在已经看到了几种 C++偏函数的用法。使用 Boost.Phoenix 库实现诸如乘法和比较操作符的偏函数应用（正如在前面的章节中看到的一样），语法十分优美简洁。通过使用 std::bind 或 lambda，可以对任意的函数进行偏函数应用。lambda 和 std::bind 的表现力差不多，只不过语法不同。lambda 语法上有点冗长，但代码的执行效率高（对应用实例进行基准测试是十分值得的）。

4.2　柯里化（Currying）：看待函数不同的方式

现在已经学习了什么是偏函数应用，以及如何在 C++中使用它。下面转向另一个看起来很奇怪的概念——柯里化（currying）——从非专业的角度来看，它更像偏函数应用。为了不引起混淆，先定义概念，再看几个例子。

注意： Gottlob Frege 和 Moses Schönfnkel 首先提出了柯里化的思想，数学家和逻辑学家Haskell Curry 对这种思想进行了完善，并以他的名字命名。

假设正在使用的编程语言不允许创建多于一个参数的函数。虽然一开始这似乎有局限性，但通过一个简单而巧妙的技巧，就可以拥有适当的一元函数所具有的所有表现力。

可以创建一个返回另一一元函数的一元函数，而不是创建一个接收两个参数返回一个值的函数。当第二个函数被调用时，就意味着已经接收了两个需要的参数，并返回需要的结果。如果需要 3 个参数的函数，可以转换成返回前面定义的两个参数的柯里化函数的一元函数——以此类推，直到读者想要的任意参数的函数。

通过一个简单的例子看一下这种思想。假设有一个名为 greater 的函数，它接收两个值，检查第一个是不是比第二个大。另外，还有它的柯里化版本，它不能返回 bool 值，因为它只知道第一个参数的值。它返回一个一元 lambda，该 lambda 捕获这个参数。当结果 lambda 被调用时，会将它的参数和它捕获的值进行比较，如图 4-9 所示，代码如清单 4-12 所示。

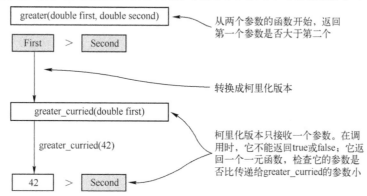

图 4-9　这个函数接收两个参数，把它转换成一个返回新的一元函数的一元函数，而不是返回一个值。
这允许一次传递一个参数，而不是一次传递所有参数

清单 4-12　**greater 函数和它的柯里版**

```
// greater : (double, double) → bool
bool greater(double first, double second)
{
    return first > second;
}
```

```
// greater_curried : double → (double → bool)
auto greater_curried(double first)
{
    return [first](double second) {
        return first > second;
    };
}
// Invocation
greater(2, 3);                  ◄———|  返回false
greater_curried(2);             ◄———|  返回一个一元函数对象，
                                    |  检查它的参数是否小于2
greater_curried(2)(3);          ◄———|  返回false
```

如果函数有多个参数，则可以嵌套任意多的 lambda，以收集所有的参数，并返回需要的结果。

4.2.1 创建柯里化函数的简单方法

读者可能记得函数 print_person 有 3 个参数：人、输出流和输出格式。如果要调用这个函数，需要一次传递 3 个参数，或执行偏函数，把参数分成立即定义和调用时定义两部分：

```
void print_person(const person_t& person,
                  std::ostream& out,
                  person_t::output_format_t format);
```

还可以这样调用：

```
print_person(person, std::cout, person_t::full_name);
```

像实现 greater 一样，可以把这个函数改造成它的柯里化版本——嵌套足够多的 lambda 表达式，逐个捕获执行 print_person 函数所需要的所有参数，如图 4-10 所示：

```
auto print_person_cd( const person_t &person )
{
    return [&]( std::ostream & out ) {
            return [&]( person_t::output_format_t format ) {
                print_person( person, out, format );
            };
        };
}
```

因为这样写代码是非常烦琐的，所以从现在起开始使用辅助函数 make_curried。这个函数可以把任意的函数转换成它的柯里化版本。更重要的是，生成的柯里化函数还提供了语法糖，它可以让程序员根据需要一次指定所有参数。但这只有语法意义，实际的柯里化函数仍然只是一个一元函数，只是更加方便使用。

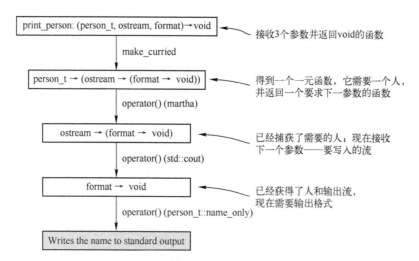

图 4-10　有一个 3 个参数的函数，要把它转换成对应的柯里化版本。柯里化版本是一个函数，它接收人并返回接收输出流。这个函数再次返回一个新函数，它接收输出格式参数，并打印人的信息

注意： 在第 11 章将看到如何实现这个函数，但现在它是如何实现的并不重要，只需要知道如何使用它就足够了。

在讲述 C++ 中柯里化的用法之前，首先看一下 make_curried 函数可以干什么，以及它的用法，如清单 4-13 所示。

清单 4-13　柯里化版本的 print_person 函数的用法

```
返回一个函数对象，它可以按用户
选定的格式把martha的信息打印到
标准输出

        using std::cout;


        auto print_person_cd = make_curried(print_person);


        print_person_cd(martha, cout, person_t::full_name);        所有这些是把martha的
        print_person_cd(martha)(cout, person_t::full_name);        姓、名输出到标准输出。
        print_person_cd(martha, cout)(person_t::full_name);        在一次调用中可以选择
        print_person_cd(martha)(cout)(person_t::full_name);        传递几个参数


        auto print_martha = print_person_cd(martha);
        print_martha(cout, person_t::name_only);                   返回一个柯里化的函数对象，
                                                                   它将会按照指定的格式，把
                                                                   martha的信息输出到传递给
        auto print_martha_to_cout =                                它的输出流中
                print_person_cd(martha, cout);
        print_martha_to_cout(person_t::name_only);
```

仅仅是因为一元函数比考虑所有参数的函数复杂，数学家就想出了这么一个酷的解决办法？还是它对程序员十分有用呢？

4.2.2 数据库访问柯里化

考虑一个实际应用的例子。假设需要编写一个连接数据库的例子，并对数据库进行查询。可能需要查询某部电影的所有人的评分列表。

编程使用的库允许创建多个数据库连接，初始化连接子 session（用于处理数据库事务等操作），并允许查询存储的数据。假设主要的查询函数如下：

```
result_t query( connection_t & connection,
                session_t & session,
                const std::string & table_name,
                const std::string & filter );
```

它查询指定表中匹配 filter 过滤条件的所有行。所有的查询都必须有指定的连接和 session，这样库才能知道要查询哪个数据库，在单事务中需要做什么。

很多应用不需要创建多个连接，只要一个连接进行所有查询，如图 4-11 所示。对于这种情况，库的实现者采取的一种方法是把 query 查询函数作为 connection_t 的成员函数。另一种方法是对 query 函数进行重载，它没有连接参数，只使用系统默认的连接。

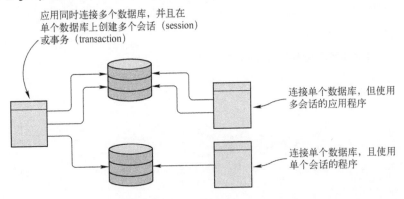

图 4-11 不同的应用有不同的需求；有些需要连接多个数据库，有些需要多个会话，
还有些只需要单个会话并连接到一个数据库

当考虑到某些用户不需要多个会话的可能性时，这种情况会变得更加复杂。如果访问只读数据库，定义事务没太大意义。库的作者可以向 session 对象中添加一个 query 查询函数，用户可以在整个应用中使用它，或对原来的 query 函数进行重载，这一次没有 session 和 connection 参数。

看过这些情况之后，不难想象用户应用的某些部分只需要访问一个单独的表（在这个例子中，只需要一个包含评分的表）。库只需要提供一个 table_t 类，它有自己的 query 函数。

预测用户所有可能的情况是非常困难的。预测到的这些情况使库的编写更复杂。现在来思考一下，是不是可以有一个简单的 query 函数——就像前面的一样，但是柯里化的——足以应付所有情况，而不会迫使库的开发者针对这种情况实现所有的重载和类。

如果用户需要多个数据库连接，则可以通过指定连接和会话的方式，直接使用 query 函数，或为每个连接创建一个单独的函数，该函数应用柯里化函数的第一个参数。如果整个应用只需要一个数据库连接，那么后者将更有用。

如果只需要一个数据库和一个会话，那就很容易创建实现此功能的函数。只需要调用柯里化的 query 函数，并向它传递 connection（连接）和 session（会话），它就会返回一个可用的函数。如果只需要多次查询同一个表，也可以绑定 table 参数，如清单 4-14 所示。

清单 4-14　柯里化函数解决 API 膨胀

```
对于各自的数据库连接，创建单独
的函数。如果相同的连接反复使用
的话，这种方法比较有用
        auto table = "Movies";                       传递所有参数，像普通函数
        auto filter = "Name = \"Sintel\"";           一样使用query函数，直接得
                                                     到查询列表

        results = query(local_connection, session,
                        table, filter);


    auto local_query = query(local_connection);
    auto remote_query = query(remote_connection);

                                                     当只需要单个连接和会话
    results = local_query(session, table, filter);   时，可以创建一个函数来
                                                     绑定这两个值，以便在程
                                                     序的其余部分中省略它们
    auto main_query = query(local_connection,
                            main_session);


    results = main_query(table, filter);

                                                     如果需要经常查询同一个表，
    auto movies_query = main_query(table);           可以创建一个查询表的函数


    results = movies_query(filter);
```

通过提供 query 函数的柯里化版本，可允许用户根据需要创建自己特有的函数，而不会增加 API 的复杂性。这是代码可重用性的一个重大改进，因为没有创建单独的类，这些类最终可能会出现单独的错误，只有在出现特定用例且使用特定类时才会发现这些错误。这里单个实现就可以应付所有情况。

4.2.3　柯里化与偏函数应用

乍一看，柯里化和偏函数应用有些类似。它们都允许通过把部分参数绑定为特定的值，而另一些参数不绑定的方式创建一个新的函数。到目前为止，读者只看到了它们语法上的区

别，并且从某种意义上说，柯里化还有一些限制，它必须按顺序绑定参数：第一个参数就是第一个，最后一个就是最后一个。

这些方法类似，并且允许实现类似的东西。也可以通过一个实现另一个。但它们有很大的不同，使得它们都很有用。

与柯里化相比，使用 std::bind 的优点是很明显的：可以绑定 query 函数的任意参数，而柯里化函数只能是第一个绑定第一个（不能改变绑定顺序），如清单 4-15 所示。

清单 4-15　使用 std::bind 和柯里化函数绑定参数

```
auto local_query = query(local_connection);
```
　　　　　　　　　　　　　　　　　　　　　　　　　　只把connection参数绑定
　　　　　　　　　　　　　　　　　　　　　　　　　　为local_connection

```
auto local_query = std::bind(
        query, local_connection, _1, _2, _3);
auto session_query = std::bind(
        query, _1, main_session, _2, _3);
```
　　　　　　　　　　　　　　　　　　　　　　可以绑定第一个参数，但
　　　　　　　　　　　　　　　　　　　　　　不要求这样做。能绑定的
　　　　　　　　　　　　　　　　　　　　　　只有第二个参数

读者可能认为 std::bind 更好，只是语法稍微有点复杂。但它有一个致命的缺点，在前面的例子中表现得很明显。如果使用 std::bind 的话，必须确切地知道传递给它几个参数。需要把每个参数绑定到一个值（或变量、引用）或占位符。而柯里化的 query 函数则无须关心这些。只需要定义第一个函数参数，query 就返回一个可接收其他参数的函数，而不论有多少个参数。

这样看起来只有语法上的不同——需要指定的类型更少——但它不仅指这些。除了query 查询函数，可能还需要 update 函数。它将更新符合 filter（过滤器）的所有行。它接收与 query 相同的参数，外加了一个关于每个匹配结果如何进行更新的说明：

```
result_t update(connection_t& connection,
                session_t& session,
                const std::string& table_name,
                const std::string& filter,
                const std::string& update_rule);
```

可能希望创建的 update 与 query 类似。如果只有一个连接，并且对该连接创建了特定的query 函数，那么 update 函数也要这样做。如果使用 std::bind 实现，则需要注意参数的数目；而用柯里化函数，只需要复制前面的代码，并且用 update 替换 query：

```
auto local_query = query(local_connection);
auto local_update = update(local_connection);
```

读者可能会说，这仍然只是语法的差异；如果知道一个函数有几个参数，就可以定义足够的占位符绑定它们。但当不能确定函数有几个参数时怎么办呢？前面的方法创建多个函数且只有第一个参数绑定到特定的数据连接，如果这种场合比较普遍，可能要创建一个通用函数，该函数可以把传递给它的任意函数的第一个参数绑定为 local_connection。

使用 std::bind，需要根据参数的数目，使用智能元编程创建各种实现。而使用柯里化函数，这是不必要的：

```
template <typename Function>
auto for_local_connection(Function f) {
    return f(local_connection);
}
auto local_query = for_local_connection(query);
auto local_update = for_local_connection(update);
auto local_delete = for_local_connection(delete);
```

正如读者看到的，虽然十分类似，但柯里化和偏函数应用各有优缺点，而且都有自己适用的场合。当有一个要绑定其参数的特定函数时，偏函数比较有用。在这种情况下，知道函数有几个参数，可以确切地选择哪些参数要绑定到特定的值。当函数可以有任意多个参数时，柯里化对这种通用情况十分有用。在这种情况下，std::bind 就没有用武之地了，因为既然不知道函数有几个参数，也就不知道有几个参数需要绑定到占位符，甚至不知道需要多少个占位符。

4.3 函数组合

早在 1986 年，Communications of the ACM（《ACM 通信》）的 "编程珠玑" 栏目请著名的 Donald Knuth 实现一个程序⊖。任务是 "读取一个文本文件，找出 n 个使用频率最高的单词，并且按使用频率大小进行排序输出。" Knuth 使用 Pascal 给出了一个长达 10 页的解决方案。该方案对这个问题进行了深入评述，甚至使用了新的数据结构来管理这个单词统计列表。

作为回应，Doug McIlroy 编写了一个只有 6 行的 UNIX shell 程序，实现了同样的功能：

```
tr -cs A-Za-z '\n' |
    tr A-Z a-z |
    sort |
    uniq -c |
    sort -rn |
    sed ${1}q
```

虽然没有必要关心 shell 编程，但这是函数式方式解决问题的漂亮实例。首先，它惊人地短。其次，它没有定义算法的步骤，而是对输入进行必要的转换，以获得希望的结果。而且它还没有状态，不存在任何变量，是给定问题的 "纯" 实现方式。

McIlroy 把给定的问题分解成一系列简单的问题，并使用别人编写的强大的函数（在这里是 UNIX 命令），把一个函数的返回值传递给另一个函数。这种组合函数的能力正是能够在几行代码中优雅地解决问题的能力。

因为大多数人的 shell 编程能力并不与 McIlroy 在一个层次上，所以需要从头分析这个问

⊖ 《ACM 通信》是美国计算机协会（Association for Computing Machinery，ACM）的月刊。

题，看看如何在 C++中分解它。这里并不考虑首字母大写的问题，因为在这个例子中，这一点并不重要。

这个过程如图 4-12 所示，包含了以下的转换过程。

1）有一个文件，可以很容易地打开它，并读取它包含的文本。读取的不是单个字符串，而是这个字符串中包含的单词。

2）把这些单词保存到 std::unordered_map<std::string, unsigned int>中，这里可以记录每个单词出现的频率（这里使用 std::unordered_map 是因为它比 std::map 要快，而且此时并不需要排序）。

3）遍历这个 map 中所有的条目（每个条目是 std::pair<const std::string, unsigned int>类型的实例），将每个键值对进行交换，先是计数，然后才是单词。

4）按字典序对键值对集合排序（先对第一个条目中的键值对按降序排列，然后是第二个条目）。前面的是出现频率高的单词，后面的是出现频率低的单词。

5）输出这些单词。

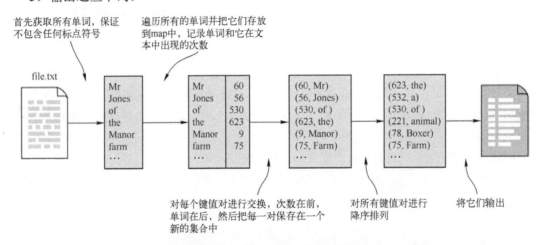

图 4-12   把原文本转换成一个单词列表，对每个单词赋予一个计数，
然后按在文中出现的次数对所有单词排序

看一下这个例子，需要创建 5 个函数。所有函数应该只做一个简单的事情，并且创建一种机制，使它们容易组合起来。一个函数的输出可以很容易地传递给另一个函数。源文件可看作字符串的集合——为 std::string 类型——因此，第一个函数称之为 words，需要接收 std::string 作为它的参数。它的返回值应该是单词的集合，因此可以用 std::vector <std::string>（也可以使用无须复制的高效版本，但这不是本章的内容范围，在第 7 章再进行介绍）。

```
std::vector<std::string> words(const std::string& text);
```

第二个函数——称之为 count_occurrences——获得一个单词的列表，因此又是一个 std::vector<std::string>。它创建一个 std::unordered_map<std::string,unsigned int>，保存所有单词和它在文本中出现的次数。还可以把它制作成函数模板，以便用于其他的类型，而不仅仅是字符串：

```
template <typename T>
std::unordered_map<T, unsigned int> count_occurrences(
    const std::vector<T>& items);
```

> **模板小提示**
>
> 可以为集合创建一个模板，而不仅仅是包含的类型：
>
> ```
> template <typename C,
>             typename T = typename C::value_type>
> std::unordered_map<T, unsigned int> count_occurrences(
>         const C& collection)
> ```
>
> 这个函数可以接收任意类型的集合，允许通过推断获取包含的条目类型（C::value_type）。可以调用它来统计字符串中字符的出现次数、字符串向量中字符串的数目、整数列表中的整数值等。

第三个函数获取容器中的每一键值对的值，并按相反的顺序创建一个键值对，返回新创建的键值对的集合。因为后面还要对它进行排序，所以需要创建易于组合的函数，因此可使它返回一个向量：

```
template <typename C,
            typename P1,
            typename P2>
std::vector<std::pair<P2, P1>> reverse_pairs(
        const C& collection);
```

实现这些之后，就只需要一个对向量排序的函数（sort_by_frequency）和一个把向量输出到标准输出的函数（print_pairs）。当组合这些函数之后，就得到最终结果。通常，C++中的函数组合是通过在特定原始值上调用它们代码点处的组合函数来完成的。对于这个例子，如下所示：

```
void print_common_words( const std::string & text )
{
    return print_pairs(
            sort_by_frequency(
                reverse_pairs(
                    count_occurrences(
                        words( text )
                        )
                    )
                )
            );
}
```

通过这个例子，读者看到了如何将问题分解成几个易于实现的函数，并把它们组合起来解决的方法。如果使用命令式编程，则需要好几页的代码来完成。从一个大问题开始，不是要分析获得结果所需的步骤，而是要分析对输入进行哪些转换，并对每个转换创建一个简短、简单的函数。最后把它们组合在一起，构成一个大函数解决这个问题。

4.4 函数提升（复习）

在第 1 章接触了提升（lifting）的概念，这里展开一下。一般来说，提升（lifting）是一种编程模式，它提供了一种方式，把给定的函数转换成一个类似可广泛应用的函数。例如，如果有一个操作字符串的函数，提升允许程序员容易地创建一个新的函数，该函数可以操作字符串向量、列表、字符串指针、整数-字符串 map 和其他包含字符串的结构。

现在从一个简单的、把字符串转换成大写字母的函数开始讲述提升的用法：

```
void to_upper(std::string& string);
```

如果有一个操作字符串的函数（如 to_upper），要把它转换成一个操作字符串指针的函数（并且如果字符串指针不为 null，就对指针指向的字符串进行转换），需要什么呢？如果要用这个函数转换字符串向量的人名，或转换标识符-电影名的 map，又应该怎么办呢？可以很容易地创建所有这些函数，如清单 4-16 所示。

清单 4-16　操作字符串集合的函数

```
void pointer_to_upper(std::string* str)
{
    if (str) to_upper(*str);
}
```

> 可以把字符串指针看作一个只有一个元素或空的集合。如果指针指向一个字符串，那么这个字符串将会被转换

```
void vector_to_upper(std::vector<std::string>& strs)
{
    for (auto& str : strs) {
        to_upper(str);
    }
}
```

> 向量可包含任意多的字符串。该函数会把它们都转换成大写字母

```
void map_to_upper(std::map<int, std::string>& strs)
{
    for (auto& pair : strs){
        to_upper(pair.second);
    }
}
```

> map包含<const int, std::string>键值对。在将所有字符串转换成大写字母时，不会对相应的整数值进行处理

如果 to_upper 函数被其他函数替代，这些函数的实现还是这个样子的。这些实现与容器的类型有关，因此这里有 3 个实现：字符串指针、字符串向量和 map，如图 4-13 所示。

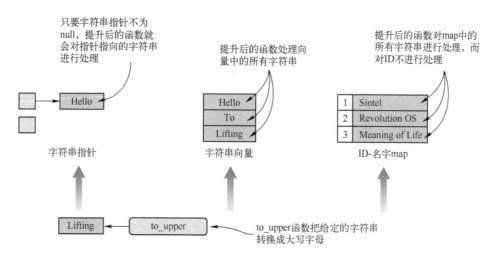

图 4-13　把一个处理单个字符串的函数提升为多个处理类容器中字符串的函数

读者可以创建一个高阶函数，接收操作单个字符串的任意函数，并创建一个操作字符串指针的函数。前面已经分别创建了操作字符串向量和 map 的函数。这些函数称为提升函数（lifting functions），因为它们把操作某一类型的函数提升为操作包含这种类型的结构或集合的函数。

为了简洁起见，这里用 C++14 的特性来进行实现。如果把它们实现为包含调用操作符的普通类，这将是十分容易的，就如同在前一章看到的一样，如清单 4-17 所示。

清单 4-17　提升函数

```
template <typename Function>
auto pointer_lift(Function f)
{
    return [f](auto* item) {
        if (item) {
            f(*item);
        }
    };
}
```

使用auto*作为类型说明符，因此该函数不仅可用于字符串指针，还可用于任意类型的指针

```
template <typename Function>
auto collection_lift(Function f)
{
    return [f](auto& items) {
        for (auto& item : items) {
            f(item);
        }
    };
}
```

这个函数也是如此：不仅可用于字符串向量，还可用于任意类型的可遍历集合

对其他容器类型的处理与之类似：包含字符串的结构；指向符号化输入流的智能指针，如 std::unique_ptr 和 std::shared_ptr；和一些后面要讲到的非传统的容器类型。这就允许读者实现一个处理最简单的类型的函数，然后再把它提升为需要使用的结构。

4.4.1 键值对列表反转

现在已经学习了什么是提升，再回到 Knuth 问题。其中一个转换是对集合中的键值对反转，使用 reverse_pairs 函数完成这一功能。下面详细介绍这个函数，如图 4-14 所示。

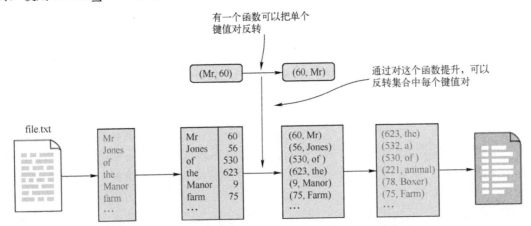

图 4-14 有一个键值对的集合要反转，并且有一个可以反转单个键值对的函数。
通过对这个函数进行提升，就可以得到一个对集合中所有键值对反转的函数

就和前一个例子一样，可以把 reverse_pairs 函数通用化，以接收任何包含键值对的可遍历集合（向量、列表和 map 等）。还是和前面的例子一样，不要修改集合中的条目，而是以纯方式实现它。函数应该对所有元素应用相同的转换（交换键值对中的两个值），并把结果收集到一个新的集合中（参考示例：knuth-problem/main.cpp）。读者已经看到可以使用 std::transform 实现这一功能，如清单 4-18 所示。

清单 4-18　lambda 提升

```
template <
    typename C,
    typename P1 = typename std::remove_cv<
            typename C::value_type::first_type>::type,
    typename P2 = typename C::value_type::second_type
    >
std::vector<std::pair<P2, P1>>reverse_pairs(const C& items)
{
    std::vector<std::pair<P2, P1>>result(items.size());
```

类型C初始化为集合类型，P1为集合中元素键值对中第一个元素的类型（删除了const），P2是元素键值对的第二个元素的类型。

```
std::transform(
    std::begin(items), std::end(items),
    std::begin(result),
    [] (const std::pair<const P1, P2>&p)
    {
        return std::make_pair(p.second, p.first);
    }
);
return result;
}
```

把反转单个键值对的lambda 传递给std::transform，并把它提升为一个可以处理集合中多元素的新函数

函数接收一个键值对，返回新的键值对，只不过顺序是相反的，现在已经把它提升了，可以处理任意集合的键值对。当处理复杂的结构和对象时，可以组合这样的简单类型来实现。可以创建包含其他类型、向量和相同类型元素的集合的结构，以此类推。因为读者需要这些对象，创建函数对它们进行操作（不论是非成员函数还是成员函数）。提升允许读者轻松实现这些函数，这些函数只需要把要处理的数据传递给处理底层类型的函数即可。

对于每一种更复杂的类型，需要创建一个提升函数，并且可以对类型调用所有工作于底层类型的函数。这也是面向对象和面向函数一致的地方。

本章讲述的大部分内容在 OOP 中也是适用的。读者已经看到可以使用偏函数将成员函数指针绑定到其成员对象的特定实例（如清单 4-11 所示）。如果读者能研究一下成员函数和暗含的 this 指针还有柯里化的关系，那将是一次不错的练习。

提示：关于本章主题更多的信息和资源，请参阅 https://forums.manning.com/posts/list/ 41683.page。

总结

- 诸如 std::bind 这样的高阶函数可用于将已经存在的函数转换成一个新函数。通过 std::bind 可以很容易地将一个 n 参数函数转换成一个一元或二元函数，再把它传递给 std::partition 或 std::sort 之类的算法。
- 占位符是在定义哪些参数不进行绑定时的高级表达方式。它们允许对原函数的参数进行重排，多次传递相同的参数等。
- 虽然 std::bind 提供了实现偏函数应用的简洁语法，但它有可能存在效率问题。对于经常调用的效率关键型代码，最好使用 lambda 表达式实现。虽然实现起来语法有点冗长，但编译器对 lambda 表达式的优化要比 std::bind 生成的函数容易。
- 设计库的 API 比较困难，要考虑所有应用场合，可以使用柯里化函数创建 API。
- 关于函数式编程，强调最多的就是"可以编写更短小精悍的代码"。如果编写易于组合的函数，就可以使用命令式编程所需的一小部分代码解决复杂的问题。

第 5 章

纯洁性：避免可变状态

本章导读
- 包含可变状态时编写正确代码的问题。
- 理解引用透明和纯洁性的关系。
- 不改变变量值的编程。
- 理解不受可变状态影响的情况。
- 用 const 强制实现不可变性。

在第 1 章已经接触过不可变性和纯函数的问题。笔者说过存在 bug 的主要原因是难以管理程序的所有状态。在面向对象的编程中，希望通过把程序状态封装到对象中解决这个问题。把数据隐藏在类 API 之后，只能通过 API 操作这些数据。

这就允许控制状态的改变，并确定哪些状态改变是有效的可以执行的，哪些是无效的。例如，在设置人的出生日期时，需要验证日期不是将来的日期，年龄不能超过他的父母等。这种验证减少了程序的状态，使得程序员只考虑有效的状态。不过，虽然这种机制提高了编写正确程序的概率，但仍然会有很多问题。

5.1 可变状态带来的问题

看一下下面的例子。movie_t 类包含电影的名字和用户对它的打分列表，而且包含一个成员函数，计算这部电影的平均得分：

```cpp
class movie_t {
public:
    double average_score() const;
    …
private:
    std::string  name;
    std::list<int>     scores;
```

```
};
```

现在已经实现了求电影平均分的函数（见第 2 章），因此这里可以重用那个函数。唯一不同的是，这个函数的得分列表是作为参数传递的，而现在它成了 movie_t 类的成员变量，如清单 5-1 所示。

清单 5-1 计算电影的平均分

```
double movie_t::average_score() const
{
    return std::accumulate(scores.begin(),          调用常量的begin和end与
                           scores.end(), 0)          调用cbegin和cend相同
        / (double) scores.size();
}
```

现在的问题是这段代码是否正确——是否按照既定的要求行事。现在已经求出列表中所有元素的和，再除以得分的个数。代码看起来好像是正确的。

但当正在计算平均分时，有人向列表中添加了一个新的得分，会怎么样呢？因为使用的是 std::list，迭代器不会失效，std::accumulate 将会毫无问题地执行完毕。代码将返回它处理的所有元素的和。但问题是新加入的元素可能被计入总和，也可能没有计入，这取决于它插入的位置，如图 5-1 所示。此外，.size()也可能返回旧的结果，因为 C++无法保证除法的哪个参数先进行计算。

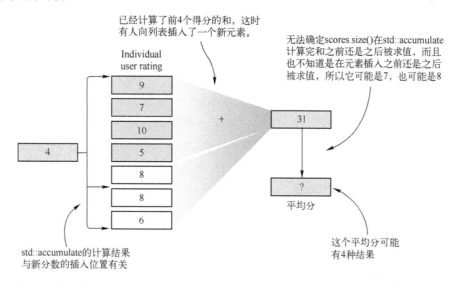

图 5-1 在计算平均分时，计算结果与除法操作数的求值顺序和新元素的插入位置有关

无法保证计算结果在所有可能的情况下都是正确的。甚至在哪些情况下是不正确的（这样就可以避免使用，或者改正），也无法知道。同样不幸的是，这个函数的计算结果还与 movie_t 中其他函数的实现有关（是在列表头还是在列表尾插入分数），尽管它并不调用这些函数。

虽然 average_score 函数失败的原因可归咎于其他函数的并发执行，但这并不是唯一引发问题的原因，主要原因是允许修改分数列表的内容。一个项目在若干年后，可能出现变量值相互依赖的情况，这并不鲜见。

例如，在 C++11 之前，std::list 并不要求记住它的大小，这就需要 size 成员函数在计算大小时遍历整个列表。有洞察力的程序员可能已经预见到这种情况，并添加一个新的类成员保存列表的大小（得分个数），以提高依赖列表大小的代码的执行效率：

```cpp
class movie_t {
public:
        double average_score() const;

    …

private:
        std::string name;
        std::list<int>      scores;
        size_t              scores_size;
};
```

现在 scores 和 scores_size 紧紧地捆绑在一起了，一个发生变化就会从另一个反映出来。然而它们没有被正确封装。在类的外面不能访问。movie_t 封装正确，但在类的内部，可以对 scores 和 scores_size 进行任何操作，而不会引发编译问题。不难想象，一个新的程序员将会操作这些代码，且有可能忘记更新列表大小。

在这种情况下，bug 很容易捕获，但像这样的 bug 往往比较微妙，难以分类。随着项目的迭代，代码交织的部分会不断增加，直至项目重构为止。

如果 scores 和 scores_size 变量都不可变——声明为 const，还会遇到这些问题吗？第一个问题在于计算得分的平均值时，有人可能改变得分列表。如果列表是不可改变的，那么在使用它时，就不会有人改变它，这个问题就不复存在。

那第二个问题呢？如果这些变量都是不可变的，那么就需要在创建 movie_t 类时初始化它们。变量 scores_size 可能初始化为一个错误的值，但这种错误应该比较明显。如果某人忘记了更新它的值——那一定是计算代码出了问题。另外，设置了错误的值（大小）以后，它就一直是错的，但这并不难调试出来。

5.2　纯函数和引用透明

所有这些问题都源自一个设计缺陷：软件系统中多个组件负责相同的数据，而不知道另外的组件何时更改数据。修改这些问题最简单的办法就是禁止修改任何数据，所有问题都会迎刃而解。

说起来容易做起来难。任何与用户的交互都会改变系统的状态。如果组件从标准输入读入一行文本，那就改变了其他组件的输入流——它们将永远不会读取到相同的文本行了。如果一个按钮响应了鼠标的单击操作，其他按钮（默认情况下）将不会知道用户单击了什么。

这些副作用不会仅局限于系统中。如果创建了一个新文件，就改变了系统中其他需要访问硬盘程序的数据。硬盘保存数据的副作用改变了系统中其他组件和程序的状态。这通常通过让不同的程序访问文件系统中不同的目录来解决。但是，仍然可以轻松填满磁盘上的可用空间，从而阻止其他程序保存任何内容。

因此，如果致力于不改变任何状态，那什么事情也做不了。唯一能做的就是对传递进来的参数进行计算。不能开发交互式程序，不能将任何数据保存到磁盘或数据库，不能发送网络请求等。开发的程序也毫无作用。

现在来看一下如何设计可变状态及副作用最小的软件，而不是不能更改任何状态。但首先，需要理解纯函数与非纯函数的区别。在第 1 章，笔者曾经说过纯函数使用传递给它们的参数只是为了返回结果。它们应该没有副作用，不会影响程序中的其他函数或系统中的其他程序。纯函数调用相同的参数，应该返回相同的结果。

现在通过称为引用透明（referential transparency）的概念，定义更加纯洁的函数。引用透明是表达式的一个特征，而不仅仅是函数。表达式是定义了一种计算并返回结果的任何东西。如果用表达式的结果替换整个表达式，而程序不会出现不同的行为，那么就说这个表达式是引用透明的。如果表达式是引用透明的，那它就没有任何可见的副作用，因此表达式中的所有函数都是纯函数。

下面通过一个例子进行说明。编写一个简单的函数，接收一个整数向量作为参数。函数将返回这个集合中最大的整数。为了能够检查计算的正确性，需要把结果记录到用于输入错误的标准输出（std::cerr 是输出错误的流），将在 main 函数中多次调用该函数，如清单 5-2 所示。

清单 5-2　查找和记录最大值

```
double max(conststd::vector<double>& numbers)
{
    assert(!numbers.empty());
    auto result = std::max_element(numbers.cbegin(),
                                   numbers.cend());
    std::cerr<< "Maximum is: " << *result <<std::endl;
    return *result;
}


tint main()
{
    auto sum_max =
        max({ 1 }) +
        max({ 1, 2 }) +
        max({ 1, 2, 3 });
    std::cout<<sum_max<<std::endl; // writes out 6
}
```

假定数值向量不为空，std::max_element返回一个有效的迭代器

Max 是纯函数吗？所有表达式都是透明的吗？如果用 max 的返回值替换 max 调用，程序的行为是否会发生变化？如清单 5-3 所示。

清单 5-3　max 返回值替换 max 调用

```
int main()
{
    auto sum_max =              max({1})的结果
        1 +    ◄───────────┐
        2 +    ◄───────────┼──  max({1, 2})的结果
        3;     ◄───────────┤
    std::cout <<sum_max <<std::endl;         max({1, 2, 3})的结果
}
```

main 程序仍然计算并输出 6。但总体上，程序的行为还是不同的。原来版本的程序做得更多——它向 std::cout 输出 6，但在此之前，它还向 std::cerr 输出数字 1、2 和 3（不一定是这个顺序）。max 函数不是引用透明，因此也不是纯函数。

前面说过，纯函数只把它的参数用于计算结果。max 函数确实使用它的参数用于计算 sum_max。但 max 还使用了 std::cerr，它并没有作为函数的参数进行传递。此外，它不仅使用了 std::cerr，而且还向它写入内容，对它进行了改变。

如果把向 std::cerr 写入的部分删除，它就变成纯函数：

```
double max( const std::vector<double> & numbers )
{
  auto result = std::max_element( numbers.cbegin(),
                       numbers.cend() );
  return*result;
}
```

现在 max 只使用数值参数计算结果，并且它使用 std::max_element（它是个纯函数）完成这一功能。

现在纯函数的定义更精确了，而且对于"无可见的副作用"，意义也更精确了。只要函数调用在不改变程序行为的情况下不能使用它的返回值进行替换，那它就有可见的副作用（observable side effect）。

为了保持在编程的层面，而不变得过于理论化，再次以宽松的方式使用这个定义。如果仅是对纯函数的定义的话，单纯禁止向日志输出调试信息是没有意义的。如果 std::cerr 的输出对程序的功能意义不大，只要不引起别人的异议，就可以向 std::cerr 输出任意的内容。所以，即使 max 不符合前面的定义，也可以以为它是纯函数。那么，当用 max 的返回值替换 max 调用时，程序执行的唯一不同就是 std::cerr 输出内容的多寡，而这并不是需要关心的，那么就可以认为程序的行为没有变化。

5.3　无副作用编程

"不要使用可变状态，就可以高枕无忧了"，仅仅这样说是不够的，因为这样做的方式并

不明确。通常的教育认为，软件是一个大型的状态机，在时刻不停地地变化着。通常的例子是汽车。假设汽车处于静止状态，然后旋转钥匙或按下开始按钮，汽车就变为另一种状态：它启动了。启动状态结束后，汽车就进入了运动状态。

在纯函数式编程中，不是去改变一个值，而是创建一个新的（值）。如果要改变对象的一个属性，就创建这个对象的副本，只不过属性的值要改变为新值。如果这样设计软件，就不会出现前面例子中的问题——当处理电影得分时，其他人改变了它。这时没人能够改变电影得分的列表，只能创建一个新的列表，插入新值。

这种方法乍看起来有悖常理，与正常的思维背道而驰。但其背后的思想一直是科幻小说的一部分，而且还被古希腊哲学家讨论过。一种流行的观点是人们生活在许多平行的世界中——每次做出一个选择，就创造了一个世界；在多个平行的世界中，做出不同的选择。

编程中程序员并不对所有的世界感兴趣，而是只关心其中一个。这也就是为什么一直以来，我们总认为改变了一个世界，而不是创建一个世界，抛弃原来的世界。这是一个有趣的概念，不论世界如何变幻，在软件开发中总是有用的。

下面通过迷宫例子说明一下，如图 5-2 所示。迷宫由一个方阵进行定义，每个域可能是走廊 Hallway，也可能是墙 Wall，起点是 Start，迷宫出口为 Exit。为了使游戏比较漂亮，根据玩家的移动方向，显示不同的图片。

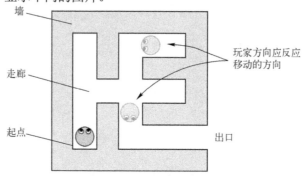

图 5-2 迷宫由矩阵进行定义，每个格子可以是墙或走廊。玩家可以四处移动，但不能穿过墙

如果以命令方式实现，程序逻辑将会如清单 5-4 所示（除去处理漂亮图形—玩家方向和转换）。

清单 5-4 在迷宫中行走

```
while (1) {
    - 绘制迷宫和玩家
    - 读取用户输入
    - 如果需要移动（用户按了一个箭头按键）
        检查前进方向是否是墙，
        如果不是，则把玩家移到下一格
    - 检查是否到达出口，
        如果是，则显示一条消息，
        并退出循环
}
```

这是可变状态的绝好例子。玩家在迷宫中行走，并改变它的状态。下面来看看如何通过不可变状态实现它。

迷宫本身不发生变化，只有玩家改变自己的状态。只要专注于处理玩家的状态就可以了，迷宫作为不可变类比较容易。

在程序中的每一步，需要向新的位置移动玩家。计算新的位置需要什么数据呢？

- 移动方向。
- 前一个位置，知道从哪个方向来的。
- 是否可以移到所需位置。

要实现上述功能，需要创建接收这3个参数并返回新方向的函数，如清单5-5所示。

清单5-5 计算玩家下一位置的函数

```
position_tnext_position(
        direction_t direction,
        constposition_t& previous_position,
        constmaze_t& maze
    )
{                                          即使是墙也要计算新的位置
    const position_tdesired_position {previous_position, direction};  ◄─┐
    return maze.is_wall(desired_position) ? previous_position
                                          : desired_position);
                                                     如果新位置不是墙，则返回它；
}                                                    否则，返回原来的位置
```

在没有任何一个可变变量的情况下实现了移动逻辑。现在需要定义 position_t 的构造函数，计算给定方向上的相邻格子的坐标，如清单5-6所示。

清单5-6 计算相邻格子的坐标

```
position_t::position_t(constposition_t& original,
                       direction_t direction)
    : x { direction == Left  ? original.x - 1 :
          direction == Right ? original.x + 1 :          用三元操作符匹配可能
                               original.x     }          的方向值，并初始化正
    , y { direction == Up    ? original.y + 1 :          确的x和y的值。也可以
          direction == Down  ? original.y - 1 :          在构造函数中使用switch
                               original.y     }          语句实现此功能
{
}
```

现在已经解决了逻辑问题，下面需要知道如何显示玩家。一种选择是：在成功到达下一个格子时改变玩家的方向，或更改玩家的方向而不移动位置，来显示已经理解了用户的指令，但由于遇到了墙而无法执行。这只是表示层的一部分，不需要考虑完整的玩家逻辑处理。这两种选择都是有效的。

在表示层，需要绘制迷宫和其中的玩家。因为迷宫是不可改变的，所以向用户显示并不需要修改任何东西。绘制玩家的函数也不需要修改它（迷宫）。这个函数需要知道玩家的位置和面朝的方向：

```
void draw_player(const position_t& position,
                 direction_t direction)
```

前面提到过，显示玩家面朝的方向有两种选择。第一种选择基于玩家是否移动，这是很容易计算的，因为经常需要创建 position_t 的实例，并且前一个位置是不变的。第二种选择，即使玩家不移动也改变它的朝向，这也很容易实现，只需要把玩家朝向调整为与传递给 next_position 函数的方向一致即可。还可以更进一步，根据当前或上一次移动情况显示不同的图片等。

现在需要把逻辑组装在一起。为了进行说明，以递归的方式实现事件循环。在第 2 章曾经提到过，不要滥用递归，因为编译器在编译程序时不能保证对其进行优化。这个例子使用递归，只是为了证明整个程序可以以纯的方式实现——对象创建后无需作任何改变，如清单 5-7 所示。

清单 5-7　递归事件循环

```
void process_events(constmaze_t& maze,
                    constposition_t&current_position)
{
    if (maze.is_exit(current_position)){
        // show message and exit
        return;
    }

    constdirection_t direction = …;          ◄──── 基于用户的输入计算方向

    draw_maze();                              ┬── 显示迷宫和玩家
    draw_player(current_position, direction); ┘

    const auto new_position = next_position(  ┐
            direction,                        ├── 获取新位置
            current_position,                 │
            maze);                            ┘

    process_events(maze, new_position);  ◄────
}                                             继续处理事件，但现在
                                              玩家已经移到新位置
int main()
{
```

```
constmaze_t maze( "maze.data" );
process_events(
        maze,
        maze.start_position();
}
```

main函数只需要加载迷宫，并以玩家的初始位置调用process_events

这个例子展示了一种通用的方法来建模有状态的程序，同时避免任何状态变化并保持函数的纯洁性。在实际编程中，情况往往更复杂。这里唯一需要改变的只有玩家的位置。其他还包括如何把玩家显示给用户，可以使用位置改变的方式进行计算。

大型系统有许多可改变的部分。需要创建一个巨大的、包罗万象的结构，并在每次需要改变时，重新创建它。这将产生巨大的性能开销（即使使用针对函数式编程优化的数据结构，这将在第 8 章介绍），并大幅增加软件的复杂性。

通常会有一些可变状态，如果经常复制和传递，将影响程序的效率。可以将函数设计为返回如何改变的语句，而不是返回改变后状态的复制。这种方式带来的是系统可变部分与 pure 部分进行了明确分离。

5.4　并发环境中的可变状态与不可变状态

现在的软件系统总会包含某些并发部分——无论是将复杂的计算（如图像处理）分解成几个平行的线程以提高处理速度，还是同时执行各种任务，以便用户浏览网页时下载文件。

因为可变状态允许共享责任（这同样违背 OOP 最佳实践），所以容易引发问题。这个问题在并发环境中会被放大，因为这个责任会同时（the same time）被多个组件共享。

这个问题的一个小例子：创建两个并发进程改变一个整型变量。假设要统计连接到服务器的客户数量，如果没有客户连接就进入节能模式。开始有两个客户连接到服务器，并同时下线：

```
void client_disconnected( const client_t & client )
{
    /* Free the resources used by the client */
    …
    /* Decrement the number of connected clients */
    connected_clients--;
    if ( connected_clients == 0 )
    {
        /* go to the power-save mode */
    }
}
```

着重看一下 connected_clients 这一行，看上去没什么问题。正常情况下，开始时有两个客户，所以 connected_clients == 2。当一个客户下线时，connected_clients 的值将变为 1；当第二个客户也下线时，connected_clients 应变为 0，这时应进入节能模式。问题是看似简单的一条语句，对于计算机却不然。代码需要做以下工作。

1）将变量值从内存读入处理器。

2）对取得的值减 1。

3）把改变后的值写回内存。

如果从处理器的层面看，这些步骤是相互独立的，不再是人们眼中的单条语句。如果 client_disconnected 函数同时（从不同的线程中）被调用两次，一个调用中的这 3 个步骤可能被另一个调用中的 3 个步骤任意分割。一个调用读取的值可能是另一调用尚未修改完成的值。这样的话，connected_clients 只会被减掉一次（或准确地说，两次从 2 减到 1），而不会变成 0，如图 5-3 所示。

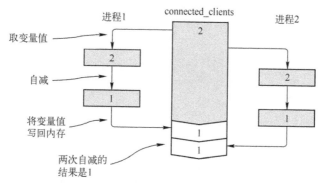

图 5-3 两个并发进程减一个值。每个进程需要从内存读取值，进行减法操作，再将值
写回内存。因为初始值为 2，两次自减后，结果应该为 0。但如果第二个进程在第一
个进程还没写回内存时读取变量的值，就会得到错误的结果

如果对于单个整数进行并发访问都会带来问题，那就更别说复杂的数据结构了。幸运的是，这个问题早就解决了。人们认识到对于有可能并发访问的数据，允许它改变将会导致问题。解决方法很简单：让程序员通过信号量（mutexes）禁止数据的并发访问。

这种方法的问题在于，程序的并行运行——不论是出于效率或其他什么原因的考虑。信号量通过删除并发处理解决并发问题：

作者经常开玩笑说，不应该使用 Dijkstra 的聪明缩写（信号量 mutex——表示 mutal exclusion（相互排斥）），而应该将基本的同步对象称为"瓶颈"。瓶颈有时候很有用，有时必不可少——但也并非如此。充其量它们是"必需的恶魔"。任何东西——鼓励任何人过度使用它们都是不对的。并不仅仅是因为反复对信号量加锁、解锁带来的性能直线下降，而是更难以琢磨的对整个应用并发的影响。

—David Butenhof 在 comp.programming.threads 上写到

信号量有时是必需的[⊖]，但不应该经常使用，更不能作为拙劣的软件设计的借口。信号

　　⊖ 安东尼·威廉姆斯的《C++并行编程实战（C++ Concurrency in Action）》详细介绍了并行，信号量和如何以普通的方式编写多线程代码。本书的第 10 章和第 12 章将详述关于函数式编程编写并发和异步软件的内容。

量和循环、递归一样，是一种底层的结构，用于支持更高层次上的并发编程，而不能经常出现在普通代码中。这听起来有点奇怪，但根据阿姆达尔定律，如果程序中只有 5%的串行代码（其他的 95%完全并行），与完全没有并行的代码相比，提高的速度最多只有 20 倍——与处理器的个数无关，如图 5-4 所示。

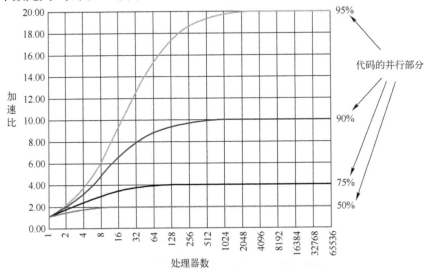

图 5-4 如果处理器数目增加 10 倍，速度就能提高 10 倍，这是最理想的。很不幸，速度与处理器
数目的增长并不呈线性关系。根据阿姆达尔定律，如果只有 5%的串行代码（通过信号量或
其他机制实现），与单个处理器相比，最大加速比不超过 20——
即使投入 60000 个处理器还是这样

如果低层次的并行代码不能达到预期效果，则需要寻找并行问题的其他替代方案。并发问题只有在并行的进程间共享可变数据才会出现。因此，一种解决方案就是不使用并行，另一种方案就是不使用可变数据。但还有第三种选择：使用可变数据，但不共享它。如果不共享数据，则不会发生在不知情的情况下数据被修改的事情。

这里有 4 种选择：不共享不可变数据、不共享可变数据、共享不可变数据和共享可变数据。这 4 种情况只有最后一种是有问题的，如图 5-5 所示。但 99%的软件问题都属于这种情况。

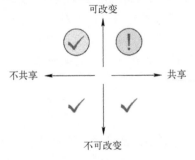

图 5-5 状态有可改变和不可改变两种，数据可共享也可不共享。在并发环境中出现
问题的只有一种情况，那就是共享可变数据。其他三种情况都是安全的

第 10 章和第 12 章将进一步讨论这一话题。函数式编程思想对于并行异步编程，无论是否包含可变数据，都像普通函数式编程一样容易。

5.5　const 的重要性

包含可变状态容易引发问题，C++提供了开发不包含可变状态程序的便利工具。C++限制改变有两种方式：const 和 constexpr 关键字（后者从 C++11 才开始支持）。

关键字 const 的基本思想是防止数据修改。这是通过 C++的类型系统实现的。如果把某类型 T 的实例声明为 const，那么它的类型就是 const T。这一简单的概念影响深远。假设声明了一个名为 name 的 std::string 常量，且把它赋值给另一变量：

```
const std::string name{"John Smith"};

std::string name_copy = name;
std::string& name_ref = name; // 错误
const std::string& name_constref = name;
std::string* name_ptr = &name; // 错误
const std::string* name_constptr = &name;
```

第一个赋值语句企图将常量字符串 name 赋值给非常量的字符串变量 name_copy，这是可以的——因为这会创建一个新的字符串，并复制 name 包含的数据。这是可以的。如果后面改变 name_copy 的值，原来的字符串（name）将不受任何影响。

第二个赋值语句创建了一个 std::string 的引用，并让它指向 name 变量。因为试图创建不同类型的 const std::string 的 std::string 引用（这里也没有继承支持这样做），在进行编译时会出现错误。把 name 的地址赋值给 name_ptr 时，也会出现同样的错误，因为它是一个指向非常量字符串的指针。这正是期望的效果，因为如果编译器允许这样做，在对 name_ref 调用函数时，将会改变 name 的值，因为 name_ref 只是一个引用。在试图改变 name 值之前，编译器就会阻止。

第三个赋值语句从相同类型的变量创建了一个 const std::string 类型的引用。这可以毫无问题地传递。对常量字符串指针（name_constptr）赋值同样也没有问题。

常引用的特殊性

虽然编译器允许从相同类型的变量创建一个 const T 的引用，但常引用（指向常类型的引用）是很特殊的。常引用除了可以绑定到 const T 类型的变量，还可以绑定到一个临时的值。在这种情况下，常引用会延长临时变量的生存时间。关于临时对象的生存期，请参阅http://mng.bz/o19v。

如果把这个常字符串作为参数传递给函数会怎么样呢？函数 print_name 接收一个字符串作为参数，函数 print_name_ref 接收字符串引用作为参数，函数 print_name_constref 接收一个常引用：

```
void print_name(std::string name_copy);
void print_name_ref(std::string& name_ref); // 调用时出现错误
void print_name_constref(const std::string& name_constref);
```

与前面的情况类似，把一个常字符串赋值给一个字符串变量是可以的（会创建一个原字符的副本），把字符串赋值给一个字符串常引用也没有问题。因为这两种情况都保证了 name 变量的不可变性。唯一不被允许的是把常量字符串赋值给一个非常量引用。

前面已经学习了常量在变量赋值和普通函数中的用法。现在看一下它与成员函数的关系。下面用 person_t 类来说明 C++如何确保常量性。

思考下面的成员函数：

```
class person_t {
public:
    std::string name_nonconst();
    std::string name_const() const;

    void print_nonconst( std::ostream & out );
    void print_const( std::ostream & out ) const;

    …
};
```

如果以这样的方式编写成员函数，则 C++认为普通函数有一个附加的隐式参数 this。成员函数的 const 类型只是 this 指向的类型。因此，前面的成员函数从内部来看是这样的（实际上，this 是一个指针，但为了清楚起见，假设它是一个引用）：

```
std::string person_t_name_nonconst(
    person_t & this
    );
std::string person_t_name_const(
    const person_t & this
    );

void person_t_print_nonconst(
    person_t & this,
    std::ostream & out
    );
void person_t_print_const(
    const person_t & this,
    std::ostream & out
    );
```

如果把成员函数看作带有默认参数 this 的普通函数，那么对于常量和变量对象调用函数的意义就非常明显了——与前面的例子一模一样，只是把常量和变量作为参数传递给普通函数。如果对常量对象调用非常量成员函数，会导致一个错误，因为试图把一个常量对象赋值给非常量引用。

> **为什么 this 是指针？**
>
> 　　this 是指向成员函数所在对象的常指针。根据语言规则，它永远不能为 null（虽然事实上，有些编译器允许调用空指针对象的非虚成员函数）。
>
> 　　那么问题是，this 不能改变指向其他对象，并且不能为 null，为什么它不是一个引用，而是一个指针呢？答案很简单：当引入 this 时，C++还没有引用的概念。后来再想改变这个 this，根本是不可能的。这样会破坏向下兼容，并且破坏以前的许多代码。

　　正如前面看到的，const 的机制十分简单，但功能却十分强大。通过使用 const 告诉编译器不能改变某个变量，任何时候企图修改这个变量，编译器都会报错。

5.5.1　逻辑 const 与内部 const

　　前面已经说过，可以使用不可变类型避免可变状态带来的问题。或许在 C++中最简单的实现方法就是创建一个类，它的所有成员都是常量——就像这样实现 person_t 类：

```
class person_t {
public:
    const std::string    name;
    const std::string    surname;
    …
};
```

　　甚至不需要为这些变量创建访问函数，只需要把它们修饰为 public。这种方法有个缺陷：有些编译器的优化功能将停止工作。一旦声明成员常量，就会丢失移动构造函数（move constructor）和移动赋值操作符（move assignment operator）（关于 move 的更多语义请参阅 http://mng.bz/JULm）。

　　下面选用另一种方法。把类中的所有（公共）成员函数声明为 const，而不是把成员变量声明为 const：

```
class person_t {
public:
    std::string name() const;
    std::string surname() const;

private:
    std::string    m_name;
    std::string    m_surname;
    …
};
```

虽然这种方式中，数据成员没有声明为 const，但类的用户却不能修改它们，因为在实现的所有成员函数中，this 都指向一个 person_t 的 const 实例。这不但提供了逻辑（logical）上的 const（不能修改对象中的用户可见数据），还实现了内部 const（不会修改对象的内部数据）。同时，还不会丢失任何优化机会，因为编译器会产生任何必需的移动操作（move operation）。

现在还有一个问题，就是有时候修改对象的内部数据，但不能让用户看到。只要涉及用户的数据，必须是不可改变的。这是必需的，例如，有时需要缓存一个耗时操作的结果。

假设要实现 employment_history 函数，返回每个职员的历史职业列表。这个函数需要连接数据库查询这些数据。因为所有成员函数都声明为 const，所以唯一能够初始化成员变量的地方就只有 person_t 的构造函数。数据库查询是一项耗时的操作，所以如果不是对所有该类的用户都有用，就不必每次创建类的实例时，都执行该操作。同样，对于确实需要了解职业历史的用户来说，也没有必要每次调用 employment_history 时都进行查询。这不仅仅是效率的问题，而且有可能多次调用返回不同的结果（如果数据库中的数据发生了变化），这就违背了 person_t 不可改变的原则。

这可以通过在类中创建一个可修改的成员变量来解决——即使在 const 成员函数中也可以改变的变量。因为从用户的观点看类必须是不可变的，所以必须保证两个并发的 employment_history 调用不能返回不同的值，还需要保证第一次加载数据完成之前，第二次调用不能执行，如清单 5-8 所示。

清单 5-8　使用 mutable 实现缓存

```
class person_t {
public:
    employment_history_t employment_history() const
    {
        std::unique_lock<std::mutex>
            lock {m_employment_history_mutex};
        if (!m_employment_history.loaded()) {
            load_employment_history();
        }
        return m_employment_history;
    }

private:
    mutablestd::mutex m_employment_history_mutex;
    mutableemployment_history_t m_employment_history;
    …
};
```

锁住信号量以保证employment_history 函数的并发调用在取回数据之前不会被执行

如果数据没有加载，则加载它

数据加载后返回给调用者

退出该语句块时，锁住的变量将被销毁，信号量被解锁

为了能够在常量成员函数中对信号量加锁，它必须与初始化的变量一样是可改变的

这是实现类的常见模式，这些类从外面看是不可变的，但有时需要修改内部的数据。它需要常量成员函数，以保证类数据成员的不变性，或所有的改变都是同步的（即使在并发调用的情况下也不会被注意）。

5.5.2　对于临时值优化成员函数

如果类设计为不可变的，则创建 setter 函数时，需要创建一个返回对象副本的函数，以保存特定变量修改后的值。创建对象副本保存修改后的对象是十分低效的（尽管编译器在某些场合下可以对此进行优化）。对于原对象不再需要的情况，这一点也是适用的。

假设有一个 person_t 的对象实例，需要 name 和 surname 改变后的副本，可能需要编写下面的代码：

```
person_t new_person {
    old_person.with_name( "Joanne" )
    .with_surname( "Jones" )
};
```

.with_name 函数返回一个 person_t 的新实例，其 name 属性为 Joanne。因为不能为这个实例赋值，所以只要这个表达式执行结束，它就会被销毁。然后调用这个实例的.with_surname，它又会创建另一个 person_t 的实例，其 name 属性为 Joanne，并且 surname 属性为 Jones。

两次创建独立的 person_t 实例，并两次复制 person_t 的数据，仅仅是为了创建一个人的对象——并把它赋值给 new_person 变量。如果检测到.with_surname 是临时对象上的调用，就不用创建它的副本，只需要把它的数据移动到结果中。很幸运，可以创建两个独立的函数.with_name 和.with_surname——一个用于临时对象，另一个正常工作即可，如清单 5-9 所示。

清单 5-9　根据普通值和临时值分离成员函数

```
class person_t {
public:
                                                    这个成员函数适用于普通值和
                                                    左值引用（lvalue reference）
    person_t with_name(conststd::string& name) const&
    {
                                          创建person_t的副本
        person_t result(*this);

                                          设置对象的name属性。改变person_t实
        result.m_name = name;             例的name是可以的，因为这个person_t
                                          实例对外不可见

                                          返回新创建的person_t实例。从
        return result;                    这一点来看，它是不可变的
    }

                                                    这个函数适于临时值和右
    person_twith_name(conststd::string & name) &&   值引用（rvalue reference）
    {
                                              调用移动构造函数而
        person_t result( std::move(*this));   不是拷贝构造函数

        result.m_name = name;   设置姓名

        return result;   返回新创建的person_t对象
    }
};
```

现在声明了两个.with_name 的重载函数。正如 const 修饰符一样，给成员函数指定引用类型修饰符（&）只影响 this 指针的类型。第二个重载函数只适用于借用数据（steal data）的对象的调用——临时对象或其他右值引用（rvalue reference）。

当第一个重载函数被调用时，创建一个新的 person_t 对象的副本，并由 this 指向它，设置新的 name，并返回新创建的对象实例。在第二个重载函数中，创建一个新的 person_t 对象实例，并把 this 所指对象的数据移动（不是复制）到新对象实例中。

注意第二个重载函数没有声明为 const。如果是，就不能把当前对象中的数据移动到新的对象中，就需要像第一个重载函数一样复制数据。

现在已经学习了一种方法，避免临时对象的复制优化自己的代码。与其他的优化一样，只有在性能提升比较明显时，才推荐使用。不要进行不成熟的优化，在进行优化时要做基准测试。

5.5.3　const 的缺陷

const 关键字是 C++中十分有用的东西，在类的设计中尽量使用 const，即使在非函数式编程中也是如此。与其他类型系统一样，它可以在编译期间检测到许多常见的编程问题。

但问题也有两面性，如果过多使用 const，也会碰到一些问题。

1．const 禁止对象移动

当编写返回某种类型值（不是指向值的引用或指针）的函数时，经常会定义一个这种类型的局部变量，进行一些操作，然后返回它。在两个.with_name 重载函数中都是这样做的。下面概括一下这样做的本质：

```
person_t some_function()
{
    person_t result;
    // 返回结果前进行某些操作
    return result;
}
…
person_t person = some_function();
```

如果编译器在编译这段代码时没有进行优化，some_function 将创建一个 person_t 的新实例，并把它返回给调用者。这种情况下，这个实例将被传递给拷贝（或者移动）构造函数，以便初始化 person 变量。当复制（移动）完成时，some_function 返回的实例将被删除。正如前面的例子一样，连续两次调用.with_name 和.with_surname，创建了两个 person_t 的新实例，其中一个是临时对象，在 person 对象创建后就会被删除。

幸运的是，编译器会优化这一过程，some_function 函数直接在 person 变量调用者的位置上创建它的局部变量 result，这样就可以避免不必要的复制或移动。这种优化称为命名返回值优化（named return value optimization，NRVO）。

这是 const 出现副作用为数不多的情况之一。如果编译器不能执行 NRVO，返回一个 const 对象时，就会进行复制，而不是移动到结果中。

2. Shallow Const

另一个问题是，const 容易被破坏。考虑下面的情形：有一个 company_t 类，它持有一个指向所有员工的指针向量。还有一个常量成员函数，它返回一个包含所有员工姓名的向量：

```
class company_t {
public:
    std::vector<std::string> employees_names() const;


private:
    std::vector<person_t*> m_employees;
};
```

编译器将禁止从 employees_names 成员函数调用 company_t 和 m_employees 的任何非常量函数成员，因为它声明为 const。因此，也禁止修改这个 company_t 实例中的任何数据。但代表员工信息的 person_t 实例是 company_t 实例的一部分吗？不是。只不过指向它们的指针是 company_t 实例的一部分。不允许 employees_names 函数修改这些指针，但允许修改这些指针指向的对象。

这种情形比较奇怪，如果 person_t 类没有设计为不可变的，将会引发问题。如果存在修改 person_t 的函数，且允许在 employees_names 函数中调用它；如果编译器能够阻止这种调用，那就再好不过了，因为 const 的语义就是不能修改任何东西。

const 关键字提供了声明一个对象不能修改的功能，而且编译器会强制执行这一约束机制。虽然每次都写 const 有点烦琐，但如果这样的话，再看到非 const 的变量，就会知道它是可变的。这时，每次使用这个变量，都需要检查所有可能修改它的地方。如果变量声明为 const，只检查它的声明就可以确切地知道它的值了。

---

propagate_const 包装器

　　对于类指针对象提供了一个特殊的包装器，称作 propagate_const，可解决这一问题。现在它是在《库基础技术规范》中发布的，将来在版本 17 中正式作为 C++的一部分。

　　如果编译器和 STL 提供商支持这一实验性新特性，就可以在<experimental/propagate_const>头文件中找到它（propagate_const 包装器）。与 experimental::namespace 命名空间中的其他东西一样，它的 API 和行为在将来有可能发生变化，这一点需要注意。

　　如果有幸使用 propagate_const 包装器的话，就会发现与类中使用 std::experimental::propagate_const<T*>包装指针成员变量（和其他类指针类型，如智能指针（smart pointer））一样简单。它会自动检测何时在常量成员函数中使用它，这时它的行为类似于指向 const T 的指针。

提示：关于本章更多的信息和资源，请参阅https://forums.manning.com/posts/list/41684.page。

总结

- 许多计算机有多个处理单元。所以编写程序时，需要保证代码能够正确运行于多线程环境。
- 如果过多地使用信号量，就会限制程序的并行程度。由于同步的需要，程序速度的提升与使用的处理器数目不成正比。
- 可变状态并非一无是处，只要不使它同时在系统的多个组件间共享，还是很安全的。
- 如果成员函数声明为 const，那它就不能修改类中的任何数据（也不能改变类对象），也不能对对象进行任何更改（即使声明为可变的成员），只要涉及用户的，所有操作都是原子的。
- 如果只想修改一个值就复制整个结构的话是十分低效的。可以使用不可变数据结构修正这一问题（第8章详细介绍不可变数据结构）。

第 6 章
惰性求值

6

本章导读

■ 在需要时再进行求值。

■ 缓存纯函数的值。

■ 修改 quicksort 算法，只对集合的部分进行排序。

■ 使用表达式模板表达惰性求值。

■ 无限或近无限结构的表示。

计算需要花费时间。假设有两个矩阵——A 和 B——在将来的某个时候需要它们的乘积。其中一种方式就是立即计算这个乘积，等需要的时候已经有值：

```
auto P = A * B;
```

问题是最终有可能用不到这个乘积，白白浪费了宝贵的 CPU 时间去计算它。

另一种方法是如果有需要，P 定义为 A*B。只是定义 P 为 A 和 B 的乘积，而不是去计算这个乘积的值。等程序需要 P 的乘积时再进行计算，而不是提前计算。

通常通过创建函数定义计算。可以定义一个 lambda 表达式，在调用的时候捕获 A 和 B，并返回它们的乘积，而不是用 P 保存 A 和 B 的乘积：

```
auto P = [A, B] {
    return A * B;
};
```

如果需要这个值，就要像调用函数 P() 一样调用它。

对于一个可能不需要结果的复杂的计算，这样做就是对代码的优化。但也带来了新的问题：如果这个值不止一次被使用怎么办？使用这种方法，每次调用都要计算这个值。更好的做法是在第一次计算该值时，将它保存起来。

这就是"惰性（lazy）"的全部意义：对于工作不是提前而是尽可能推后。因为有惰性，也不可能多次重复做一件事，所以当得到结果后，就应记住这个结果。

6.1 C++的惰性

很不幸，C++并不像其他语言一样支持开箱即用的"惰性求值"，但它提供了一些工具，可以用来在程序中模拟惰性求值。假设要创建一个名为 lazy_val 的模板类，该类存储一个计算过程，并在该过程执行后缓存计算结果（通常称为记忆化（memoization））。因此，该类型应该包括以下内容：

- 计算（过程）。
- 指示结果是否已经计算的标志。
- 计算结果。

在第 2 章曾经说过，接收任意函数对象最有效的方式是作为模板参数。在这个例子中，仍然遵从这个建议。lazy_val 是对函数对象（对计算过程的定义）的模板化。无须把结果类型作为模板化参数，因为它可以很容易地通过计算过程推断出来，如清单 6-1 所示。

清单 6-1 lazy_val 类模板的成员变量

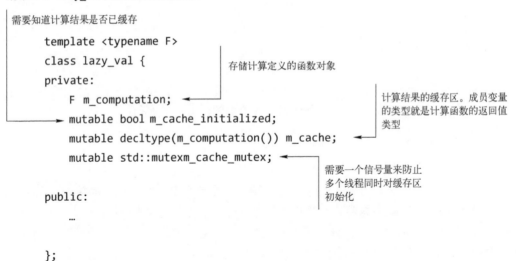

必须保证模板类 lazy_val 是不可修改的，至少从外面看应该是这样，需要把所有的成员函数声明为 const（常量）。而且要在第一次计算出结果后修改缓存区的内容，因此所有与缓存有关的变量都应声明为 mutable（可变的）。

把 lazy_val 的计算类型设置为模板参数是有缺陷的，因为自动模板类型推断从 C++17 才开始支持。大多数情况下无法显式指明类型，因为在定义计算时，大多采用 lambda 进行定义，但无法指定 lambda 的类型。还需要创建一个 make_lazy_val 函数，因为自动模板参数推断只适用于函数模板，这样就可以在不支持 C++17 的编译器上使用 lazy_val 模板了，如清单 6-2 所示。

清单 6-2　构造函数和工厂函数

```
template <typename F>
class lazy_val {
private:
    …

public:
    lazy_val(F computation)
        : m_computation(computation)
        , m_cache_initialized(false)
    {
    }
};
```
初始化计算定义。注意
缓存区还没有初始化

```
template <typename F>
inline lazy_val<F>make_lazy_val(F&& computation)
{
    return lazy_val<F>(std::forward<F>(computation));
}
```
方便使用的函数，创建
一个lazy_val的实例，并
自动推断计算的类型

构造函数除了保存计算函数并把标记结果是否计算的标志置为 false，其他的什么也不需要做。

注意：在这个实现中，需要把计算的结果类型默认为可构建的。对于 m_cache 成员变量，没有对它赋初始值，所以 lazy_val 的构造函数对它调用了默认的构造方法。这是本实现的一个限制，而不是惰性求值所必需的。对于没有这种限制的完整的类模板实现，参见随书代码 06-lazy-val。

最后一步是创建一个返回值的成员函数。如果是第一次请求这个值，则函数进行计算并将其缓存。否则，该函数就返回缓存的值。可以定义 lazy_val 的调用操作符，产生一个函数对象，或提供一个强制类型转换操作符，使 lazy_val 的实例更像一个普通变量。两种方法各有优点，可自行选择。下面是后者的实现。

实现比较直接，锁定信号量，保证直到操作完成缓存区不会被任何人修改。如果缓存区没有初始化，则可以把它初始化为存储计算过程的返回值，如清单 6-3 所示。

清单 6-3　lazy_val 类模板的强制类型转换操作符

```
template <typename F>
class lazy_val {
private:
    …
public:
```

```
    …
    operator constdecltype(m_computation()) & () const  ←
    {
        std::unique_lock<std::mutex>
            lock { m_cache_mutex };
        if (!m_cache_initialized) {
            m_cache      = m_computation();
            m_cache_initialized = true;
        }
        return m_cache;
    }
};
```

> 允许把lazy_val实例自动转换成计算函数的返回值类型const-ref

> 禁止缓存区的并发访问

> 缓存计算结果以备后续使用

善于编写多线程应用程序的读者可能已经注意到这个实现不是最优的。每次程序需要这个值时，都需要对信号量进行加锁和解锁。但 m_cache 变量只有在第一次调用函数时才需要加锁。

信号量是一种低层次的原始同步，读者可以使用适合自己的互斥机制。类型转换操作符做了两件事：它初始化 m_cache 变量并返回保存在变量中的值，这个初始化只需要在实例化 lazy_val 时执行一次。因此只有第一次调用该函数时，才会执行其中的一部分。标准库对于这种情况给出了一种方案——std::call_once 函数：

```
template <typename F>
class lazy_val {
private:
    F m_computation;
    mutable decltype( m_computation() ) m_cache;
    mutable std::once_flag m_value_flag;
public:
    …
    operator const decltype( m_computation() ) & () const
    {
        std::call_once( m_value_flag, [this] {
                        m_cache = m_computation();
                    } );
        return m_cache;
    }
};
```

在前面的实现中，用 std::once_flag 的实例替换了信号量和 m_cache_initialized 布尔指示器。当 std::call_once 函数被调用时，它就会检查标志是否已经设置；如果没有设置，它就会执行传递给它的函数——初始化 m_value 成员变量的函数。

这种方案保证 m_value 被安全地初始化（当它被初始化时，不会有其他线程的并发访问），并且只初始化一次。这比第一次的实现要简单——它可以清晰地表示做了什么，而且也更高效，因为一旦值被求出，就不再需要加锁了。

6.2 惰性作为一种优化技术

现在已经学习了惰性的最基本的变体——第一次需要时计算单个的值，并将其缓存起来供后续使用——后面还有更高级的例子。实际应用中经常会碰到这样的问题，只是把单个的变量变成它的惰性体并不能解决问题。有时需要开发常用算法的惰性版本。每当有一个处理整个数据结构的算法，但只需要部分结果时，就可以通过惰性求值对代码进行优化。

6.2.1 集合惰性排序

假设有几百个员工信息存储在一个向量中，一个窗口一次可以显示其中的 10 名员工。用户可根据姓名、年龄和工龄等多种标准对员工进行排序。当用户选择按年龄对员工进行排序时，程序应显示 10 个年龄最大的员工，并且允许用户向下滚动，查看剩余的部分。

可以很容易地对整个集合进行排序，并每次显示 10 个员工的信息。如果用户对所有员工都感兴趣，这显然是一种不错的方法，但如果不是这种情况，这种方法就不太适合了。用户可能只对前 10 个员工的信息感兴趣，但每次更换排序标准，都必须对整个集合进行排序。

为了尽可能提高效率，需要以惰性的方式对集合进行排序。可以使用快速排序算法，因为它是内排序中最常用的方法。

快速排序的基本变体很简单：从集合中选择一个元素，把所有比它大的元素都移动到集合的前端，比它小的元素移动到集合的尾端（在这一步中甚至可以使用 std::partition）。对新生成的两部分重复上面的过程。

如果要把它变成惰性版本，应该怎么做呢——只对用户关心的部分进行排序？划分步骤不可能省略，但可以延迟对不需要排序部分的递归调用，如图 6-1 所示。

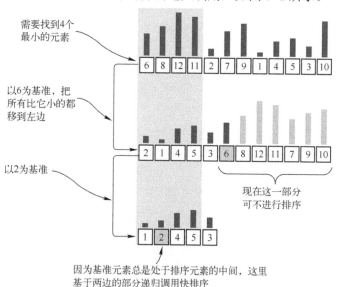

图 6-1　当只需要对集合中部分元素排序时，可以对快排序算法进行优化，
对于不需要排序的部分，不进行递归调用

在需要时再对元素进行排序。通过这种方式，就可避免在无须排序的数组部分进行无用的递归调用。在本书的源码中，可以找到这个算法的惰性排序实现。

惰性快速排序算法的复杂度

因为 C++标准对它定义的所有算法都指明了算法的复杂度，所以有些人可能会对刚才定义的惰性快速排序算法的复杂度感兴趣。假设集合的大小为 n，并假设需要前 k 个元素。

在第一次划分时，需要的操作为 $O(n)$；第二次为 $O(n/2)$，以此类推，直到达到完全排序所需的分区大小。对于所有的划分，通常情况下为 $O(2n)$，根据复杂度的定义，可简记为 $O(n)$。

对于大小为 k 的分区进行全排序，需要 $O(k\log k)$ 次操作，因为这需要执行常规的快速排序。因此，总体复杂度为 $O(n+k\log k)$，这是非常简洁的：这就意味着如果要查找集合中的最大元素，那将与 std::max_element 算法的复杂度 $O(n)$ 相同。如果要对整个集合进行排序，则复杂度为 $O(n\log n)$，与普通的快速排序算法相同。

6.2.2 用户接口中的列表视图

虽然前面的例子重点在于如何把特定的算法修改成惰性版本，但惰性的需求是很常见的。如果有一大批数据，却只有有限的屏幕空间显示数据，这时就可以进行惰性优化。常见的情况是数据存储在数据库中，需要以这样或那样的方式显示给用户。

为了复用上一个例子的思想，假设员工信息保存在数据库中。当显示员工时，需要显示他们的名字和照片。在前面的例子中需要惰性的原因是，当一次只显示 10 个项目时，对整个集合进行排序是多余的。

现在使用了数据库来完成排序工作。这是不是就意味着应该一次加载所有的数据？当然不是。数据库也是惰性排序，数据库只在请求数据时对数据进行排序。如果一次加载所有的员工信息，则数据库就必须对它们全部进行排序。但这还不仅仅是排序的问题，还要显示员工的照片——加载图片既费时间又占内存。如果一次加载所有内容，程序会非常慢且占用过多内存。

通常的做法是数据惰性加载——只在显示给用户时才加载数据，如图 6-2 所示。这种方式既

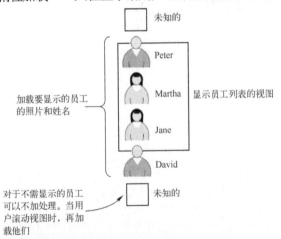

图6-2 对于不显示给用户的数据，不需要加载。当需要时再获取需要的信息

省时间，又省空间。但问题是不能完全以惰性方式解决这个问题，因为不能把先前加载的员工照片保存起来，这同样会耗费大量的内存。这就需要忘记先前加载的数据，等再需要时重新加载。

6.2.3　通过缓存函数结果修剪递归树

C++不直接支持惰性求值的优点是可以根据自己的意愿进行实现；对于不同的情况决定如何实现惰性求值。看一个常见的例子：计算 Fibonacci 数。根据定义，可以这样实现：

```
unsigned int fib(unsigned int n)
{
    return n == 0 ? 0 :
        n == 1 ? 1 :
            fib(n - 1) + fib(n - 2);
}
```

这一实现是十分低效的。通常情况下，每次递归有两次递归调用，并且每次都执行重复的工作，因为 fib(n)和 fib(n-1)都需要计算 fib(n-2)。fib(n-1)和 fib(n-2)都必须计算 fib(n-3)，以此类推。递归调用次数随着 n 的增加呈指数增长，如图 6-3 所示。

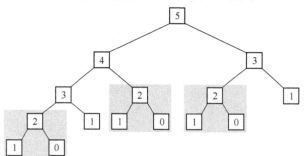

图 6-3　因为 fib 是以递归实现的，所以对于同一个值需要计算多次。计算

fib(5)的递归树，包含 3 个相同的子树计算 fib(2)和两个相同的子树

计算 fib(3)。工作量随着 n 指数增长

该函数是纯函数，对于给定的输入总返回相同的结果。在计算 fib(n)之后，可以保存起来，在需要的时候使用这个值。如果把前面的计算结果都缓存起来，就可以删除所有重复的子树。这样的话，求值树就如图 6-4 所示（具体的求值顺序可能不同，因为 C++不能保证在调用 fib(n-2)之前调用 fib(n-1)，但所有可能的树基本上是相同的——再也没有重复的子树），如清单 6-4 所示。

清单 6-4　使用缓存实现 Fibonacci

```
std::vector<unsigned int> cache {0, 1};


unsigned int fib(unsigned int n)
{
```

使用vector作为缓存，因为要输出fib(n)，需要对所有的k<n，计算fib(k)

```
if (cache.size() > n) {
    return(cache[n]);
} else {
    const auto result = fib(n - 1) + fib(n - 2);
    cache.push_back(result);
    return result;
}
}
```

如果值已经在缓存中，则返回它

得到计算结果并保存到缓存中。可以使用push_back添加第n个元素，因为前面的值已经缓存好了

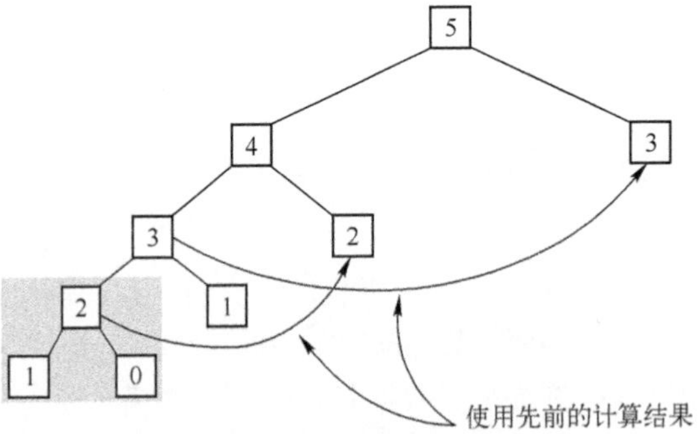

使用先前的计算结果

图 6-4   通过惰性方式实现 fib 函数，就可以避免重复计算相同的树。如果一个分支
计算了 fib(2)，其他的分支就可以使用前面计算的结果。现在树的
节点数据随 n 线性增长

这种方法的好处在于不需要创建新的算法计算 Fibonacci 数。甚至可以不知道算法是如何运作的。只需要知道相同的计算要进行多次，而且 fib 是纯函数，对于相同的输入计算结果相同。

唯一缺陷是需要更多的内存缓冲计算结果。如果要对它进行优化，需要熟知算法的工作过程，并且知晓缓存的值何时被使用。

通过代码分析会发现除了最后插入的两个值其他的都没有使用。可以用只保存两个值的缓存替换原来的向量。为了匹配 std::vector API，需要创建一个类似于向量的类，但只保存最后两个插入的值（参见例子：fibonacci/main.cpp），如清单 6-5 所示。

清单 6-5   计算 Fibonacci 数据的高效缓存

```
class fib_cache {
public:
    fib_cache()
        : m_previous{0},
        , m_last{ 1 }
        , m_size{ 2 }
    {
    }

    size_t size() const
```

初始化Fibonacci数列{0，1}

缓存区大小（不排除忘记的值）

```
{
    return m_size;
}

unsigned int operator[](unsigned int n) const
{
    return n == m_size - 1 ? m_last :
           n == m_size - 2 ? m_previous :
                             0;
}
```

> 对于缓存区中的值，返回需要的值。否则返回0 或抛出一个异常

```
void push_back(unsigned int value)
{
    m_size++;
    m_previous = m_last;
    m_last = value;
}
};
```

> 向缓存中添加一个值，并使大小加1

6.2.4 动态编程作为惰性形式

动态编程（Dynamic programming）是一种将复杂问题分解成更小问题的一种技术。在解决这些小问题时，可以保存解决方案以备后续使用。这种技术被用在许多实际的算法中，包括搜索最短路径和计算字符串的距离。

从某种意义上，对求第 n 个 Fibonacci 数的函数进行的优化也基于动态编程。有一个 fib(n)的问题，把它分成两个更小的问题：fib(n-1)和 fib(n-2)（这是 Fibonacci 数的定义，对解决问题很有帮助）。通过保存所有更小问题的结果，可以极大地优化原来的算法。

对于 fib 函数这种优化特别明显，但并非都是如此。考虑计算两个字符串的相似性问题。其中一种可能的度量是 Levenshtein 距离（或编辑距离（Edit distance）），它是把一个字符串转换成另一个字符串时需要删除、插入和替换的最小字符数目。举例如下。

- example 和 example——距离为 0，因为这是两个相同的字符。
- example 和 exam——距离为 3，因为需要从第一个字符串末尾删除 3 个字符。
- exam 和 eram——距离为 1，因为需要把 x 替换成 r。

这个问题很容易解决。如果已经计算出两个字符 a 和 b 的距离，就可以很容易地计算出以下距离：

- 字符串 b 添加一个字符后和 a 的距离（表示对源字符串进行添加一个字符的操作）。
- 字符串 a 添加一个字符后和 b 的距离（表示从源字符串删除一个字符的操作）。
- 字符串 a 和 b 分别添加一个字符后的距离（如果添加的字符相同，距离就相等；否则就是用一个字符替换另一个字符的操作）。

对于把源字符串 a 转换成目标字符串 b，可能有多种方案，如图 6-5 所示，需要选择操作最少的方案。

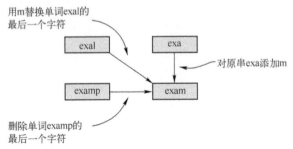

图 6-5　每次调用 lev(m,n)计算最后一步操作为添加、删除、替换的所有路径的最小距离

将字符串 a 的前 m 个字符与字符串 b 的前 n 个字符之间的距离定义为 lev(m,n)。距离函数可用递归实现，如清单 6-6 所示。

清单 6-6　递归计算 Levenshtein 距离

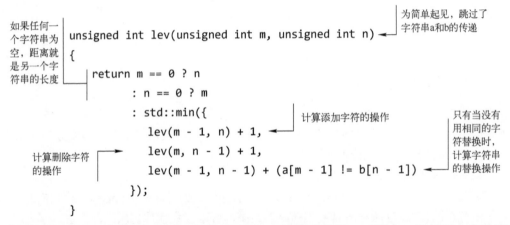

像这样的实现，函数 lev 搜索可以把字符串 a 转换成字符 b（至少，路径不会产生不必要的操作，如添加然后删除相同的字符）的所有可能的转换。就和 fib(n)的情况一样，函数调用次数将随着 m 和 n 呈指数级增长。

虽然大家都知道如何通过一个简单的循环实现 fib(n)，没人会像本章开始编写的那样编写自己的代码，这一次不能通过问题的定义明显看出如何对代码进行优化。就像 fib(n)一样，lev(m,n)很明显是一个纯函数，其结果只与它的参数有关，没有副作用。不可能有超过 m×n 种不同的结果。如果对于同一问题计算多次，那它的复杂度就是指数级。

首先想到的解决方案是什么呢？缓存所有先前的计算结果。因为这个函数有两个无符号整型参数，使用矩阵作为缓存是很自然的。

6.3　通用记忆化（Generalized memoization）

对于不同的问题单独编写自定义缓存是比较好的，这样就可以控制特定值在缓存中的存放时间（就像记忆化版本的 fib(n)的可忘记缓存一样），并且可以确定最好的缓存结构（例如，对于 lev(m,n)使用矩阵作为缓存），但有时把一个函数进行包装，而得到该函数的记忆化版本会比较好。

如果不知道函数的调用参数，那么通用的缓存就是 map。任何纯函数都是从参数到值的映射，因此这种缓存可毫无问题地适应任何纯函数，如清单 6-7 所示。

清单 6-7　函数指针的记忆化包装

```cpp
template <typename Result, typename... Args>
auto make_memoized(Result (*f)( Args...))
{
    std::map <std::tuple<Args...>, Result> cache;

    return [f, cache](Args... args) mutable -> Result
    {
        const auto args_tuple =
            std::make_tuple(args...);
        const auto cached = cache.find(args_tuple);

        if (cached == cache.end()) {
            auto result = f(args...);
            cache[args_tuple] = result;
            return result;
        } else {
            return cached->second;
        }
    };
}
```

> 创建缓存区把参数元组与计算结果进行映射。如果想要用在多线程中，需要用信号量对它的修改进行同步，如清单6-1所示

> lambda获取参数，并检查结果是否已经缓存

> 如果缓存不存在，则调用函数并把结果存入缓存

> 如果结果已经缓存，则把它返回给调用者

现在已经学习了把任何函数转换成记忆化版本的方法，下面试着把产生 Fibonacci 数的函数包装一下，如清单 6-8 所示。

清单 6-8　使用 make_memoized 函数

```cpp
auto fibmemo = make_memoized(fib);

std::cout << "fib(15) = " <<fibmemo(15)
        <<std::endl;
std::cout << "fib(15) = " <<fibmemo(15)
        <<std::endl;
```

> 计算fibmemo(15)并缓存结果

> 下一次调用fibmemo(15)，直接从缓存区加载结果，而不是再次计算

如果对这个程序进行基准测试的话，会发现已经对第二次调用 fibmemo(15)进行了优化。但第一次调用很慢，当 fibmemo 参数增加时，它的效率随参数的增大指数级下降。问题是 fib 函数并没有完全记忆化。fibmemo 函数缓存了结果，但 fib 并没有使用它，还是自己直

接调用自己。make_memoized 函数对普通函数起作用，但不能优化递归函数。

如果要把递归调用也记忆化，则需要修改 fib 函数，不是直接调用自己，而是允许传递给另一函数进行调用：

```cpp
template <typename F>
unsigned int fib( F && fibmemo, unsigned int n )
{
    return n == 0 ? 0
            : n == 1 ? 1
            : fibmemo( n - 1 ) + fibmemo( n - 2 );
}
```

通过这种方式，每次调用 fib 时，可以把它传递给记忆化版本的函数进行递归调用。不幸的是，记忆化函数将会更复杂，因为需要把记忆化版本的函数注入递归中。如果要对递归函数记忆化，最好缓存它的最后结果，而不是递归结果，因为递归调用是调用的原函数，而不是记忆化的包装函数。

需要创建一个保存记忆化函数和前一次调用结果的函数对象，如清单 6-9 所示（参考示例：recursive-memoization/main.cpp）。

清单 6-9　递归函数的记忆化包装

```cpp
class null_param {};                          ← 构造函数中使用的哑类，
                                                避免与拷贝构造函数的
template <class Sig, class F>                   重载冲突
class memoize_helper;

template <class Result, class ... Args, class F>
class memoize_helper <Result(Args ...), F> {
private:
    using function_type = F;
    using args_tuple_type
        = std::tuple<std::decay_t<Args>...>;
    function_type      f;
    mutable std::map<args_tuple_type, Result> m_cache;
    mutable std::recursive_mutex  m_cache_mutex;

public:
    template <typename Function>
    memoize_helper(Function && f, null_param)
        : f(f)
    {
    }
```

定义缓存，因为缓存是可变的，所以要对它的所有修改进行同步

构造函数需要初始化被包装的函数。可以使用拷贝构造函数拷贝缓存的值，但这不是必要的

```
        memoize_helper(constmemoize_helper& other)
            : f(other.f)
        {
        }

    template <class ... InnerArgs>
    Result operator()(InnerArgs&&...args) const
    {
        std::unique_lock<std::recursive_mutex>
                lock {m_cache_mutex};

        const auto args_tuple =
            std::make_tuple(args...);
        const auto cached = m_cache.find(args_tuple);


        if (cached != m_cache.end()) {
            return cached->second;


        } else {
            auto&& result = f(
                *this,
                std::forward<InnerArgs>(args)...);
            m_cache[args_tuple] = result;
            return result;
        }
    }
};
```

搜索缓存的值

如果找到则返回它而不调用函数f

如果未找到缓存的值，则调用f保存结果。传递*this作为第一个参数：递归调用要使用的函数

```
template <class Sig, class F>
memoize_helper <Sig, std::decay_t<F>>
make_memoized_r(F&& f)
{
    return {std::forward<F>(f), detail::null_param()};
}
```

现在当需要创建记忆化版本的 fib 时，可以这样写：

```
auto fibmemo = make_memoized_r<
    unsigned int(unsigned int)>(
    [] (auto & fib, unsigned int n) {
        std::cout << "Calculating " << n << "!\n";
        return n == 0 ? 0
```

```
                : n == 1 ? 1
                : fib( n - 1 ) + fib( n - 2 );
    } );
```

现在所有的调用都将被缓存。lambda 将通过 memoize_helper 类的引用间接调用自己，这个引用作为第一个参数 fib 传递给它。与前面的 make_memoized 相比，它的优点是可以接收任意类型的函数对象，而在先前的实现中必须传递函数指针。

6.4 表达式模板与惰性字符串拼接

前一个例子重点说明运行时优化——程序运行时可以执行不同的代码路径——但要对所有的代码路径进行优化。即使能提前知道程序的每一步，惰性求值也是十分有好处的。

考虑一下使用最多的程序操作——字符串拼接：

```
std::string fullname = title + " " + surname + ", " + name;
```

如果要对一些字符串进行拼接，这个实现非常有效并能实现预期的结果，但速度不够快。从编译器的角度来看，+操作符是一个左结合的二元操作符，因此前面的表达式等价于：

```
std::string fullname = (((title + " ") + surname) + ", ") + name;
```

当计算 title+" "子表达式时，就会创建一个临时字符串。后续的每次连接会在临时字符上调用 append 函数，如图 6-6 所示。对于每次追加，字符串都要变长以适应新的数据。有时当前分配的字符串临时缓存区不能存储所有数据，这时需要分配新的缓存区域，并把原来的缓存区中的数据复制到新缓存区中。

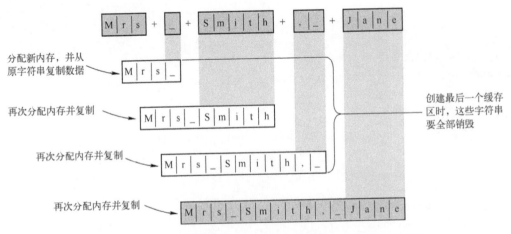

图6-6 当饥饿式连接字符串时，如果先前的缓存区不能容纳连接的
字符串，就需要分配新的内存

　　这一过程会产生不必要的内存分配和销毁,因此是十分低效的。如果有多个字符串要拼接,直到知道所有需要拼接的字符串时,再进行拼接计算会更高效。这时就可以创建一个足够大的缓存区存储最终结果,并一次性把所有源字符串复制过来。

　　这正是表达式模板(expression template)起作用的地方:它们允许产生表达式的定义,而不是求解表达式的值。不是实现操作符+拼接字符串,而是返回表达式表示的定义,后面再对它进行计算。在这个例子中,问题的根源在于操作符+是一个二元操作符,却要实现多次字符串拼接。因此,需要创建一个表示拼接多个字符串的结构(参考示例:string-concatenation/main.cpp)。因为需要存储任意数目的字符串,所以创建一个递归结构模板比较合适:一个节点保存单个字符串(data 成员),另一节点保存剩下的所有字符串(tail 成员),如清单 6-10 所示。

清单 6-10　保存任意数目字符串的结构

```
template <typename ... Strings>
class lazy_string_concat_helper;


template <typenameLastString, typename...Strings>
class lazy_string_concat_helper <LastString,
                                 Strings...> {
private:
    LastString data;          ←── 存储原始字符串的副本
    lazy_string_concat_helper <Strings ...> tail;  ←── 保存包含其他
                                                       字符串的结构
public:
    lazy_string_concat_helper(
            LastString data,
            lazy_string_concat_helper <Strings ...>tail)
        : data(data)
        , tail(tail)
    {
    }
    int size() const                      计算所有被包含的
    {                                     字符串的大小
        return data.size() + tail.size();
    }
    template<typename It>
    void save(It end) const
    {                                     结构以反序保存字符串:
        const auto begin = end - data.size();   data成员变量保存最后处
        std::copy(data.cbegin(), data.cend(),   理的字符串,因此它需
                                                 要追加到缓存的末尾
```

```
                    begin);
        tail.save(begin);
    }
    operatorstd::string() const
    {
        std::string result( size(), '\0');
        save(result.end());
        return result;
    }
    lazy_string_concat_helper <std::string,
                                LastString,
                                Strings...>
    operator+(conststd::string & other) const
    {
        return lazy_string_concat_helper
                <std::string, LastString, Strings...>(
                    other,
                    *this
                );
    }
};
```

当要把字符表示的定义转换成实际的字符串时，分配足够的空间，把所有字符串复制到分配的空间中

创建一个结构实例，并添加一个字符串

因为这是一个递归结构，所以需要创建起始条件，以免陷入死循环：

```
template <>
class lazy_string_concat_helper<> {
public:
    lazy_string_concat_helper()
    {
    }


    int size() const
    {
            return 0;
    }


    template <typename It>
    void save( It ) const
    {
    }
```

```
lazy_string_concat_helper<std::string>
operator+( const std::string & other ) const
{
    return lazy_string_concat_helper<std::string>(
                    other,
                    *this
                    );
}
};
```

　　这个结构可以存放任意多的字符串。直到要把结果转换成 std::string 时，才会执行字符串的拼接操作。转换操作符会创建一个新的字符串，并把保存的字符串复制过来，如图 6-7 所示，代码如清单 6-11 所示。

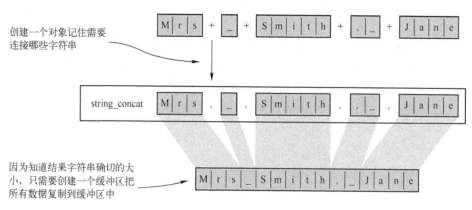

图6-7　拼接操作符+不是产生一个字符串，而是产生一个对象记住需要拼接哪些字符串。
当需要创建结果字符串时，就会知道需要的缓冲区确切的大小

清单 6-11　使用自定义结构高效地连接字符串

```
lazy_string_concat_helper<>lazy_concat;

int main(intargc, char* argv[])
{
    std::string  name = "Jane";
    std::string  surname  = "Smith";

    const std::string fullname =
        lazy_concat + surname + ", " + name;
    std::cout<<fullname<<std::endl;
}
```

因为无法重载std::string 的+操作符，这里使用一点小技巧，把拼接结构添加到std::string实例的后面

　　这有点像本章开始的 lazy_val。但这一次没有通过 lambda 定义需要的惰性求值，而是计

算用户定义的表达式。

6.4.1 纯洁性与表达式模板

或许已经注意到 lazy_string_concat_helper 类保存了原始字符串的副本，使用对字符串的引用更高效一些。笔者的初衷是尽可能地优化字符串拼接，把这一点也优化一下：

```
template <typename LastString, typename ... Strings>
class lazy_string_concat_helper<LastString,
                                    Strings ...> {
private:
    const LastString & data;
    lazy_string_concat_helper<Strings ...> tail;
public:
    lazy_string_concat_helper(
            const LastString & data,
            lazy_string_concat_helper<Strings ...> tail )
        : data( data )
        , tail( tail )
    {
    }


    ...

};
```

这种实现存在两种潜在缺陷。第一，无法在字符串定义范围之外使用这个表达式。只要一离开这个范围，字符串就会被销毁，lazy_string_concat_helper 持有的字符串引用将会变得无效。

第二，用户希望拼接结果是一个字符串类型，而不是什么其他的中间类型。如果这个优化的拼接用在自动类型推断中，会出现预想不到的问题。

考虑下面的例子：

```
std::string name = "Jane";
std::string surname = "Smith";

const auto fullname =
        lazy_concat + surname + ", " + name;

name = "John";

std::cout << fullname << std::endl;
```

是不是认为结果应该是 "Smith, Jane" …

…但输出却是 "Smith, John"

问题在于现在存储的是待拼接字符串的引用。如果在定义表达式（fullname 变量的声明）和需要计算结果（把 fullname 输出到标准输出）之间字符串发生了变化，就会得到预期不到的结果。拼接之后的字符串改变也会反映到结果字符串中。

这一点非常重要：为了达到预期目的，惰性求值必须是"纯"的。纯函数对于相同的参数总会给出相同的结果。这也是即使延迟执行也不会有任何后果的原因。只要允许诸如修改变量值这样的副作用影响操作结果，就会在延迟计算（惰性求值）时得到不希望出现的结果。

表达式模板可产生一种结构，它表示一种计算，而不会立即计算这个表达式。这样就可以选择何时计算这个表达式，改变 C++计算表达式的顺序，以自己的意愿随意转换表达式[⊖]。

提示：关于本章主题更多的信息和资源，请参阅 https://forums.manning.com/posts/list/41685.page。

总结

- 代码惰性执行和结果缓存可显著提高程序的运行速度。
- 构造程序中算法的惰性变体有时并不那么容易（有时甚至不可能），但如果试着去做，可提高程序的响应能力。
- 有很大部分指数级复杂度的算法，通过缓存中间结果，可以优化到线性级或平方级。
- Levenshtein 距离有许多应用（如声音处理、DNA 分析和拼写检查等），在普通的应用中也有一席之地。当需要将数据模型中的更改通知 UI 时，能够减少 UI 需要执行的操作的数目。
- 虽然应该对不同的问题单独编写缓存机制，但有时像 make_memoized 的函数也是十分有用的，它可以作为缓存函数结果可提高速度的证明。
- 表达式模板是一种迟延计算的强大工具。它们经常用在操作矩阵的库中，或在提交编译器之前对表达式进行优化的场合。

⊖ 若需要构造并转换更复杂的表达式树，请参阅 http://mng.bz/pEqP 的 Boost Proto 库。

第 7 章

range

本章导读

■ 向算法传递迭代器对的问题。

■ 什么是 range，如何使用。

■ 使用管理语法创建级联 range 转换。

■ 理解 range 视图和行为。

■ 没有 for 循环也可以编写多汁代码。

在第 2 章已经学习了为什么要避免循环硬编码，而使用 STL 的通用算法。虽然这有着明显的优点，但也有缺陷。标准库中的算法不是为了更容易地组合而设计，而是专注于多次使用一个算法，实现更高版本的算法。

一个很好的例子就是 std::partition，它把集合中所有满足谓词的元素移到开头部分，并返回一个迭代器，它指向集合中不符合谓词要求的第一个元素。这样就可以通过多次调用 std::partition 函数实现多分组划分——而不必关心谓词返回 true 还是 false。

作为例子，这里实现一个根据所属的团队对集合中的人进行分组的函数。它接收人的集合，获取人的团队名称的函数和一个团队列表。可以多次调用 std::partition 算法——每次处理一个团队——就得到一个按所属团队分组的人的列表，如清单 7-1 所示。

清单 7-1　按所属团队分组

```
template <typename Persons, typename F>
void group_by_team( Persons & persons,
          F team_for_person,
          const std::vector<std::string> & teams )
{
    auto          begin = std::begin( persons );
    const auto    end   = std::end( persons );
    for ( const auto & team : teams )
    {
```

```
        begin = std::partition( begin, end,
                [&]( const auto & person ) {
                    return team == team_for_person( person );
                } );
    }
}
```

这种方式组合算法固然有用，但更通用的方法是将一个操作的结果集合传递给另一个算法。回想一下第 2 章的例子：从人的集合中抽取女性员工的名字。写一个 for 循环实现这一功能很简单：

```
std::vector<std::string> names;
for ( const auto & person : people )
{
    if ( is_female( person ) )
    {
        names.push_back( name( person ) );
    }
}
```

如果要使用 STL 算法实现相同的功能，需要创建一个临时集合，把符合谓词（is_female）的人复制过来，然后使用 std::transform 提取集合中所有人的名字。这在效率和内存消耗上都不是最优的选择。

主要问题是 STL 把集合的开始和结束当作两个独立的参数，而不是使用集合本身。这有以下几层含意。

■ 算法不能把集合作为返回结果。

■ 即使有一个返回集合的函数，也不能直接把它传递给 STL 中的算法：需要创建一个临时对象，再调用它的 begin 和 end 方法。

■ 基于前面的原因，大多数算法修改它们的参数，并返回修改后的集合作为结果。

这些因素使得如果没有一个可修改的局部变量，就很难实现程序的逻辑。

7.1　range 简介

为了解决这些问题已经进行了大量的尝试，但最成功的莫过于 range。目前，姑且认为 Range 是一个简单的结构，它包含两个迭代器——一个指向集合的第一个元素，另一个指向集合最后一个元素的后面。

注意：range 目前仍然不是标准库的一部分，但要纳入标准库的努力一直在继续，计划于 C++20 引入到标准库中。将 range 纳入 C++标准是 Eric Niebler 基于 range-v3 库提出的建议，在本章有一些例子使用了 range-v3 库。另一个较旧但久经考验的库是 Boost.Range，它不如 range-v3 功能强大，但仍然十分有用，而且支持较老的编译器，语法上十分相似，本章介绍的概念对它也是适用的。

同一结构中保存两个迭代器与两个分离的迭代器相比有什么优点？主要优点是可以返回一个完整的 range 作为函数结果，并可以把它传递给另一个函数，而无须使用局部变量保存中间结果。

传递迭代器对还容易出错。有可能传递两个独立集合的迭代器而操作一个集合，或传递迭代器的顺序不对——第一个迭代器所指向的元素在第二个迭代器所指元素之后。不论哪种情况，算法都会企图从第一个迭代器指向的元素遍历到第二个迭代器指向的元素，这时就会产生无法预期的结果。

通过使用 range，前面的例子就变成了 filter 和 transform 函数的组合：

```
std::vector<std::string> names =
    transform(
        filter( people, is_female ),
        name
        );
```

filter 函数将返回一个 range，包含 people 集合中符合 is_female 谓词的元素。transform 函数将接收这个 range，并从这个过滤好的 range 中返回包含姓名的 range。

这种诸如 filter 和 transform 的 range 转换可进行任意多的嵌套。这里的问题是当组合的转换较多时，语法有些笨重。

基于这个原因，受 UNIX 管道操作符的启发，range 库重载了|操作符，提供了特殊的pipe（管道）语法。因此，可以把原来的集合通过管道操作连接起来，而不是嵌套的函数调用，就像这样：

```
std::vector<std::string> names = people | filter( is_female )
                                        | transform( name );
```

和前面的例子一样，通过 is_female 谓词过滤集合中的人，然后再抽取结果的名字。这里需要注意的是，当习惯了|操作符是"通过一系列转换"，而不是"按位与"，就比较容易书写和理解。

7.2　创建数据的只读视图

看到前面的代码段就会想到一个问题，与用 for 循环实现相同的功能相比，效率到底如何。在第 2 章已经看到，使用 STL 算法会带来效率问题，因为为了 std::transform 函数需要创建一个新的向量保存人的集合中所有女性的副本。通过阅读前面的 range 实例，可能会认为除了语法之外没有发生任何改变。实际上不是这样，本节就来解释一下。

7.2.1　range 的 filter 函数

filter 函数仍然返回一个人的集合，因此可以对它调用 transform。这也正是 range 与众不同的地方。range 是表示集合元素的一种抽象，但没有人说它是集合——它只是行为上类似。它需要一个起点，一个终点，并允许获取它的每个元素。

　　filter 函数将返回一个 range 结构，它的起始迭代器是一个智能的迭代器代理，指向源集合中满足指定谓词的第一个元素。结束迭代器是源集合中终止迭代器的代理。迭代器代理与源集合中的迭代器唯一的不同是指向符合过滤谓词的元素，如图 7-1 所示。

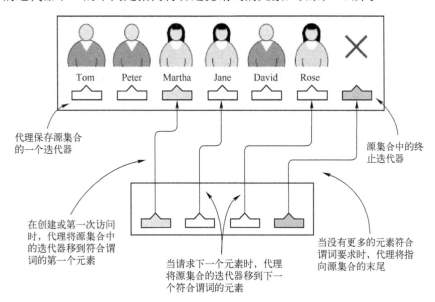

代理保存源集合的一个迭代器

源集合中的终止迭代器

在创建或第一次访问时，代理将源集合中的迭代器移到符合谓词的第一个元素

当请求下一个元素时，代理将源集合的迭代器移到下一个符合谓词的元素

当没有更多的元素符合谓词要求时，代理将指向源集合的末尾

图 7-1　filter 创建的视图 view 保存源集合中的一个迭代器。这个迭代器只指向符合谓词的元素。
　　　　用户可以像普通集合一样使用它，其中包含 3 个元素：Martha、Jane 和 Rose

　　简言之，每次迭代器代理需要增加时，就需要找到源集合中满足谓词的下一个元素，如清单 7-2 所示。

清单 7-2　过滤迭代器代理的自增操作符

```
auto& operator++()
{
    ++m_current_position;
    m_current_position =
        std::find_if(m_current_position,
                     m_end,
                     m_predicate);
    return *this;
}
```

正在过滤的集合的迭代器。当代理迭代器需要增加时，找到当前元素后面的第一个符合谓词的元素

从下一个元素开始搜索

如果没有符合谓词的元素，返回源集合的终止迭代器，也就是已过滤 range 的终止迭代器

　　通过过滤器的代理迭代器，就无须创建临时集合保存源集合中符合谓词的元素副本。这样就创建了原来数据的新视图（view）。

　　把这个视图传递给 transform 算法，它就可以像一个真实的集合一样工作。每当需要一个新值时，代理迭代器就会向右移动一个位置，也就是源集合中符合谓词条件的下一

个元素的位置。transform 函数遍历原来的集合,但"看不到"任何一个非女性的人。

7.2.2　range 的 transform 函数

与 filter 类似,transform 函数也不需要返回一个新的集合,它也可以返回原来数据的视图。它又不像 filter(filter 返回与源集合相同元素的视图,只是不包括源集合中所有的元素),transform 需要返回与源集合相同数目的元素,但并不直接访问它们。它返回源集合中的每一个元素,但都已转换。

它的自增操作符并不特别,只需要自增源集合的迭代器就可以了。这次,消除引用操作符(*)将有所不同,如清单 7-3 所示。在返回源集合中的元素前,首先对它应用转换函数如图 7-2 所示。

清单 7-3　转换代理的消除引用操作符

```
auto operator*() const
{
    return m_function(
            *m_current_position        获取源集合中的元素,对它施加
                                        转换函数,并把它作为代理迭代
    );                                  器指向的值返回
}
```

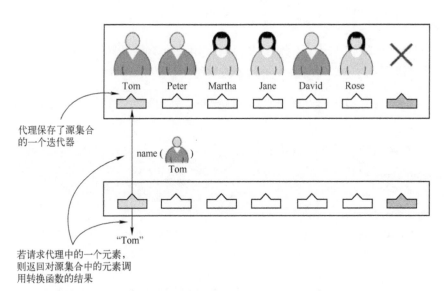

图 7-2　transform 转换函数创建的视图持有源集合的一个迭代器。

这个迭代器访问源集合中的所有元素,但视图并不直接返回它们。

视图首先对元素调用转换函数,然后返回结果

这样就和 filter 函数一样,无须创建一个新的集合保存转换后的元素。而是创建一个视图,它不直接显示源集合中的元素,而是显示转换后的结果。这样就可以把结果 range 传递给另一个转换函数,或者把它赋给一个适当的集合。

7.2.3　range 惰性求值

虽然在这个例子中有两个 range 转换——一个是 filter，另一个是 transform——但结果的计算只需遍历一次原来的集合，就像手工编写的 for 循环一样。range 视图的求值是惰性的：当对集合调用 filter 或 transform 时，只是定义了一个视图，并没有对 range 中的任何一个元素求值。

现在把这个例子改变一下，取这个集合中前 3 名女性的名字。实现这一功能，可使用 take(n) range 转换，它对原来的 range 定义一个新视图，只显示原来的前 n 个元素（在原 range 中不足 3 个元素时，则更少）：

```cpp
std::vector<std::string> names = people | filter( is_female )
                                        | transform( name )
                                        | take( 3 );
```

下面对这段代码进行详细分析。

1）当对 people | filter(is_female)求值时，除了创建了一个新的视图外，什么也没做。没有访问 people 集合中的任何一个元素，只不过把源集合的迭代器初始化指向符合 is_female 谓词的第一个元素。

2）把这个视图传递给| transform(name)。这也只是创建了一个新的视图，仍然没有访问集合中的任何元素，也没有对它们调用 name 函数。

3）对这个结果调用| take(3)。同样，还是创建一个新视图，并没有其他操作。

4）从| take(3)转换的结果创建一个字符串向量。

为了创建一个向量，必须知道要放到其中的元素。这一步会遍历结果视图并访问其中的元素。

当要从 range 中创建名字向量时，所有 range 中的元素都将被求值。对于每一个要添加到向量中的元素，会进行如下的处理，如图 7-3 所示。

1）对 take 函数返回的 range 视图的代理迭代器调用消除引用操作符。

2）take 创建的代理迭代器把需求传递给 transform 创建的代理迭代器。这个迭代器对请求进行处理。

3）对 filter 转换定义的代理迭代器调用消除引用操作符。它遍历源集合，查找并返回满足 is_female 谓词要求的第一个元素。这是第一次访问集合中的元素，也是第一次调用 is_female 谓词函数。

4）filter 代理迭代器的消除引用操作返回的人被传递给 name 函数，结果返回给 take 代理迭代器。take 代理迭代器再把结果进行传递，插入到 names 向量中。

插入一个元素后，访问下一个元素，然后再下一个元素，直到到达末尾。现在因为限制视图只有 3 个元素，只要找到了第 3 个女性，就不必再访问集合中的任何元素。

这就是惰性求值的工作过程。完成了相同的功能，没有效率损失，并且代码比等效的手工编写的 for 循环更短小、更通用。

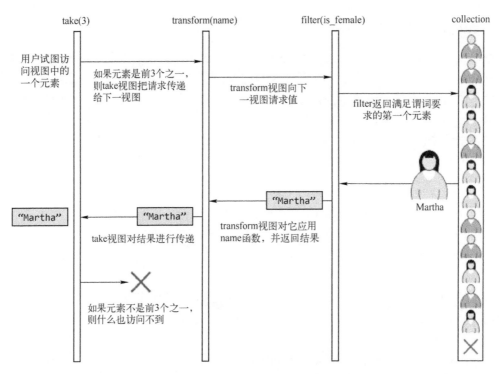

图7-3 当访问视图中的元素时，视图代理将把请求发给转换组合中的下一视图
或集合。根据视图的类型，可能转换结果、跳过元素、反序排列等

7.3 修改 range 中的值

虽然很多有用的转换可以通过视图实现，但有些需要改变源集合中的元素。这种操作称为行为（action），与视图区分开来。

行为转换最常见的例子是排序。为了能够对集合排序，必须访问它所有的元素并将它们重新排序。这就需要改变原来集合中的元素或创建一个新的集合保存排序后的元素。后者对于不能随机访问（如链表）、无法高效排序的集合特别有用。这时需要创建一个新的可随机访问的集合，并把元素复制到新的集合中，然后对新集合进行排序。

> **range-v3 库中的视图（views）和行为（actions）**
>
> 前面提到过，range-v3 库是 STL 扩展 range 的重要基础，在本书的例子中会使用它，并且会使用它的命名法。创建视图的 range 转换，如 filter、transform 和 take 在 ranges::v3::view 命名空间中，而行为（action）在 ranges::v3::action 命名空间中。区分这两者十分重要，因此从现在起将指定视图和行为的命名空间。

假设有一个 read_text 函数，它返回向量表示的单词，现在的任务是收集其中的单词。最简单的方法是对单词进行排序，然后删除连续的重复项（为了简单起见，这里把单词全部转换成小写）。

可以通过 read_text 与 sort 和 unique action 函数的串联得到想要的单词列表，如图 7-4 所示，代码如下：

```
std::vector<std::string> words =
    read_text() | action::sort
                | action::unique;
```

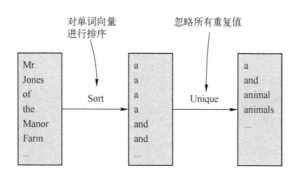

图 7-4　从文本中获取单词列表，只需要对它们进行排序，并删除连接的重复项即可

因为向 sort 传递了临时文件，所以它无须创建其副本进行操作；它可以直接对 read_text 函数返回的向量进行操作，就地排序。同样的道理，unique 也是直接对 sort 的结果进行操作。如果要保存中间结果，可以使用 view::unique，它不会对真实的集合进行操作，只会创建一个视图，跳过当前值的所有重复元素。

这是视图和行为的重要区别。视图转换对原来的数据创建一个惰性视图，而行为只直接处理存在的集合，并立即执行所需的操作。

行为操作临时数据不是必需的。可以使用|=操作符进行左结合运算，如下所示：

```
std::vector<std::string> words = read_text();
words |= action::sort | action::unique;
```

这种视图和行为的组合，使得在选择惰性处理还是饥饿式处理上更加灵活。如果不希望处理集合中所有的元素或所有元素只处理一次，则选择惰性处理；如果需要处理集合中所有的元素而且需要多次访问，则使用饥饿式的处理方式。

7.4　定界 range 和无限 range

在本章开头曾经说过，range 是一种数据结构，它持有一个指向集合前端的迭代器和一个指向末端的迭代器——就和 STL 算法采用的方式一样，只是在一个结构中。末端的迭代器有点奇怪，不能取消对它的引用，因为它指向集合中最后一个元素的后面，有时甚至不能移动它。它的主要用途是检测是否到达集合的末尾：

```
auto    i = std::begin( collection );
const auto    end  = std::end( collection );
for (; i != end; i++ )
{
    /* ... */
}
```

它实际上没有必须作为一个迭代器，可以是其他任何东西，只要能检测是否到达集合的末尾就可以。这种特殊的值称为哨兵（sentinel），在检测是否到达 range 末尾时，提供更大的自由度。虽然在处理普通集合时，它的作用不是太大，但可用于创建定界 range 和无限 range。

7.4.1 用定界 range 优化用于输入的 range

定界 range（delimited range）不能事先知晓其大小——但可以通过一个谓词检测是否已经到达末尾。以 null 结尾的字符串是定界 range 的很好例子：需要遍历整个字符串，一直到遇到'\0'字符，或遍历一个输入流，每次读取一个符号，直到读入无效字符为止。在这两种情况下，知道 range 的开头，但如果要知道 range 的末尾，则必须逐个遍历 range 的元素，直到结尾测试变为 true。

下面看一下输入流的例子，并分析一下统计输入数字个数的代码：

```
std::accumulate( std::istream_iterator<double>( std::cin ),
                 std::istream_iterator<double>(),
                 0 );
```

在这个代码片断中，创建了两个迭代器：一个表示从 std::cin 读入 double 实数集合的开头，另一个不属于任何输入流。这个迭代器是一个特殊的值，std::accumulate 算法使用它测试是否到达集合的末尾，是一个类似哨兵的迭代器。

std::accumulate 算法将一直读取输入流中的值，直到遍历迭代器与末端迭代器相等。这时应该实现 std::istream_iterator 的==和!=操作符。等于操作符应适应属性迭代器和哨兵迭代器，实现形式如下：

```
template <typename T>
bool operator==( const std::istream_iterator<T> & left,
        const std::istream_iterator<T> & right )
{
    if ( left.is_sentinel() && right.is_sentinel() )
    {
        return true;
    } else if ( left.is_sentinel() )
    {
/*
 * Test whether sentinel predicate is
```

```
 * true for the right iterator
 */
    } else if ( right.is_sentinel() )
    {
/*
 * Test whether sentinel predicate is
 * true for the left iterator
 */
    } else {
/*
 * Both iterators are normal iterators,
 * test whether they are pointing to the
 * same location in the collection
 */
    }
}
```

不论左右迭代器是否是哨兵，都应该覆盖所有可能的情况。在算法的每一步都会进行这些检查。

这种方法不是太高效。如果编译器了解哨兵的一些情况就容易多了。如果允许任何可与迭代器比较的东西作为哨兵，那么可以提高要求，规定集合的结尾必定是迭代器，这（编译器了解关于哨兵的情况）就是可以做到的。这样处理的话，前面代码中的 4 种情况就都变成了 4 个独立的函数，编译器基于处理的类型就可以确定调用哪个函数。如果是两个迭代器，就调用迭代器的==操作符；如果是迭代器和一个哨兵，就调用迭代器和哨兵的==操作符，以此类推。

基于 range 的 for 循环和哨兵

　　与 C++11 和 C++14 定义的一样，基于 range 的循环要求头和尾必须是相同的类型，都必须是迭代器。在 C++11 和 C++14 中，基于哨兵的 range 不能与基于 range 的 for 循环一起使用。这种限制在 C++17 中已经删除。现在，头和尾可以有不同的类型，也就意味着末尾可以是一个哨兵。

7.4.2　用哨兵创建无限 range

哨兵方法对定界 range 进行了优化。不仅如此，还使得创建无限 range 变得容易。无限 range 没有末端，就如同正整数的范围一样。有一个开始 0，但没有结束。

虽然需求无限数据结构的场合不是很明显，但它们有时会带来方便。使用整数 range 最常见的例子是对另一个 range 中的元素进行枚举。假设有一个电影的 range，按得分排序。现在需要连同电影的位置编号显示前 10 部电影，如清单 7-4 所示（参考示例：example:top-movies）。

清单 7-4　输出 10 部电影和它们的位置

```
template <typename Range>
void write_top_10(const Range &xs)
{
    auto items =
        view::zip(xs, view::ints(1))
            | view::transform([] (const auto & pair) {
                    return(std::to_string(pair.second) +
                            " " + pair.first);
                })
            | view::take(10);
    for (const auto& item : items) {
        std::cout << item <<std::endl;
    }
}
```

将电影range和从1开始的整数range压缩在一起。就得到一个值对的range：电影名和下标值

转换函数取出一个值对，构造一个包含电影分级和电影名字的字符串

只对前10部电影感兴趣

　　为了实现这一功能，可使用 view::zip 函数。它接收两个 range⊖，并对两个 range 中的元素进行配对。结果 range 中的第一个元素是一个元素对：第一个 range 中的第一个元素和第二个 range 中的第一个元素。第二个元素是第一个 range 中的第二个元素和第二个 range 中的第二个元素组成的值对，以此类推。只要任意一个源 range 结束，结果 range 就会结束，如图 7-5 所示。

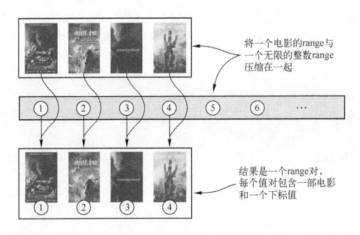

将一个电影的range与一个无限的整数range压缩在一起

结果是一个range对，每个值对包含一部电影和一个下标值

图 7-5　range 没有下标的概念。如果要对 range 中的每个元素标注下标，可以将这个 range 与整数range 进行压缩。这样就得到一个 range 对，每个值对包含原始集合中的一个元素以及它的下标

　　除了使用无限的整数 range，还可以使用 1 到 xs.length() 的整数枚举 xs 中的元素。但这种方法并不好。有时不知道 range 的末尾，在不遍历它的情况下，就无法知道其大小。这时

⊖ view::zip 也可以对两个以上的 range 进行压缩，结果是一个 n 元组 range，而不是一个值对的 range。

需要两次遍历：一次得到它的大小，另一次用于 view::zip 和 view::transform 实现拼装逻辑。这不仅效率低下，而且对于有些类型的 range 根本不可用。例如，输入流的 range 不可能遍历多次；当读取了一个值以后，就不可能再读到它。

无限 range 的另一个优点不在于使用它们，而在于设计处理它们的代码。这可以使代码更通用。如果算法基于无限 range，它就可以处理任意大小的 range，还包括不知道大小的 range。

7.5　用 range 统计词频

下面看一个更复杂的例子，如果使用 range 而不使用老的编码方式，可写出更优美的代码。现在重新实现一个第 4 章的例子：统计文本文件中单词出现的频率。回想一下那个例子，给定一个文本文件，输出出现频率最高的前 n 个单词。和以前一样，把问题分解成更小的转换，但会有一些改变，从而更好地说明 range 的视图和行为相互作用的过程。

首先，需要得到一个不含任何特殊字符的小写字母的单词列表。数据源是输入流，在这个例子中使用 std::cin。

range-v3 库提供了一个称为 istream_range 的类模板，可以把传递给它的输入流创建成一个标记流：

```
std::vector<std::string> words =
        istream_range<std::string>(std::cin);
```

在这个例子中，获取的标记为 std::string 类型，range 会从流中读取一个一个的单词。这还不够，因为需要所有单词都是小写字母，且不能包含标点符号。需要把每个单词转换成小写，并剔除非字母、数字的字符，如图 7-6 所示，代码如清单 7-5 所示。

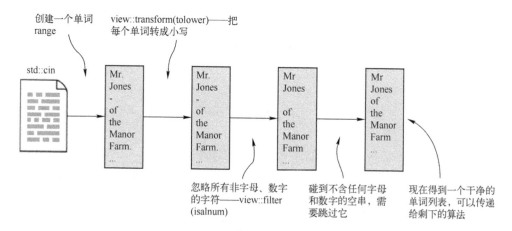

图 7-6　有一个读取单词的输入流。在统计词频之前，需要把列表中
所有单词转换成小写字母，并删除所有的标点符号

清单 7-5　获取只包含字母和数字的小写单词

```
std::vector <std::string> words =
        istream_range<std::string>(std::cin)
        | view::transform(string_to_lower)    ←——|把所有单词转换成小写
        | view::transform(string_only_alnum)  ←——|只保留字母和数字
        | view::remove_if(&std::string::empty); ←—|
```

可能取到一个空字符串，当标记中
不含字母和数字时，需要跳过它

为了完整起见，还需要实现 string_to_lower 和 string_only_alnum 函数。前一函数负责把字符串的每个字符转换成小写，后者是一个过滤器，负责跳过非字母、数字的字符。std::string 是字符的集合，因此可以像操作其他 range 一样操作它：

```
std::string string_to_lower( const std::string & s )
{
    Return s | view::transform( tolower );
}



std::string string_only_alnum( const std::string & s )
{
    Return s | view::filter( isalnum );
}
```

现在已经处理了所有单词，还需要对它们进行排序，如图 7-7 所示。Action::sort 转换需要一个可随机访问的集合，但是很幸运，已经将 words 声明为 std::vector 类型，现在可以请求对其进行排序：

```
words |= action::sort;
```

现在得到了排序好的单词列表，可以很容易地通过 view::group_by 进行分组，它将创建一个单词分组的 range（每个分组恰巧也是 range）。每个分组包含同一单词多次——与单词在文本中出现的次数相同。

可以把每个 range 转换成一个值对，第一个元素是该分组中单词出现的次数，第二个元素是该分组中的单词。这将得到一个包含所有单词和其出现次数的一个 range（（count，word）值对的 range——译者注）。

因为出现次数是值对的第一个元素，所以可以把它传递给 action::sort。可以像前面的代码段一样使用|=操作符或以内联方式先将 range 转换成向量，如清单 7-6 所示（参考示例：example:word-frequency）。这样就可以把 results 声明为 const。

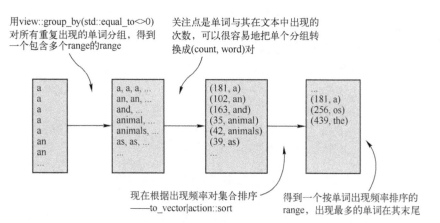

图 7-7　得到一个排序好的 range。需要把相同的单词分组，统计每个分组中
有多少个单词，然后按出现次数对它们进行排序

清单 7-6　从已排序列表中获得排序好的频次-单词对列表

```
const auto results =
    words | view::group_by(std::equal_to<>())
        | view::transform([](const auto & group) {
            const auto begin = std::begin(group);
            const auto end = std::end(group);
            const auto count = distance(begin, end);
            const auto word = *begin;

            return std::make_pair(count, word);
        })
        | to_vector | action::sort;
```

从单词range中对多
次出现的单词分组

获取每个分组
的大小，返回
包含频次-单
词的值对

按频次对单词进行排序，需要
首先将range转换成向量

最后一步是在标准输出上输出前 n 个出现频次最高的单词。因为结果已经按升序排列，而需要的是出现频次最多的单词，而不是出现频次最少的，所以必须把 range 进行转置，并提取前 n 个元素：

```
for ( auto value : results | view::reverse
                          | view::take( n ) )
{
    std::cout << value.first << " " << value.second << std::endl;
}
```

这就完成了，不到 30 行代码，就已经完成了原来几十页才能完成的程序。这里创建了一系列容易组合、高复用的组件，而且除了输出之外，没有使用任何循环。

基于 range 的循环和 range

　　和前面提到的一样，基于 range 的 for 循环，从 C++17 开始支持哨兵。前面的代码片段不能用老版本的编译器编译。如果使用以前的编译器，range_v3 库提供了一个方便使用的 RANGES_FOR 宏替换基于 range 的 for 循环：

```
RANGES_FOR( auto value, results | view::reverse
                                | view::take( n ) )
{
  std::cout << value.first << " " << value.second << std::endl;
}
```

　　另外，如果单词 range 与结果列表的排序方式相同（没有|=操作符），在程序中就没有了可变变量了。

　　提示：关于本章主题更多的信息和资料见 https://forums.manning.com/posts/list/43776.page。

总结

- 使用 STL 算法常见的错误源自传递不正确的迭代器——有时甚至是两个独立集合的迭代器。
- 有些类似集合的结构不知道终点在哪里。像这种情况，可以提供哨兵迭代器，这可以正常工作，但会有不必要的性能开销。
- range 的概念是对任何可迭代数据的抽象。它可应用于普通集合、输入输出流和数据库查询结果集等。
- range 的概念计划于 C++20 引入，但现在的库已经可以提供这些功能。
- range 视图（view）自己本身不拥有数据，也不能改变数据。如果需要操作已经存在的数据，可使用行为（action）。
- 无限 range 是算法通用性的度量。如果算法适于无限 range，那也适用于有限 range。
- 如果使用 range 和 range 转换处理问题逻辑，则可以把程序分解成高复用组件。

第8章
函数式数据结构

本章导读

■ 理解函数式编程语言中链表的普遍性。

■ 函数式数据结构中的数据共享。

■ 字典树 trie 的用法。

■ 标准向量与不可变向量的对比。

到现在为止，已经讲述了大多数高阶函数式编程的概念，并花了相当的时间论证不可变状态编程的优越性。问题是程序一般包含许多可变部分。在第 5 章讨论纯洁性（purity）时，曾经提到过一种解决这一问题的方法，那就是只允许主程序包含可变状态，其他的组件都是纯洁的，只负责对主程序中可变的部分进行计算，实际上并不改变任何东西，所有改变的操作均在主程序中进行。

这一方法对程序中纯洁部分和处理可变状态的部分进行了清晰的划分。但问题是这样的软件设计不容易实现，因为还需要关注修改状态计算的顺序。如果执行顺序不当，就会遇到数据竞争问题，和并发环境中使用可变状态一样。

有时需要避免一切改变——即使核心可变状态也不行。如果使用普通的数据结构，在每次使用它的新版本时，都需要进行复制。如果需要改变集合中的一个元素，就需要创建一个与原始集合一模一样的集合，只是目标元素发生了改变。标准库提供的这种数据结构是十分低效的。本章将讨论高效复制的数据结构。即使创建数据结构的修改副本，也是高效的。

8.1 不可变链表（**Immutable linked lists**）

链表是最早的用于优化这种用法的数据结构之一，它是最古老的函数式编程语言 Lisp（List Processing 的缩写）的基础。链表对于大多数任务来说效率很低，因为它的定位机制与现代缓存硬件不符。但它们是实现不可变结构最简单的例子，因此把它作为这一主题的示例结构再好不过了。

list（列表）是一系列节点的集合，每个节点包含一个单一的值，和指向下一节点的指针（如果是最后一个节点，则为 nullptr），如图 8-1 所示。基本操作是在表头和表尾添加、删除元素，在中间插入、删除元素，或修改指定节点的值。

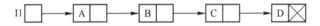

图 8-1　单链表。每个节点包含一个值和指向下一节点的指针

这里主要说明修改表头和表尾元素的操作，因为其他的操作可以通过这两种操作实现。记住，这里"修改"的意思是从原始链表创建一个修改后的新链表，原始链表没有发生任何改变。

8.1.1　在表头添加和删除元素

首先介绍修改链表头部元素的方法。若已有链表不可改变，在链表头部之前添加一个元素，创建一个新链表是很简单的。可以用需要添加的值创建一个节点，并让新节点的指针指向原始链表的头节点，如图 8-2 所示。这样就得到了两个链表：一个是元素没有发生变化的原始链表，另一个是在原始链表的头部添加节点的新链表。

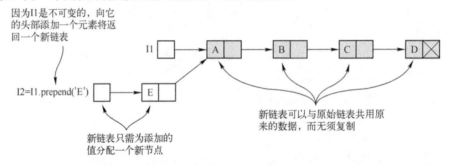

图 8-2　向不可变链表的头部追加元素将返回一个新链表。可以重用原始链表中的节点，
而无须复制它们。这一方法对可变版本的链表不起作用，因为更改一个
链表会影响其他与之共享数据的链表

从链表头部删除一个元素与之类似。创建一个新的头指针指向原始链表中的第二个元素。同样会得到两个链表：一个存放原始数据，一个存放新数据，如图 8-3 所示。

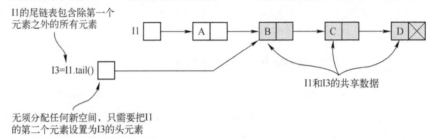

图 8-3　获取链表尾的操作得到一个包含除首节点之外的所有节点的新链表。
结果链表可以与原始链表共享数据，不需要复制

从时间复杂度和空间复杂度来看，这些算法都是十分高效的(O(1))。这些操作都不需要复制数据，都可以与原始链表共享相同的数据。很重要的一点是，如果保证原始链表数据不被更改，而且没有提供修改新增节点的函数，那么新的链表也是不可变的。

8.1.2　在链表末尾添加和删除元素

虽然修改链表头部元素非常简单，但操作链表尾部元素就比较棘手了。在链表末尾添加一个元素通常是找到最后那个元素，让它指向新添加的节点，但问题是这一操作对于不可变链表来说是不可能实现的，如图 8-4 所示。

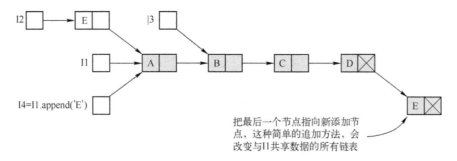

图 8-4　如果在链表追加元素时尝试避免复制数据的相同技巧，并使用最后一个元素的指针指向新添加的元素，就会改变所有与正在修改的链表共享数据的所有链表。如果两个链表共享任何数据，则必定共享最后的尾元素

如果新创建一个节点，让原始链表的最后一个元素指向它，就会改变原始链表。而且不只是原始链表，凡是与原始链表共享数据的链表都会增加一个新的元素。

这种简单高效的添加节点的方法，对于不可改变链表是不能实现的。需要复制原始链表中的数据，并在复制的链表末尾增加一个新元素，如图 8-5 所示。

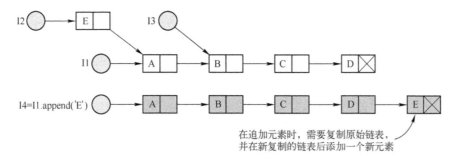

图 8-5　如果要创建一个与原始链表同样的链表，只是末尾增加一个新元素，就需要复制原始链表，这时才可以在复制的链表末尾追加一个新元素

对于末尾删除元素是同样的道理。如果直接删除，则会更改所有与当前链表共享数据的链表。

8.1.3 在链表中间添加和删除元素

在链表中间添加和删除元素，需要复制操作位置之前的所有元素——就和改变链表末尾的元素一样，如图 8-6 所示。更具体一点，需要删除修改位置之前的所有元素。这样还可以重用原始链表中的部分元素。这样做要比先插入需要的元素，然后再把它前面的原始链表中的元素再插入一遍好得多。

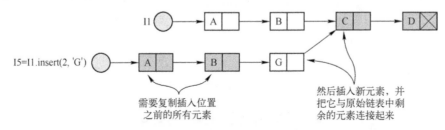

图 8-6 在链表中间插入一个元素，等价于删除原始链表中插入位置之前的所有元素，
并在头部添加新元素以及删掉的元素。与原始链表共享的
元素仅限于插入位置之后的元素

这些操作十分低效，使得单链表只适用于栈式结构。栈是一种只允许在链表的开头添加和删除元素的线性表，见表 8-1。

表 8-1　单链表函数的时间复杂度

O(1)	O(n)
获取首元素	追加
在头部添加元素	拼接
删除首元素	任意位置插入 获取最后一个元素 获取第 n 个元素

8.1.4 内存管理

实现链表需要节点动态分配。如果定义链表的结构是包含一个值（数据域）和一个指向其他链表的指针，就会在一个链表超出范围或被删除时引发问题。所有依赖这个链表的其他链表都将变得无效。

因为节点需要动态分配，所以在节点不需要时，还要将其占用的内存回收。当链表超出自己的范围之后，需要将属于这个链表的所有节点的内存释放，而不释放所有共享节点的内存。例如，在图 8-7 中 I5 超出了自己的范围，则需要从头删除到节点 C，而不能删除其他的节点。

理想情况下，可以使用智能指针实现自动内存清理。对于常规链表，可以使用 std::unique_ptr，因为链表头拥有（或指向）它的尾部（除去首节点之外的部分称为链表的尾部——译者注），所以如果链表头被销毁，尾部就可以被销毁。

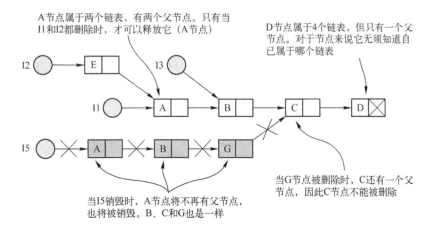

A节点属于两个链表，有两个父节点。只有当 I1和I2都删除时，才可以释放它（A节点）

D节点属于4个链表，但只有一个父节点。对于节点来说它无须知道自己属于哪个链表

当G节点被删除时，C还有一个父节点，因此C节点不能被删除

当I5销毁时，A节点将不再有父节点，也将被销毁。B、C和G也是一样

图 8-7　当一个链表被删除时，需要销毁不与其他链表共享的节点。节点本身不需要知道
自己属于几个链表，但需要知道自己有几个直接父节点。当节点的所有父节点都被
销毁时，该节点也可以被销毁。不会再有链表的头或其他节点指向它

但这里却不是这样。正如图中看到的一样，一个节点可能有多个父节点，属于多个链表。因此需要使用 std::shared_ptr。它持有一个引用计数，当计数减为零时，会自动销毁它指向的节点。当销毁不再属于其他链表的节点时，就会出现这种情况。

> **垃圾回收**
>
> 　　大多数函数式编程语言都依赖垃圾回收释放不再使用的内存。在 C++中可以使用智能指针实现这一功能。
>
> 　　大多数数据结构的拥有关系是非常清晰的。例如，对于链表来说，链表头是其余链表的拥有者（不一定只有一个拥有者，因为多个链表可能共享相同的数据）。

最简单的链表结构如下面的类所示：

```
template <typename T>
class list {
public:
    …
private:
    struct node {
        T value;
        std::shared_ptr<node>  tail;
    };
    std::shared_ptr<node> m_head;
};
```

这样，当 list 实例销毁时，就可以正确释放所有不再需要的节点了。list 检查自己是不是单个节点的唯一拥有者，如果是的话，则销毁。然后节点的析构函数检查 list 是不是表示尾

145

部节点的唯一拥有者,如果是的话,就销毁它。如此往复,直到遇到一个有其他拥有者的节点,或到达链表的末尾。

这里的问题是,节点的析构函数是递归调用的,如果链表足够大,则可能引起堆栈溢出。为了避免这种情况,需要提供自定义的析构函数,把递归实现改成简单的循环实现,如清单 8-1 所示。

清单 8-1　递归析构的扁平化

```
~node()
{
    auto next_node = std::move(tail);        ←── 这里的std::move是必需的,
                                                  否则next_node.unique()永
                                                  远不会返回true
    while (next_node) {
        if (!next_node.unique()) break;      ←── 如果不是唯一的拥有者,
                                                  则什么也不做

        std::shared_ptr<node> tail;          ┌── 借用正在处理节点的尾部,
        swap(tail, next_node->tail);         │   以阻止节点的析构函数对
        next_node.reset();                   └── 它递归销毁

        next_node = std::move(tail);         ←── 这里的std::move不是必需
                                                  的,只是为了提高效率
    }
}
```

自由销毁这个节点,因为已经将它的尾部置为
nullptr(空指针),所以不会再有递归调用

要使这段代码是线程安全的,最好自己来实现它(即不使用 std::shared_ptr)。虽然 std::shared_ptr 中的引用计数是线程安全的,但多个独立调用可能会修改它。

8.2　不可变类向量结构

因为链表实现是低效的,所以不适合大多数情况。大多数情况下需要操作高效和可快速查找的数据结构。

std::vector 正好符合这一要求,因为它的元素是存储在一片连续的内存中。

■ 基于下标的快速访问。只要给出元素的下标,就可以直接计算元素在内存中的位置——把向量首元素地址与下标相加。

■ 当 CPU 需要内存中的一个值时,现代硬件并不只读取一个值,而是读取邻近一片内存,放到缓冲区中,以加快访问速度。std::vector 的遍历刚好利用这一访问特性,当访问第一个元素时,就可以读取邻近的几个元素,从而使后面的元素访问速度加快。

■ 即使在有可能出现问题的场合,如向量需要重新分配空间,复制或移动数据到新的内存单元,向量也将因存储在连续空间中而获益,因为现在系统都是基于块而优化的。

std::vector 用作不可变结构的问题是，每次需要修改时都要复制所有的元素，创建一个修改后的副本。因此，需要一个与 std::vector 类似的替代品。

其中一个常用的替代品是位图向量树（bitmapped vector trie，也称为前缀树（prefix tree）），它是 Rick Hickey 为 Clojure 编程语言（Clojure 编程语言很大程度上来自 Phil Bagwell 的论文⊖）发明的数据结构。

Copy-on-write

有时把对象传递给一个函数，而并不修改它们。如果被调用的函数不修改传递的对象，那么复制整个对象就是多余的。

Copy-on-write (COW)，或称为惰性拷贝（lazy copying），是一种优化，它把复制延迟到实际修改时进行。当拷贝构造函数或赋值操作符被调用时，对象保存一个对原始数据的引用，此外什么也不做。

当用户调用任意可能修改对象的成员函数时，不能修改原始数据，因此需要进行复制再进行修改。只有在没有其他对象访问它时，才可以直接（不复制而修改原始对象）修改。

关于 COW 的更多信息，请参考 Herb Sutter 的《More Exceptional C++》（Addison-Wesley Professional, 2001）。

不可变向量以 COW 向量开始，只不过人为限制了其大小为 m。为了尽可能提高效率，m 只能为 2 的指数倍（后面会解释原因）。大多数实现限制为 32，但为了使图示足够简单，画图时只画出大小为 4 的 COW 向量。

当元素个数达到限制时，它的行为与普通的 COW 向量类似，如图 8-8 所示。当插入下一元素时，会创建一个新的同样大小的向量，并把新元素作为第一个元素。现在

图 8-8　如果最多只有 m 个元素，位图向量树只包含一个 COW 向量

有了两个向量，一个满向量，一个只包含一个元素。追加新元素时，会添加到第二个向量的末尾，直到达到最大限制，这时会创建一个同样大小的新向量。

为了保持向量的整体性（从逻辑上看，它们属于同一结构），需要创建一个向量的向量：一个包含指向 m 个子向量的指针的向量，如图 8-9 所示。当顶层向量满时，就创建新一层。如果至多包含 m 个元素，只需要一层。如果至多 m×m 个元素，就需要两层。如果最多 m×m×m 个元素，就需要 3 层，如图 8-10 所示，以此类推。

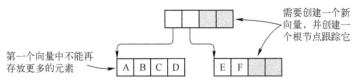

图 8-9　如果不能向容量为 m 的向量中添加元素，就需要创建另一个新向量，并把新元素放入其中。为了跟踪所有新创建的向量，需要一个索引：一个容量为 m 的指针向量，指向创建的存放数据的向量。这样就得到一个层数为 2 的树

⊖ Phil Bagwell，《理想哈希树（Ideal Hash Trees）》，2001，https://lampwww.epfl.ch/papers/idealhashtrees.pdf。

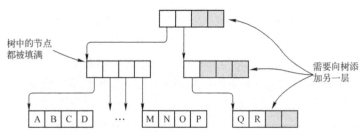

图 8-10　如果填满根向量，就需要创建另一个树，用来存放更多的元素。

为了跟踪这些树，需要创建一个新的根节点

8.2.1　位图向量树中的元素查找

这是一种特殊的树结构，所有值都存储在叶节点中。非叶节点不存放数据，它们保存指向下一层节点的指针。所有叶节点通过下标排序。最左边的叶节点存放 0~m-1 的值，下一个叶节点存放 m~2m-1 的值，以此类推。

前面说过，需要一种基于索引的快速查找的数据结构。如果给定下标 i，如何找到这个元素呢？

想法很简单。如果只有一层——一个单一的向量——i 就是元素在向量中的下标。如果有两层，上一层中每个下标保存 m 个元素（它包含一个指向 m 个元素的向量的指针）。第 1 个叶节点包含前 m-1 个元素；第 2 个叶节点包含 m~2m-1 的元素，第 3 个叶节点包含 2m~3m-1 的元素，依次类推。可以很容易地找到第 i 个元素在哪个叶节点中：节点的下标是 i/m（层次更高的与之类似）。

如果给定某元素的下标，就可以把它作为位数组进行查找。可以把这个数组分成若干小块。这就给出了从根节点到查找元素的路径：每一小块是要查找的下一个子节点，最后一个小块就是要查找元素所在叶向量中的下标，如图 8-11 所示。

这一方法可以完成对数级查找，m 为对数的底。通常 m 选择 32，因为此时大多数情况下层数最少。例如，深度为 5 的位图向量树可容纳 3300 万个元素。对于 m 为 32 或更大的值，因为层次数比较少，再加上系统内存的限制，实际查找可以在常数级（O(1)）完成。即使用一个集合把所有可寻址内存都填满，总层次数也不会超过 13（这个数字是多少并不重要，重要的是它是一个确定的数）。

8.2.2　向位图向量树追加元素

现在已经学习了位图向量树的查找，下面讨论另一话题：修改。如果实现一个可变版本的位图向量树，这一操作就非常简单了。只需要找到第一个空位，把元素放到这里即可。如果所有的叶节点都已填充，就需要创建一个新的叶节点。

但问题是需要保持原来的数据不变。可以采取与链表相似的做法：与原始树共享尽量多的数据。

如果对比一下图 8-12 中的 3 棵树，就可以看出其实差别不大。主要差别在于叶节点。只需要复制追加影响的叶节点即可。因为叶节点发生了变化，所以需要一个新的父节点，该父节点也需要一个新的父节点，以此类推。

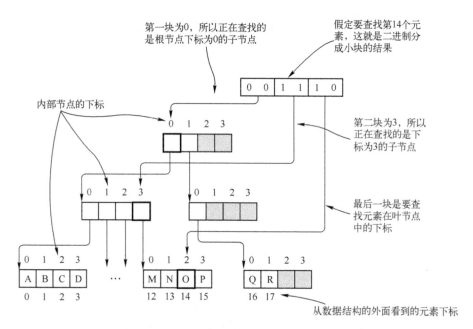

图 8-11　查找指定下标的元素是很简单的。每一层中的内部下标为 0 到 m，m 应为
2 的幂（在这个图中 $m=4$，实际中通常为 32）。每个节点的内部下标，如果作为位数组
来看的话，是从 00 到 11。可以将请求元素的索引视为一个由二进制分
块组成的位数组。每个块都是相应 trie 节点中的内部索引

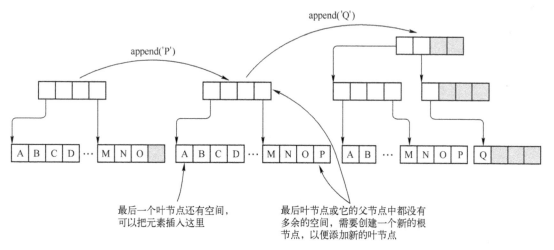

图 8-12　在可变二进制向量树中添加一个新元素是很简单的。如果最后一个叶节点还有空间，
就可以把值存放在这里。如果所有的叶节点都是满的，则需要创建一个新的叶节点。因此
需要在上一层中创建一个指向新叶节点的指针。同样的，如果父节点中有空间，则把指针
存在那里。如果没有空间，则需要创建一个新的非叶节点，并在它的上一层中添加
一个指针指向它。如此重复，直到根节点。如果根节点也没有空间，则需要
创建新的根节点，使之指向前一个根节点

149

追加一个元素并不只是复制一个叶节点，而是复制从插入位置到根整个路径上的所有节点，如图 8-13 所示。

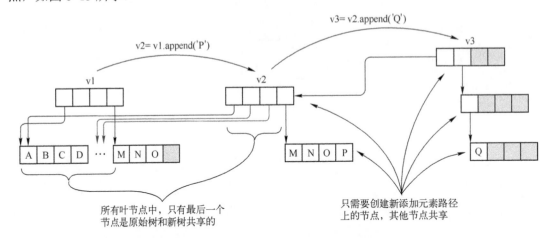

图 8-13　在不可变二进制向量树中，添加新元素的原则是相同的。所不同的是，
因为要保持以前的集合不变，所以需要创建一个新树保存数据。幸运的是，
和链表的情况一样，可以最大限度地在新旧树之间共享数据。仅需要
创建从根到新添加元素路径上的节点，其他的节点共享

这里需要考虑以下几点。

■ 最后一个叶节点有空间存放新元素。
■ 任意非叶节点有空间存放新元素。
■ 所有节点全满。

第一种情况最简单。复制到叶节点的路径和叶节点，并把新元素插入到新创建的叶节点中，如图 8-14 所示。

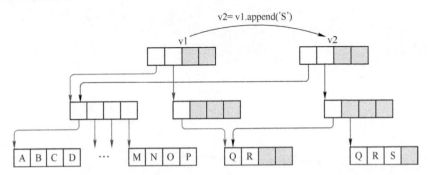

图 8-14　当向叶节点还有空间的树中插入新元素时，需要复制这个叶节点和它
所有的父节点。然后就可以把新值添加到新复制的叶节点中

在第二种情况下，需要找到最底层不满的节点。创建它以下各层的节点直到创建叶节点，并把新元素插入到这个新的叶节点中，如图 8-15 所示。

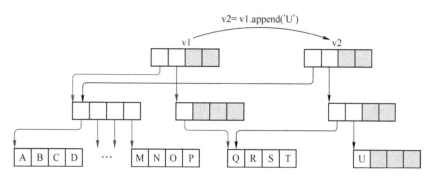

图 8-15　如果最后的叶节点中没有多余的空间，则需要创建一个新的叶节点来
保存新添加的元素。新创建的叶节点插入到上一层的节点中

第三种情况最复杂。如果没有一个包含多余空间的节点，就不能把任何元素插入到当前树中。这时需要创建一个新的根节点，把原来的根节点作为它的第一个元素。这样就转化为第二种情况：在非叶节点中有可用空间，如图 8-16 所示。

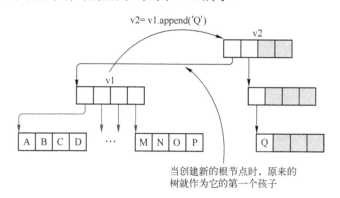

图 8-16　这种情况并不常见，所有叶节点没有可用空间，非叶节点和根节点也没有。
此时就不能在原来的树中创建新的路径，因此需要创建一个新的根节点，
并指向原来的树。这时就得到一个和原来深度一样的树，
但只包含新添加的元素

添加的效率怎样呢？在这一操作中，不是复制路径上的节点，就是分配新的节点，有时还需要创建新的根节点。所有这些操作都是常数级（每个节点最多包含常数个元素）。按照前面的分析，查找为常数级，那么类似的，常数个节点的复制和分配也是常数级，因此这种结构的添加操作的时间复杂度也是 O(1)。

8.2.3　位图向量树的修改

现在已经学习了如何添加元素，下面看一下如何进行修改。考虑一下，如果在可变树中修改指定位置的元素，数据结构会发生什么变化。

首先要找到包含待修改元素的叶节点，然后修改指定的元素，而不需要创建任何新节点，得到与原来同样的结构，只是其中一个值改变了。

修改类似于添加的第一种情况：最后一个叶节点有可用空间来存储新元素。除了待修改元素所在路径上的节点之外，都可以与原始树共享数据。

8.2.4　在位图向量树的末尾删除元素

在树的末尾删除元素与添加类似，只是操作相反。有 3 种不同的情况。

- 最后的叶节点包含多于一个元素。
- 最后的叶节点只有一个元素。
- 删除元素后，根只包含一个元素。

在第一种情况下，需要复制包含删除元素的叶节点所在的路径，并从新创建的叶节点中删除指定的元素。

第二种情况下，叶节点只有一个元素。新创建的树中，这个叶节点将不复存在。此时需要复制所有路径，并从最后删除所有的空节点。删除叶节点的同时，如果它的父节点再也没有其他的孩子，则也需要删除，父节点的父节点也是如此，以此类推。

如果删除空节点后，根节点只剩下一个孩子，则需要把这个孩子节点作为新的根节点，以降低树的层数。

8.2.5　其他操作和位图向量树的整体效率

现在已经学习了修改元素、添加元素和从最后删除元素，而且这些操作都是高效的。那其他操作怎么样呢，如前置追加或指定位置插入元素？如果是拼接又会怎样呢？

很不幸，这些操作没有什么好办法，见表 8-2。前置追加和插入都需要把所有其他元素右移一个位置。拼接需要分配足够的叶节点，把待拼接集合中的元素复制过去。

表 8-2　位图向量树函数的复杂性

O(1)	O(n)
按下标访问元素	前置追加
追加元素	拼接
	指定位置添加

这些操作的时间复杂度与 std::vector 相同。修改元素、从末端追加和删除操作的复杂度为常数级，在前端或中间添加、删除元素是线性级。

虽然算法的时间复杂度相同，但位图向量树的速度不如 std::vector。当访问某一元素时，它必须间接地访问几个层，而且缓存脱靶率非常高，因为它并不保存在一块连续的内存空间中，而是分成了几个连续的存储块。

位图向量树唯一能够击败普通向量的场合是复制，这也是首选位图向量树的情况。这种结构速度上接近 std::vector，而且对于不可变应用进行了优化，它不是修改已存在的值，而是把原来的数据进行复制后再进行修改。

在前面的章节中讨论了不可变性，而且学习了如何使用 C++的机制，如 const 来创建更加安全和简洁的代码。STL 中的标准集合，并没有对这种情况进行优化。它们适用于可修改的场合。对于不同组件共享数据的场合，它们是不安全的，除非复制它们，但复制是十分低效的。

　　本章所讲的数据结构，特别是位图向量树，是数据结构的有益补充。它们被设计为适用于纯函数式编程中，而且非常高效：不修改任何已有的数据。虽然它们的执行效率偏低，但可以很快地进行复制操作。

　　提示：对于本章主题更多的信息和资源，请参阅 https://forums.manning.com/posts/list/43777.page。关于不可变数据结构的更多信息，通常推荐的书是 Chris Okasaki 的《纯函数式数据结构（Purely Functional Data Structures）》（剑桥大学出版社, 1999）。

总结

- 所有不可变数据结构中，最主要的优化是数据共享，也称为固有化（persistent）。它允许持有许多相同数据稍微修改过的副本，而与标准库中的结构相比，也不会占用太多的内存。
- 如果有一种高效的方式保存变量的历史值，就可以回溯程序的历史状态。如果保存了程序的所有历史状态，就可以回到任意的位置。
- 其他的结构也有类似的修改。例如，如果需要一个不可变的关联容器，则可以使用红黑树，对其进行修改，以便在多个不同的实例之间共享数据，就像位图向量树的操作一样。
- 不可变数据结构是极为活跃的研究领域。许多贡献来自学术界（函数式编程也是如此）以及开发人员。
- 哪些数据结构适合于特定的场合是值得研究的。不像 C++的主要集合（std::vector）一样，所有不可变数据结构都有一定的缺陷（即使它们像位图向量树一样出色）。有时并不适合于特定的场合。

第9章
代数数据类型及模式匹配

本章导读
- 废弃程序中的无效状态。
- 使用代数数据类型。
- 使用可选值和变量处理错误。
- 创建重载函数对象。
- 通过模式匹配处理代数数据类型。

在本书写作过程中，处理了一些程序状态引发的问题。目前已经学习了如何设计没有可变状态的程序，以及如何实现高效复制的数据结构。但对于程序状态的问题尚未涉及：不可预料的状态和无效状态。

考虑下面的例子。假设要统计网页中单词的数目。程序在加载部分网页时就可以开始计数，这有 3 种基本的状态。

- 初始状态（Initial state）——计数还没有开始。
- 计数状态（Counting state）——页面正在加载，计数正在进行。
- 终止状态（Final state）——网页全部加载完毕，单词已经全部计数。

实现这样的功能时，需要创建一个类包含所需的全部数据。这个类通常包括处理网页的处理器（Socket 或数据流）、单词计数器和指示计数过程是否开始、结束的标志。

它的结构可能如下：

```
struct state_t {
    bool started= false;
    bool finished= false;
    unsigned  count = 0;
    socket_tweb_page;
};
```

这段代码给人的第一印象是，started 和 finished 不应该是两个独立的 bool 标志，可以用包含 3 个值 init、running 和 finished 的枚举类型代替这两个独立的变量。两个独立的状态变量容易引发问题，如 started 为 false 而 finished 却为 true。

其他的变量也有类似的问题。例如，count 在 started 为 false 时不能大于零，finished 变为 true 时，count 不应该再被更新；只有当 started 为 true，finished 为 false 时，web_page Socket 端口才应该打开等。

如果用包含 3 个值的枚举类型替代 bool 型变量，就明显减少了程序的状态。因此就避免了无效状态。对其他变量做类似的修改也十分有用。

9.1　代数数据类型

在函数式世界中，从已有的类型构造一个新类型有两种主要的操作：和与乘积（这些新类型也称为代数类型）。类型 A 和类型 B 的积是一个包含 A 实例和 B 实例的新类型（它是 A 类型集合和 B 类型集合中所有值的笛卡儿积）。在统计网页字数的例子中，state_t 是两个 bool 值的积：一个无符号整型和一个 socket_t。类似的，两种以上类型的积是一个包含参与乘法运算类型实例的新类型。

这些东西在 C++中已经司空见惯。每次需要把多个类型组合成一个，只要是成员的值不需要命名的，不是创建一个新类，就是使用 std::pair（对）和 std::tuple（元组）。

对和元组

std::pair 和 std::tuple 是创建乘积类型快速有效的通用类型。std::pair 是两种类型的乘积，而 std::tuple 可以包含任意多的类型。

std::pair 和 std::tuple 的用途在于创建乘积类型时，可以自动获得字典比较运算符。但实现元组中类的比较运算符的情况并不少见。例如，对于包含姓和名的类，需要实现姓和名的小于比较，可以这样做：

```
bool operator<(const person_t& left, const person_t& right)
{
    return std::tie(left.m_surname, left.m_name) <
            std::tie(right.m_surname, right.m_name);
}
```

std::tie 函数创建一个对传递给它的值的引用元组。在创建元组时，并不复制原始数据，原始字符串参与比较。

对和元组类型的问题在于其中的值无法命名。如果一个函数返回 std::pair<std::string, int>，则无法从类型判定这些值的意义。如果返回一个包含 full_name 和 age 的结构，则不会出现这样的问题。

基于这个原因，对（pair）和元组（tuple）应该较少使用，而且应该是局部的。把它们作为公共 API 不是一种好的做法（即使有些 STL 这样做）。

和类型（sum type）在 C++中不如积类型显赫。类型 A 和 B 的和类型可以包含 A 的实例或 B 的实例，而不能同时包含两个实例。

---

enum（枚举）是和类型

　　枚举 enum 是一种特殊的和类型。可以通过指定它所持有的不同的值定义枚举 enum。枚举 enum 实例只可包含一个可能的值。如果把每个值作为一个集合，那么 enum 则是这些集合的和类型。

　　可以这么认为，和类型是枚举 enum 的泛化类型。在构建和类型时，不是提供单个元素的集合，而是可以使用任意数目元素的集合。

在这个例子中，有 3 个主要的状态：初始状态、计数状态和结束状态。初始状态不需要包含任何附加信息，计数状态包含一个计数器和处理器用于访问 Web 页面，结束状态需要包含最终的计数信息。因为这些状态是互斥的，在编写这样的程序时，可以创建 3 种类型的和类型对状态进行建模——每种类型对应一种状态。

9.1.1　通过继承实现和类型

　　C++提供多种创建和类型的方法。其中一种方法是创建类的继承结构，设计一个父类表示和类型和表示被累加类型的派生类。

　　对于统计单词数目的例子，为了表示其 3 种状态，可以创建一个父类 state_t 和 3 个子类——一个状态对应一个子类——init_t、running_t 和 finished_t。state_t 类可以是空的，因为只需要它作为占位符，作为指向子类的指针。为了检查当前所处的状态，可以使用 dynamic_cast，但由于强制类型转换比较慢，可以在父类中引入一个整型标志，来区分各个子类，如清单 9-1 所示。

清单 9-1　通过继承方式实现创建和类型的带标志的父类

```
class state_t {
protected:
    state_t( int type )
        : type( type )
    {
    }

public:
    virtual ~state_t() {};
    int type;

};
```

不可能创建该类的实例，因此把构造函数声明为protected。只可以从继承自state_t的类中调用

不同的子类给type传递不同的值。可以把它作为dynamic_cast的高效代用品

现在已经创建了一个不能直接被实例化的类，把它用作子类的句柄。接下来创建每种状态的子类，如清单9-2所示。

清单9-2　表示不同状态的类型

```
class init_t : public state_t {
public:
    enum { id = 0 };
    init_t()
        : state_t( id )
{
}
};
```

这个类表示初始状态，不包含任何数据。现在还不需要处理Web页或计数器。只需要设计它的ID(0)

```
class running_t : public state_t {
public:
    enum { id = 1 };
    running_t()
        : state_t( id )
    {
    }


    unsigned count() const
    {
        return m_count;
    }


    …
private:
    unsigned m_count = 0;
    socket_t m_web_page;
};
```

在running状态中，需要一个计数器和要处理的Web页的句柄

```
class finished_t : public state_t {
public:
    enum { id = 2 };
    finished_t( unsigned count )
        : state_t( id )
        , m_count( count )
    {
    }
    unsigned count() const
    {
```

统计结束后，就不再需要Web页的句柄了，只需要计数器的值

```
        return m_count;
    }
private:
    unsigned m_count;
};
```

主程序还需要一个指向 state_t 的指针（普通指针或 unique_ptr）。初始时，该指针指向 init_t，当状态发生变化时，这个实例将销毁，并替换为其他子类所代表的状态，如图 9-1 所示，代码如清单 9-3 所示。

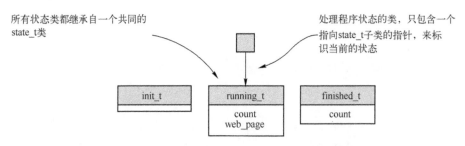

所有状态类都继承自一个共同的 state_t类

处理程序状态的类，只包含一个指向state_t子类的指针，来标识当前的状态

图 9-1　使用继承创建和类型是非常简单的。可创建继承自同一 state_t 类的多个类，当前状态由指向子类的指针来表示

清单 9-3　主程序
```cpp
class program_t {
public:
    program_t()
        : m_state( std::make_unique<init_t>() )
    {
    }

    …

    void counting_finished()
    {
        assert( m_state->type == running_t::id );

        auto state = static_cast<running_t*>(
                m_state.get() );
        m_state = std::make_unique<finished_t>(
                state->count() );
    }
```

初始状态是init_t的实例。m_state不可为null

如果计数结束，应该处于计数状态。如果不能保证这一点的话，也可以使用if-else代替

因为可以确切地知道m-state指向的类，因此可以使用静态转换

切换到包含最终结果的新状态，原来的状态被销毁

```
private:
    std::unique_ptr<state_t> m_state;
};
```

通过这种方法，就不会再有无效状态了。还没有开始统计时，count 不会大于 0（在这种情况下，count 根本不存在）。count 也不会在统计结束后被意外修改，并且可以实时掌握程序所在的状态。

更重要的是，不再需要考虑特定状态下的资源生命周期。再说一下 web_page Socket 变量，如果按照原来的方法，把所需要的变量都放在 state_t 结构中，那么很有可能读取完成后，忘记关闭 Socket。只要 state_t 存在，socket 实例（web_page）就一直存在。使用了和类型，所有特定状态的资源都会在切换到其他状态时释放。这时，running_t 的析构函数将会关闭这个 web_page Socket。

使用继承实现和类型时，和类型是开放的。状态可以是 state_t 的任何派生类，扩展性比较好。这有时非常有用，可以确切地知道程序有多少种状态，还可以禁止其他组件扩展状态的集合。

继承方法创建和类型也有一些缺陷。为了保持它的开放性，需要使用虚函数和动态指派（至少对析构函数是这样）。为了避免较慢的强制类型转换必须使用类型标志。必须在堆上动态分配状态对象，而且还要时刻保证 m_state 指针有效（不能为 nullptr）。

9.1.2　通过 union 和 std::variant 实现和类型

可以使用 std::variant 代替继承实现和类型，它提供了一个类型安全的 union 实现。使用 std::variant 可以定义封闭的和类型——只包含指定的类型，而没有其他的。

继承实现和类型时，m_state 成员变量的类型是 state_t 的智能指针。这一类型与可能的状态之间没有任何交互，m_state 可以指向任何 state_t 的子类对象。

使用 std::variant 表示程序中的状态时，所有状态在定义 m_state 变量时，必须显式声明，所有状态必须保存在 m_state 类型中。如果要扩展这一和类型，则必须改变类型的定义，而继承实现的和类型则不是这样，如图 9-2 所示。

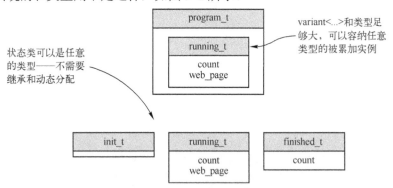

图 9-2　variant 可用于定义适合的和类型。这样就得到一个值类型（value type），
它可以包含任意一个被累加的类型的值。不论当前值的长度是多少，
variant 实例的最小长度为被累加类型的最大长度

提示：C++17 开始引入 std::variant。如果使用较老的编译器或不支持 C++17 的 STL，也可以用 boost:variant 替代 std::variant。

为了使用 std::variant 实现程序的状态，可以重用 init_t、running_t 和 finished_t 的类定义，唯一的不同是，它们不再需要继承自同一个类型，并且也不再需要创建整数标记它们：

```
class init_t {
};
class running_t {
public:
    unsigned count() const
    {
        Return m_count;
    }


    …
private:
    unsigned m_count = 0;
    socket_t m_web_page;
};
class finished_t {
public:
    finished_t( unsigned count )
        : m_count( count )
    {
    }


    unsigned count() const
    {
        return m_count;
    }


private:
    unsigned m_count;
};
```

为了继承而添加的模板（确切地说是动态多态）通通不需要了。init_t 类现在是空的，因为它不需要记住任何状态。running_t 和 finished_t 类只定义了它们的状态，此外什么也没有。现在，主程序就可以有一个 std::variant，可以包含 3 种类型中的任意一种，如图 9-3 所示，代码如清单 9-4 所示。

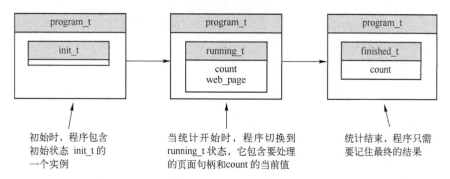

图 9-3　统计网页中的单词数目时，有 3 个主要的状态。没有加载 Web 页面之前，
什么也做不了。得到 Web 页面时，才可以开始统计。统计过程中，需要保存
当前的 count 值和 Web 页面的句柄。统计结束后，就不再需要处理
Web 页面了，只需要保存最终结果就可以了

清单 9-4　使用 std::variant 的主程序

```
class program_t {
public:
    program_t()                          ← 初始时，状态为init_t的实例
        : m_state( init_t() )
    {
    }


    …
    void counting_finished()
    {

    auto* state = std::get_if<running_t>( &m_state );   ← 使用std::get_if检查
                                                           std::variant中是否
                                                           有某种类型的值。
    assert( state != nullptr );          ←                如果没有指定类型
                                                           的值，则返回nullptr
    m_state = finished_t( state->count() );   ←
    }
                          更换状态就像给变量赋新值一样简单
private:
    std::variant<init_t, running_t, state_t> m_state;
};
```

用 init_t 的值实例化 m_state。在继承式的实现中，没有传递它的指针（new init_t()）。
std::variant 不是基于动态多态，所以它不保存指向堆中对象的指针。它只在自己的内存空间
中保存对象本身，就和普通的 union 一样。所不同的是，它可以自动控制保存对象的创建和
销毁，并且任意时刻都可以知道所包含对象的类型。

可以使用 std::get 或 std::get_if 访问保存在 std::variant 中的值。两者都可以通过类型或类型索引访问 variant 中的元素：

```
std::get<running_t>(m_state);
std::get_if<1>(&m_state);
```

所不同的是，std::get 要么返回一个值，要么在 variant 不包含指定类型的值时，抛出异常。而 std::get_if 返回指向被包含值的指针，或出错时返回 null。

与前一种方案相比，用 std::variant 实现有几个优点。它不需要呆板代码，因为类型标志由 std::variant 掌握。也不需要创建继承层次关系，被累加类型也无须继承同一个超类。还可以对已存在类型进行聚类，如字符串和向量。另外，std::variant 不需要任何动态内存分配。variant 变量实例和普通的 union 一样，把存放类型的最大长度作为自己的大小（加上一些额外的标记）。

唯一的缺点是扩展比较困难。如果要向和类型中添加新的类型，则需要修改 variant 的类型。在需要扩展的少数情况下，必须返回到使用继承实现的和类型。

注意：基于继承的开放的和类型的另一种实现是使用 std::any 类。它是任意类型值的安全容器。虽然有时比较有用，但效率比 std::variant 低，不应该用作 std :: variant 的简单类型替换。

9.1.3　特定状态的实现

已经有了 program_t 和表示状态的类，现在可以实现逻辑了。问题是，在哪里实现逻辑？最简单的是在 program_t 中实现所有的逻辑，但是在每个功能中，都需要检查状态是否正确。例如，要在 program_t 类中实现开始统计的功能，需要检查状态是否是 init_t，并把状态切换为 running_t。

可以使用 std::variant 中的索引成员函数实现这一检查。它返回 variant 实例中当前类型的索引。因为 init_t 为定义 m_state 时指定的第一个类型，所以它的索引为 0：

```
void count_words( const std::string & web_page )
{
    assert( m_state.index() == 0 );
    m_state = running_t( web_page );
    … /* count the number of words */
    counting_finished();
}
```

检查当前状态后，就可以切换到 running_t 状态并开始统计。统计过程是同步的（将在第 10 章和第 12 章介绍并发和异步执行的问题），统计完成后，就可以处理结果。

正如在上面的代码中看到的一样，需要调用 counting_finished 函数，它将状态切换到 finished_t 状态。这个函数中也需要检查当前状态。只能在 running_t 处理过程中调用

counting_finished 函数。因为需要 running_t 状态的处理结果，所以使用 std::get_if 而不是索引获取状态，然后再对状态进行 assert 运算：

```
void counting_finished()
{
    const auto* state = std::get_if<running_t>( &m_state );
    assert( state != nullptr );
    m_state = finished_t( state->count() );
}
```

最后的状态是 finished_t，只需要记住处理结果。

这两个函数都需要处理状态的改变，即使需要检查是否处于正确的状态，把它们放在 program_t 中也是不错的主意。如果需要处理针对特定状态的逻辑该怎么办呢？

例如，running_t 状态需要打开一个流来获取网页的内容。它需要读取流中的每个单词，并统计单词的数目。它并不改变整个程序的状态，甚至不关心程序的其他状态，它只能使用它包含的数据来完成工作。

基于这个原因，这段逻辑不应该出现在 program_t 类中，而应该在 running_t 中：

```
class running_t {
public:
    running_t( const std::string & url )
        : m_web_page( url )
    {
    }


    void count_words()
    {
        m_count = std::distance(
            std::istream_iterator<std::string>( m_web_page ),
            std::istream_iterator<std::string>() );
    }


    unsigned count() const
    {
        Return m_count;
    }


private:
    unsigned  m_count = 0;
    std::istream    m_web_page;
};
```

对于使用和类型处理状态的程序，这种设计方法值得推荐：针对某一状态的处理代码，定义在状态对象中，而处理状态转换的代码定义在主程序中。统计文件而不是 Web 页中单词数目的完整程序请参考示例：word-counting-states。

另一种方法是把所有逻辑都放在状态类中。这种方法可以避免使用 get_if 和索引获取状态，因为状态类的成员函数只有在这一状态时才会被调用。缺陷是状态类必须负责程序的状态转换，也就是说，状态之间必须相互了解，因此会打破程序的封装性。

9.1.4 特殊的和类型：Optional

前面已经提到过，std::get_if 在值存在时返回这个值，而值不存在时返回 null。指针用来指示这一特殊情况——值不存在。

指针在不同的场合有不同的含义，为什么使用指针，这一点很难把握。如果一个函数返回指针，则有以下几种可能。

■ 它是一个工厂函数，返回一个对象供用户使用。

■ 返回一个指向已存在对象的指针，但用户并不拥有这个对象。

■ 这个函数可能执行失败，借用返回 null 指针表示函数执行错误。

为了确定调用的函数属于上面哪种情况，如 std::get_if，需要查阅它的文档。

最好的办法是使用可以明确标识函数结果意义的类型。对于第一种情况，最好用 std::unique_ptr 代替指针。第二种情况，最好使用 std::shared_ptr（或 std::weak_ptr）。第三种情况比较特殊。函数的返回结果没必要是指针类型。只是为了表示"值不存在"这种状态：表示返回值是可选的——可能存在，也可能未定义。

某种类型 T 的可选值要么是类型 T 的值，要么为空。因此，这个值可以是所有 T 的可能值，其中一个表示值不存在。这种和类型用 std::variant 可以很容易地实现：

```
struct nothing_t {};

template <typename T>
using optional = std::variant<nothing_t, T>;
```

现在如果看到函数返回一个 optional<T>，立即就会想到要么是类型 T 的值，要么不存在。没必要关心结果的生命周期，也没必要关心是否要销毁它。但不能忘了检查它是否为 null，就像使用指针一样。

可选值非常有用，所以标准库提供了 std::optional——一个更易于使用的实现，而不是用 std::variant 实现的变体。

提示：std::optional 和 std::variant 一样，是在 C++17 中引入的。如果编译器较老，可以使用 boost:optional 代替。

std::optional 是比 std::variant 更具体的和类型，因此它也提供了更加方便的 API。它提供了成员方法检查是否存在值，可以用→操作符访问存在的值等。

也可以实现自己的 get_if 函数。使用它可以检查值是否有效或空指针。如果函数返回一

个值，可以返回由 std::optional 包装的值，如果它为 null，则返回一个空的 optional
对象：

```
template <typename T, template Variant>
std::optional<T> get_if( const Variant & variant )
{
    T* ptr = std::get_if<T>( &variant );
    if ( ptr )
    {
        Return *ptr;
    } else {
        Return std::optional<T>();
    }
}
```

使用这一方法，可以对使用指针表示不存在值的函数进行包装。现在已经有了自己的
get_if，它返回一个 optional。使用它可以很容易地改写 counting_finished 函数：

```
void counting_finished()
{
    auto state = get_if<running_t>( m_state );
    assert( state.has_value() );
    m_state = finished_t( state->count() );
}
```

这段代码与使用指针版本的代码非常相似。最明显的不同就是原来 assert 中使用了
state != nullptr，而现在使用的是 state.has_value()。这两种情况都可以对 state 使用 assert，因
此不论是指针还是 optional，都可以在有值时转换成 bool:true，为空时返回 false。

这两种方法的主要差异更为微妙。std::optional 实例是一个适当的值并拥有自己的数
据。在使用指针的例子中，在 std::get_if 和 state→count()两次调用之间，如果 m_state 被销毁
或已变成其他状态，就会得到未定义的行为。在这个例子中，optional 对象包含了值的副
本，因此不会遇到上述问题。而且在这个例子中，无须关心任何变量的生命周期，完全依赖
C++处理就可以了。

9.1.5　和类型用于错误处理

可选值可用来指示是否发生了错误。例如，前面实现的 get_if 函数，一切正常时返回一
个值，否则什么也不返回——一个空的 optional 对象——如果企图获得当前并没有存放在
variant 中的对象。这种情况的问题是，可选值只关注值和它的存在，但当值不存在时，却没
有任何错误信息。

如果要跟踪错误，可以创建既包含值又包含错误的和类型（sum type）。错误可以是一个
整型的错误代码，也可以是更复杂的结构——甚至是指向异常的指针（std::exception_ptr）。

现在需要包含类型 T 和 E 的和类型，T 是需要返回的值类型，E 是错误的类型。和实现

optional 一样，可以定义为 std::variant<T，E>，但不会有好用的 API。需要使用索引、std::get 或 std::get_if 获取其中的值或错误，这不太方便。如果针对这种情况定义一个类，对成员函数取更有意义的名字，如 value 和 error，就更好了。

基于这种考虑，可以实现自己的 expected<T，E>。当函数返回这样一个值时，就很清楚地告诉用户，它返回一个 T 类型的值，但也可能发生错误得到 E 类型的值。

类的内部是一个简单的带标志的 union。这个标志表明当前是一个值还是一个错误，它是包含 T 和 E 类型的 union，如清单 9-5 所示。

清单 9-5　expected<T，E>的内部结构

```
template<typename T, typename E>
class expected {
private:
    union {
        T m_value;
        E m_error;
    };
    bool m_valid;
};
```

最容易实现的是 getter 函数。如果需要返回一个值，但有一个错误，可以抛出异常，反之亦然，如清单 9-6 所示。

清单 9-6　expected<T，E>的 getter 函数

```
template<typename T, typename E>
class expected {
    …
    T & get()
    {
        if ( !m_valid )
        {
            throw std::logic_error( "Missing a value" );
        }
        Return m_value;
    }


    E & error()
    {
        if ( m_valid )
        {
            throw std::logic_error( "There is no error" );
        }
        Return m_error;
    }
};
```

166

getter 函数的 const 变体与之相同，它们只返回一个值或一个常引用，而不是一个普通的引用。

复杂的是处理 union 中的值。因为 union 有可能是一个复杂的类型，所以在进行初始化或去初始化时要自行调用构造函数和析构函数。

可以用 T 类型的值或 E 类型的值构造一个 expected<T, E>新值。因为这两种类型可能相同，所以需要为它们创建专用函数，而不是使用普通的构造函数。这不是强制的，但可使代码更整洁，如清单 9-7 所示。

清单 9-7　构造 expected<T，E>的值

```
template<typename T, typename E>
class expected {
  …

        template<typename ... Args>
        static expected success( Args && ... params )          默认构造函数，创建
                                                                无初始化的union
        {
            expected result;                                    初始化union标志，里面将是
            result.m_valid = true;                              一个有效的值
            new (&result.m_value)
                T( std::forward<Args>( params ) ... );          调用placement new初始化
                                                                m_value的内存中T类型的值
            return result;
        }


        template<typename ... Args>
        static expected error( Args && ... params )
        {
            expected result;                                    创建错误实例与之相同，只
            result.m_valid = false;                             是调用类型E的构造函数，而
            new (&result.m_error)                               不是T的构造函数
                E( std::forward<Args>( params ) ... );
            return result;
        }
};
```

现在，如果一个函数可能执行失败，则可以在返回结果时调用 success 或 error 方法。

Placement new

　　与通常的 new 不同，进行内存分配并初始化值（调用构造函数），placement new 允许使用已经分配的内存，并在其中构建对象。在 expected<T, E>例子中，内存在定义 union 成员时就已分配。然而这并不是一项常用的技术，它只用于实现不需要在运行时分配内存的和类型。

为了能够控制 expected<T, E>实例和存储在内部值的生命周期，除了赋值操作符之外，还要提供析构函数，copy（复制）和 move（移动）构造函数。expected<T, E>的析构函数需要调用 m_value 或 m_error 的析构函数，这取决于当前保存的值：

```
~expected()
{
    if ( m_valid )
    {
        m_value.~T();
    } else {
        m_error.~E();
    }
}
```

copy（复制）和 move（移动）构造函数是相似的。需要检查正在复制或移动的实例是否有效，然后初始化合适的 union 成员，如清单 9-8 所示。

清单 9-8　expected<T，E>的 copy（复制）和 move（移动）构造函数

如果原来的实例包含一个错误值，则将复制这个错误值到这个实例

copy构造函数始化标志，以表明存放的是值还是错误

```
expected( const expected &other )
        : m_valid( other.m_valid )
    {
        if ( m_valid ){
            new (&m_value)T( other.m_value );
        } else {
            new (&m_error)E( other.m_error );
        }
    }
```

如果复制的对象包含一个值，则调用值的copy构造函数，并通过placement new初始化m_value

```
expected( expected && other )
        : m_valid( other.m_valid )
    {
        if ( m_valid ){
            new (&m_value)T( std::move( other.m_value ) );
        } else {
            new (&m_error)E( std::move( other.m_error ) );
        }
    }
```

move构造函数与copy构造函数类似，只是可以从原始实例借用数据

可以调用m_value或m_error的mover构造函数，而不是copy构造函数

这些都是十分直观的。最大的问题是实现赋值操作符，它需要考虑以下 4 种情况。

■ 复制源和目的实例都包含有效值。

■ 都含有错误值。

■ 一个含有错误值，而另一个包含有效值。

■ 一个含有有效值，而另一个包含错误值。

按照惯例，可以使用 copy-and-swap（复制—交换）语法实现赋值操作符，这就意味着需要给 expected<T，E>类创建 swap 函数，如清单 9-9 所示。

清单 9-9　expected<T，E>的交换函数

```
void swap( expected & other )
{
    using std::swap;
    if ( m_valid ) {
        if ( other.m_valid ) {
            swap( m_value, other.m_value );          如果this和other实例都包
                                                     含一个值。则交换它们

        } else {
            auto temp = std::move( other.m_error );   如果this是有效的，
            other.m_error.~E();                       而other包含错误值，
            new (&other.m_value)T( std::move( m_value ) );  把错误值保存在临
            m_value.~T();                             时对象中，再把值
            new (&m_error)E( std::move( temp ) );      移到other中。然后
            std::swap( m_valid, other.m_valid );       就可以安全地把错
        }                                             误值赋给自己的对
    } else {                                          象了
        if ( other.m_valid ){                         如果this包含错误值，而
            other.swap( *this );                      other是有效的，则可以
        } else {                                      使用前一种方法
            swap( m_error, other.m_error );           如果两个实例都包含错误
        }                                             值，则交换这两个错误值
    }
}




                                                  赋值操作符很简单。other参数包含要赋给实例的
                                                  值的副本（other为值传递，而不是const引用）。
expected& operator=( expected other )             把这个副本与实例交换
{
    swap( other );
    return *this;
}
```

Copy-and-swap 语法

为了保证异常安全的类在任何时候——无论是发生异常还是正常结束——都不会泄漏任何资源，在实现赋值操作符时常使用 copy-and-swap 语法。简言之，就是创建一个原对象的临时副本，然后交换两者的数据。如果一切正常，当临时对象销毁时，将会同时销毁其中的数据。

如果发生异常，将不会使用临时对象中的数据，这会使原来的实例保持不变。更多详细信息，请参阅 Herb Sutter 的帖子 "Exception-Safe Class Design, Part 1: Copy Assignment（异常安全类的设计，第 1 部分：复制赋值）" (www.gotw.ca/gotw/059.htm)和 Stack Overflow (http://mng.bz/ayHD)上的 "What Is the Copy-and-Swap Idiom?（什么是 Copy-and-Swap？）"。

实现了这些，剩下的就很简单了。创建一个类型转换操作符，在包含有效值时返回 true，否则返回 false。还可以创建一个类型转换操作符把这个实例转换成 std::optional，这样就可以把 expected<T，E>用在使用 std::optional 的代码中了：

```
operator bool() const
{
    Return m_valid;
}
operator std::optional<T>() const
{
    if ( m_valid )
    {
        Return m_value;
    } else {
        Return std::optional<T>();
    }
}
```

现在可以用 expected 类型作为 std::optional 的替代品了。重新定义 get_if 函数，为了简单起见，使用 std::string 作为错误类型：

```
template <typename T, template Variant,
     template Expected = expected<T, std::string> >
Expected get_if( const Variant & variant )
{
    T* ptr = std::get_if<T>( variant );
    if ( ptr )
    {
        return Expected::success( *ptr );
    } else {
        return Expected::error( "Variant doesn't contain the desired type" );
```

```
    }
}
```

现在得到了一个返回一个值或返回详细错误信息的函数。这对于调试或向用户显示错误信息时特别有用。把错误嵌入类型中对异步编程也是很有用的，因为这样就可以很容易地在不同的异步进程之间传输错误。

9.2　使用代数数据类型进行域建模

设计数据类型时最主要的思想就是使非法数据无法表示。这也是为什么 std::vector 的 size 函数返回一个无符号整数（虽然有些人不喜欢无符号类型⊖）的原因——因为这一类型给用户的第一印象就是向量的大小不能为负值——这也是诸如 std::reduce（在第 2 章讨论过）等函数接收合适的类型表明执行策略，而不使用普通整型标志的原因。

在自定义类型或函数时也应该这样做。不要考虑需要哪些数据来涵盖程序可以包含的所有可能状态，并将它们放在类中，而应考虑如何定义数据来仅涵盖程序可以包含的状态。

下面将使用新场景来阐述这一问题：卡塔网球（Tennis kata，http://codingdojo.org/kata/Tennis）。目的是实现一个简单的游戏。网球游戏中两个玩家（假设不存在双打）对战。如果玩家没有将球击回对方范围，则为输，重新计算分数。

计分系统是独一无二的，但非常简单。

■ 可能的得分是 0、15、30 和 40。
■ 如果一个玩家得了 40 分，并且赢了球，那么该玩家就赢了这场游戏。
■ 如果两个玩家都得了 40 分，那规则会稍有不同：游戏为平局。
■ 平局的情况下，赢了球的玩家占先（advantage）。
■ 如果玩家赢了球且有优先权，则赢了这场游戏。如果玩家占先但输了球，则平局。

在这一部分中，本书比较几种实现程序状态的方法，并讨论每种方法存在的问题，直到找到不包含无效状态的实现。

9.2.1　原始的方法及其缺点

原始的方法是创建两个整型变量记录每个玩家的分数。可以使用一个特殊的值表示哪个玩家占先：

```
class tennis_t {
private:
    int player_1_points;
    int player_2_points;
};
```

⊖ 请参阅 David Crocker 的博客"Danger—Unsigned Types Used Here（此处使用的无符号类型是危险的）"，2010 年 4 月 7 日，http://mng.bz/sq4z。

这一方法涵盖了所有可能的状态，但问题是，它会导致对玩家的分数设置成为无效的值。通常可以通过验证在 setter 方法中传递的数据来解决这一问题。但如果不进行任何验证就更好了——如果数据类型本身可以保证代码的正确性。

下一步是使用 enum 枚举代替数值型的分数，它只允许对分数设置有效的值：

```
class tennis_t {
    enum class points {
        love, /* 0分 */
        fifteen,
        thirty,
        forty
    };
    points    player_1_points;
    points    player_2_points;
};
```

这一方法大幅减少了程序的可能状态，但仍然存在问题。首先，两个玩家都可能得 40 分（在技术上是不允许的——这个状态有一个特殊的名字），而且不能表示占先。可以向 enum 枚举中添加 deuce（平局）和 advantage（占先），但会引入新的无效状态（不可能一个玩家平局，而另一个零分）。

对于这个问题，这不是好的解决办法。下面使用自上而下的方法把原来的问题分解成几个互不相交的状态，然后再定义这些状态。

9.2.2　更复杂的方法：自上而下的设计

从得分规则来看，游戏主要有两个状态：一个状态是数字得分，另一个状态是玩家平局或占先。普通的得分状态要同时保持两个玩家的分数。很不幸，问题没那么简单。如果使用前面的 enum 枚举定义分数，有可能两个玩家都得 40 分，这是不允许的：这应该由平局状态表示。

用户可能试图删除 forty 这个枚举值来解决这一问题，但会失去表示 40 分的能力。重新考虑一下这个问题。普通的得分状态（normal scoring state）不是一个单一的状态——两个玩家都可以得 30 分，或一个玩家 40 分，而另一个 30 分：

```
class tennis_t {
    enum class points {
        love,
        fifteen,
        thirty
    };
    enum class player {
        player_1,
        player_2
```

```
    };
    struct normal_scoring {
        points        player_1_points;
        points        player_2_points;
    };
    struct forty_scoring {
        player        leading_player;
        points        other_player_scores;
    };
};
```

这就是所有普通（regular）得分的状态。现在还剩下平局（deuce）和占先（advantage）状态。再一次把它们作为不同的状态，而不是一个单一的状态。平局状态不包含任何值，而占先状态要指明是哪个玩家占先：

```
class tennis_t {
    …
    struct deuce {};
    struct advantage {
        player player_with_advantage;
    };
};
```

现在就可以定义所有状态的和类型了：

```
class tennis_t {
    …
    std::variant
    < normal_scoring
      , forty_scoring
      , deuce
      , advantage
    > m_state;
};
```

现在已经覆盖了网球游戏所有可能的状态，并且不能有一个无效状态。

注意：可能漏掉了一个状态：游戏结束状态，它要指明哪个玩家胜出。如果想要打印胜利的玩家并终止程序，大可不必加入这一状态。如果游戏结束仍要保持程序运行，则需要实现这一状态。这是很简单的，只需要创建另一个结构，它包含一个成员变量，用于保存胜出者并扩展 m_state 变量。

通常情况下，排除无效状态大可不必如此大费周折（可能决定手动解决 40—40 的问题），但这个例子的主要目的是说明如何设计代数类型以符合业务建模的需要。先把原来的状态分解成几个独立的子状态，再分别描述这些子状态。

9.3　使用模式匹配更好地处理代数数据类型

实现可选值、变体（variant）和其他代数数据类型的程序时，主要存在的问题是每当需要一个值时，都需要检查它是否存在，并从它的包装类型中提取它。即使创建了不包含和类型的状态类，还是需要相同的检查，但仅限于设置值时，而不用在每次访问值时都进行检查。

这一过程相当冗长，许多函数式编程语言提供了特殊的语法来简化这种操作。通常这一语法有点像 switch 语句，不但可以对确定的值进行匹配，而且可以进行类型匹配或更复杂的匹配。

假设在网球游戏中创建了枚举类型表示程序的状态，在代码中看到这样的 switch 语句就不足为奇了：

```
switch ( state )
{
case normal_score_state:
    …
    break;
case forty_scoring_state:
    …
    break;
    …
};
```

根据 state 变量的值，执行某一 case 语句。但糟糕的是，这样的代码只对整型的类型有效。

如果这段代码也能够检测 string 和使用 variant，并根据 variant 中保存的值执行某一 case 语句，那就再好不过了。如果每个 case 都可以进行类型检查、值检测和自定义谓词检查，会怎么样呢？这就是许多函数式编程语言的原型了。

C++为模板元程序（template metaprogramming，将在第 11 章介绍）提供了模式匹配的方式，但对于普通的程序，还得另选其他方法。标准库提供了一个 std::visit 函数，它接收一个 std::variant 实例和一个对 std::variant 中的值操作的函数。例如，打印网球游戏当前状态的内容（假设已经实现了<<操作符把状态类型输出到标准输出端），可以执行以下操作：

```
std::visit([] (const auto & value) {
        std::cout << value << std::endl;
    },
    m_state );
```

这里传递了一个通用的 lambda 表达式（一个参数类型指定为 auto 的 lambda），所以它可以处理任意的类型，因为变体 variant 有 4 种完全不同的类型，而所有这些又都是静态绑定的类型。

在 std::visit 中使用通用 lambda 虽然很有用，但在大多数情况下，还是不够的。需要根据存储在变体 variant 中的值来执行不同的代码，就像在 case 语句中一样。

　　一种解决方法是创建一个重载函数对象，对不同类型执行不同的操作，根据存储在变体实例中的值类型执行正确的重载函数。为了使这一实现尽可能短，采用 C++17 中的特性。这一实现可以兼容以前版本的浏览器，可在随书源码中找到：

```
template <typename··· Ts>
struct overloaded : Ts··· { using Ts::operator()···; };

template <typename··· Ts> overloaded(Ts···) -> overloaded<Ts···>;
```

　　重载模板接收一个函数对象的列表，并创建一个新的函数对象，它（这个新创建的对象）代表所有已提供函数对象的调用操作符，就像调用它本身的函数一样（使用 Ts::operator()···的部分）。

　　注意：代码片段中使用的重载结构使用了类的模板参数推断（template argument deduction），这一特性在 C++17 中引入。模板参数推断依赖类的构造函数指明模板参数。既可以提供一个构造函数，也可以提供推断导引，和前面的例子一样。

　　现在可以在网球游戏例子中使用它了。每当玩家赢球时，将调用 point_for 成员函数，并相应地更新游戏状态：

```
void point_for( player which_player )
{
    std::visit(
        overloaded {
            [&]( const normal_scoring &state ) {
                // 增加得分，或者切换状态
            },
            [&]( const forty_scoring &state ) {
                // 玩家胜，或切换到平局状态
            },
            [&]( const deuce &state ) {
                // 切换到占先状态
            },
            [&]( const advantage &state ) {
                // 玩家胜，或者回到平局状态
            }
        },
        m_state );
}
```

　　std::visit 调用重载的函数对象，对象根据类型匹配所有重载的函数，并执行最佳匹配的函数（按类型匹配）。虽然语法不是太漂亮，但本代码提供了高效的 switch 语句的等效代码，可以处理保存在变体 variant 中的类型。

可以创建用于 std::optional、expected 类，甚至基于继承的和类型的 visit 函数，这给出了处理所有自定义和类型的统一语法。

9.4 Mach7 的强大匹配功能

现在已经学习了简单的类型匹配。通过类似于重载的结构隐藏实现类型的 if-else 链，就可以创建针对特定值的匹配。

但如果能够实现更高级的匹配就更好了。例如，当玩家的得分小于或等于 30 分时，可能要对 normal_scoring 进行特殊处理，因为这些情况需要把游戏状态切换为 forty_scoring。

不幸的是，C++没有对此提供任何语法的支持。而 Mach7 提供了一种更高级的匹配，虽然语法有点笨拙。

Mach7 的高效模式匹配

    Mach7 库由 Yuriy Solodkyy、Gabriel Dos Reis 和 Bjarne Stroustrup 创建，目前只是一个实验品，但最终会被 C++采纳用于支持模式匹配。虽然只是作为一个实验品，但对于一般的应用却是十分稳定的。一般情况下，比 visitor 模式更高效（不要与 std::visit 处理变体 variant 混淆）。Mach7 的主要缺陷是它的语法比较笨拙。

在 Mach7 中，可以指定要匹配的对象，并列出所有匹配的模式，以及模式匹配时采取的动作。在网球游戏中，point_for 成员的实现如下所示：

```
void point_for( player which_player )
{
    Match( m_state )
    {
        Case( C<normal_scoring>() )        ← 增加分数或切换状态

        Case( C<forty_scoring>() )        ← 玩家胜，或切换到平局

        Case( C<deuce>() )        ← 切换占先状态

        Case( C<advantage>() )        ← 玩家胜，或切换回平局状态
    }
    EndMatch
}
```

对于第二个模式可能要分成几个独立的子模式。如果一个玩家得了 40 分，并且赢了球，那该玩家就赢了这场游戏。否则，就应该看是否给第二个玩家加分或切换到平局状态。

如果程序当前处于 forty_scoring 状态，且玩家得了 40 分且赢了球，那不论对手得了多少分都会赢得这场游戏。这可以用 C<forty_scoring> (which_player, _) 模式来表示。下画线（_）

的意思是，不论什么值都可以匹配——在这个例子中，表示不必关心对手得了多少分。

如果得分为 40 分的玩家没有赢球，则需要检查对手是否为 30 分，这时要切换到平局状态，这可用 C<forty_scoring>(_, 30)模式来表示。不需要针对任何特定的玩家进行匹配，因为如果得分为 40 的玩家赢球，则可以用前面的模式来匹配。

如果这两个模式都不能匹配，则需要增加第二个玩家的分数，这时程序处于 forty_scoring 状态，如清单 9-10 所示。

清单 9-10　匹配析构类型

```
void point_for( player which_player )
{
    Match( m_state )
    {
        …

        Case( C<forty_scoring>( which_player, _ ) )       如果得分为40的玩家赢
                                                          球，则胜出。此时不必
                                                          考虑对手得分是多少

        Case( C<forty_scoring>( _, 30 ) )                 如果得分少于40的玩家赢
                                                          球（与前一Case不匹配），
                                                          并且另一玩家的得分为30，
                                                          则为平局

            Case( C<forty_scoring>() )                    如果前两个Case都不匹配，
                                                          增加玩家的分数

        …
    }
    EndMatch
}
```

无论使用哪种方式处理程序中的代数类型——带有重载函数对象的 std::visit，或者与 Mach7 类似的模式匹配——都需要编写更合适的程序。编译器要求编写所有的模式，否则将不能编译，并且可能的状态空间尽可能保持最小。

提示：关于本章主题更多的信息和资源，请参阅 https://forums.manning.com/posts/list/ 43778.page。

总结

■ 通过代数类型表示程序的状态需要做些思考，并产生更长的代码。但允许程序状态最小化，以减少无效状态。

■ 继承、动态指派（dynamic dispatch）和 visitor 模式常用于实现和类型。使用继承实

现和类型时最主要的问题是会带来运行时的性能损失。

■ 如果确切地知道要聚合的类型，变体（variant）是比继承更好的选择。std::variant 的主要问题是，由于 std::visit 函数的使用会带来呆板代码。

■ 与异常不同——就像它的名字表示的程序处于不正常状态——可选值和 expected 类可以明确表示错误的原因。而且更容易在多个线程和进程之间共享。

■ 对于既包含值也包含错误的类型，在函数式编程中期望已久。Andrei Alexandrescu 在 2012 C++和 Beyond 大会（http://mng.bz/q5XF）上发表了一篇名为"C++中的系统错误处理"的演讲之后，这一概念便在 C++社区流行起来。在这篇演讲中他给出了自己的 expected 类型。这一版本的 expected 与本书的 expected 很类似，但只能支持 std::exception_ptr 这种错误类型。

第 10 章
monad

本章导读

■ 理解仿函数（functor）。

■ 深入学习 monad 的 transform。

■ 返回包装类型的函数组合使用。

■ 在函数式编程中处理异步操作。

函数式编程中没有太多的设计模式，但普通的抽象却不鲜见。这些抽象允许以相同的方式处理不同领域不同类型的问题。

在 C++中已经存在这种类型的抽象：iterators。对于普通的数组，可以使用指针移动来访问数据。可以使用++和--进行前后移动，可以用*操作符取消对它们的引用。但问题是，它只能处理在内存中连续存放的数组和结构，但不能处理以树实现的结构，如链表、集合（Set）和 Map。

就是因为这个原因，iterator 诞生了。它们使用操作符重载创建了与指针同样的 API，不仅可用于遍历数组，也可用于各种数据结构。而且还可用于传统上不被视为数据结构的输入、输出流。

第 7 章介绍了构建于 iterator 之上的另一种抽象：range。range 比 iterator 更进一步，它通过在不同数据结构上进行抽象，而不只是抽象这些结构中的数据访问。本章还会进一步介绍 range。

10.1 仿函数并不是以前的仿函数

本章将一反常规，不再以例子开头，而是先定义一个概念，然后再介绍例子。先从 functor（仿函数）定义开始。在第 3 章曾经提到过，许多 C++开发者把它作为一个带有调用操作符的类（a class with the call operator），但这并不确切。在函数式编程中讨论仿函数时，有不同的含义。

仿函数来源于数学上的范畴理论（category theory），它的形式化定义与数学上的范畴理论一样抽象。本书将以对 C++ 开发者更直观的方式介绍它的定义。

如果一个类模板 F 包含一个 transform（或 map）函数，则称 F 为仿函数，如图 10-1 所示。transform 函数接收一个 F<T1> 的实例和一个函数 t:T1→T2，返回一个 F<T2> 类型的值。这一函数有多种形式，为了清晰起见，这里使用第 7 章介绍的管道操作符（pipe notation）。

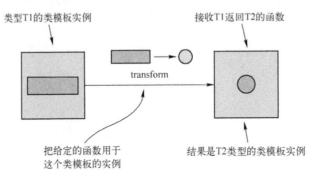

图 10-1　仿函数是类型 T 的类模板。
对于类模板的实例，可以调用任何函数处理 T 类型的实例

transform 函数必须遵守以下两条规定。

■ 仿函数 transform 转换是等价转换，返回相同的仿函数实例：

```
f | transform([](auto value) { return value; }) == f
```

■ 先用一个函数对仿函数进行转换，然后用另一个函数进行转换，等价于组合这两个函数对仿函数进行转换，如图 10-2 所示。

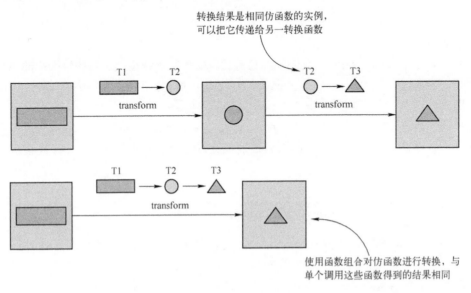

图 10-2　transform 函数最主要的规则是使用两个转换组合——一个使用函数 f，
另一个使用函数 g——必须与组合 f 和 g 得到相同的转换结果

```
f | transform(t1) | transform(t2) ==
f | transform([=](auto value) { return t2(t1(value)); })
```

这与 range 中的 std::transform 和 view::transform 类似。这并非偶然：STL 中的通用集合和 range 都是仿函数（functor）。它们都是包装类型（wrapper types），具有定义良好的转换函数。这里需要注意的是，反过来并不成立：并不是所有的仿函数都是集合或 range。

10.1.1　处理可选值

第 9 章中的 std::optional 类型是一个基本的仿函数。只需要给它定义一个转换函数，如清单 10-1 所示。

清单 10-1　为 std::optional 定义转换函数
```
template <typename T1, typename F>
auto transform( const std::optional<T1>&opt, F f )
    ->decltype( std::make_optional( f( opt.value() ) ) )
{
    if ( opt )  {
        return std::make_optional( f( opt.value() ) ) ;
    } else {
        return {};
    }
}
```

定义返回值类型，因为如果没有返回值，则只返回 {}

如果没有值，则返回 std::optional 的空实例

如果 opt 包含一值，调用 f 对其进行转换，把转换后的值保存在新的 std::optional 对象实例中

或者，也可以创建一个 range 视图（range view），当 std::optional 包含一个值时就返回一个包含值的 range，否则返回一个空的 range，如图 10-3 所示。这样就可以使用管道语法了。（functors-optional 示例代码定义了 as_range 函数，它把 std::optional 转换成一个最多只包含一个元素的 range。）

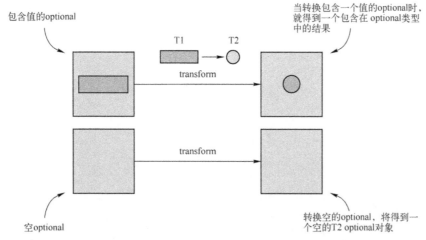

图 10-3　optional 是一个包装类型，可以包含单一的值，也可以不包含任何值。如果对包含值的 optional 进行转换，就得到一个包含转换后的值的 optional。如果 optional 不包含任何值，则得到一个空的 optional

使用 transform 转换函数与 if-else 手动处理缺失值相比有什么优点呢？考虑系统登录的例子。只有两种情况，登录成功或登录失败。使用 std::optional<std::string>类型的 current_login 变量表示这一状态。如果用户没有登录成功，则 current_login 为空，否则就包含用户名。为了简单起见，把 current_login 作为全局变量。

假设有一个函数查找用户的全名，另一个函数把传递给它的内容转换成基于 HTML 格式的内容：

```cpp
std::string user_full_name(const std::string& login);
std::string to_html(const std::string& text);
```

为了得到当前用户的 HTML 表示的字符串，如图 10-4 所示，可以检查是否存在当前用户，或创建一个返回 std::optional<;std::string>类型值的函数。该函数在用户未登录时返回一个空值，如果用户登录成功则返回 HTML 格式的全名。因为有了 optional 的转换函数 transform，这个函数的实现就很简单了：

```cpp
transform(
    transform(
        current_login,
        user_full_name ),
    to_html );
```

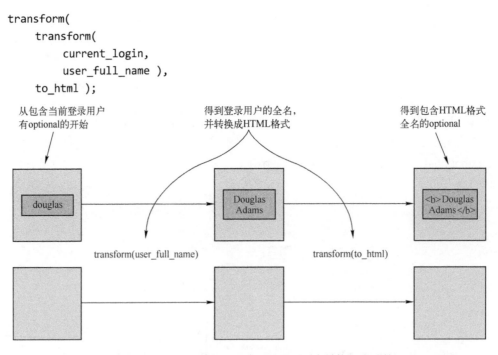

图 10-4　可以对 optional 应用函数链。最终可以得到所有转换组合后的 optional 结果

或者，使用管道操作符返回一个 range：

```cpp
auto login_as_range = as_range( current_login );
login_as_range | view::transform( user_full_name )
               | view::transform( to_html );
```

对比这两种实现，就可以看出：看不出这些代码是处理 optional 的。它们可处理数组、向量、列表或其他任何定义了转换函数 transform 的类型。把 std::optional 换成其他任何仿函数 functor，都无须修改这些代码。

---

range 的特殊性

需要注意的是不能在 std::optional 和 range 之间实现自动转换，需要手工定义。更严格地说，view::transform 函数并不能使某些类型变为仿函数（functor）。这个函数有时返回一个 range，而不是传递给它的类型。

这一行为可能带来问题，因为必须手工进行类型转换。但考虑到使用 range 的好处，这一点也是可以忽略的。

假设要创建一个接收用户名列表并把它转换成格式化全名的函数。这一函数的实现与处理 optional 的函数相同。对于使用 expected<T，E>而不是 std::optional<T>的函数也是这样。这正是广泛应用抽象（如仿函数）所带来的强大功能：可以编写适应各种场合的通用代码。

10.2　monad：更强大的仿函数

仿函数允许对包装类型的值进行转换，但有一个严重缺陷。例如，user_full_name 和 to_html 函数都可能执行失败，此时返回一个 std::optional<std::string>而不是一个 string：

```
std::optional<std::string> user_full_name(const std::string& login);
std::optional<std::string> to_html(const std::string& text);
```

transform 函数对这种情况无能为力。如果试图使用它编写与前面一样的代码，就会得到一个复杂类型的结果。提醒一下，transform 接收一个仿函数 F<T1>的实例和一个把 T1 转换成 T2 的函数，返回 F<T2>作为结果。

看下面的代码片段：

```
transform(current_login, user_full_name);
```

它的返回类型是什么呢？不是 std::optional<std::string>。user_full_name 函数接收一个 string，并返回 optional 类型的值，使 T2 = std::optional<std::string>。从而会使 transform 返回一个嵌套的 std::optional 值，如图 10-5 所示。执行的转换越多，嵌套的层次就越多——这可不是令人愉快的事情。

这正是 monad 起作用的地方。monad M<T>是一个定义了附加函数的仿函数——去除一层嵌套的函数：

```
join: M<M<T>> → M<T>
```

有了 join（如图 10-6 和 10-7 所示），使用返回 monad（functor）实例而不是普通值的函数时，就不会再发生问题。

为了能够不使用异常表示错误，把user_full_name和
to_htmml函数改成了接收string并返回optional

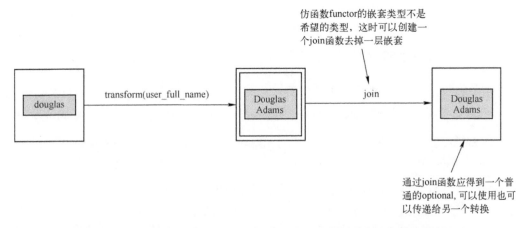

第一次转换得到了一个嵌套的
optional——个对象包含另一
个对象

第二次转换将无法进行，因为to_html
希望接收string，而不是optional

图 10-5　如果要组合多个接收一个值返回仿函数（functor）实例的函数，就会得到嵌套的
仿函数（functor）。在这个例子中，得到 optional 的 optional，这几乎是没有用的。另外，
为了连接两个转换，需要将第二个变换两次

仿函数functor的嵌套类型不是
希望的类型，这时可以创建一
个join函数去掉一层嵌套

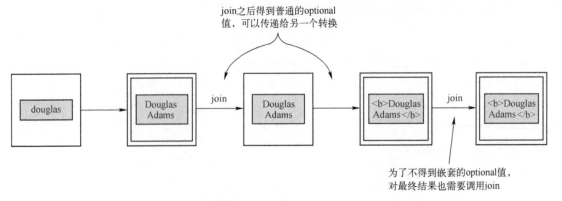

通过join函数应得到一个普
通的optional，可以使用也可
以传递给另一个转换

图 10-6　使用不是返回一个值，而是一个仿函数的新实例的函数转换仿函数实例时，
会得到仿函数的嵌套类型。这时可以创建一个函数去掉一层嵌套

join之后得到普通的optional
值，可以传递给另一个转换

为了不得到嵌套的optional值，
对最终结果也需要调用join

图 10-7　在计算中可以使用 optional 值表示错误。
使用 join 很容易将可能发生错误的转换链接起来

现在可以这样编写代码：

```
join( transform(
            join( transform(
                    current_login,
                    user_full_name ) ),
            to_html ) );
```

如果喜欢使用 range，可以这样缩写代码：

```
auto login_as_range = as_range( current_login );
login_as_range | view::transform( user_full_name )
               | view::join
               | view::transform( to_html )
               | view::join;
```

修改函数的返回值类型，这是一种入侵式的修改。如果使用 if-else 实现这一切，则不可避免地要修改代码。这里需要避免的是对一个值进行多次包装。

很明显还可以进一步简化。在前面的转换中都需要对结果调用 join。可以把这些合并到一个单独的函数吗？

可以的，而且这是定义 monad 更常用的方式。可以这么认为，monad M 是一个包装类型，它包含一个构造函数（把 T 类型的值构造成 M<T>实例的函数）和一个组合 transform 与 join 的 mbind 函数（通常只称为 bind 函数，但这里为了避免与 std::bind 混淆，就用了这个名字）。如下面的代码所示：

```
construct : T → M<T>
mbind : (M<T1>, T1 → M<T2>) → M<T2>
```

很明显，所有的 monad 都是仿函数。使用 mbind 和构造函数很容易实现转换函数 transform。

和仿函数一样，monad 也有几个条件。但在程序中使用 monad，这些也不是必需的。

- 如果有一个函数 f：T1→M<T2>和一个 T1 类型的值，把这个值包装成 monad M，并与函数 f 绑定，与直接对值调用函数 f 是一样的：

```
mbind(construct(a), f)) == f(a)
```

- 这条规则也是一样，只是说法相反。如果把一个值与构造函数绑定，则得到与原来相同的值：

```
mbind(m, construct) == m
```

- 这条规则不太直观。它定义了 mbind 操作的关联性：

```
mbind(mbind(m, f), g) == mbind(m, [] (auto x) {
        return mbind(f(x), g) })
```

这些规则令人不快，但它们的存在是为了定义更好的 monad。现在对于 monad 只能靠自己的直觉：它是包含构造函数且可以绑定函数的东西。

10.3　基本的例子

先看几个简单的例子。学习 C++的正确方法是，先学习基本的数据类型，第一个包装类型（wrapper type）是 std::vector。那就先来看看如何用它构造一个仿函数。这需要做两项检查。

- 仿函数是一个带有一个模板参数的类模板。
- 需要一个 transform 函数，它接收一个向量，和对向量元素进行转换的函数。转换函数将返回转换后元素的向量，如图 10-8 所示。

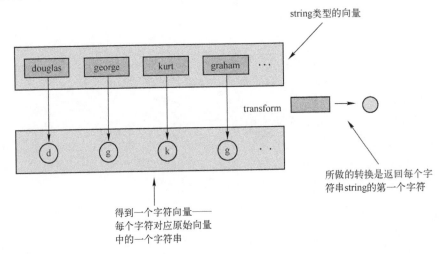

图 10-8　对向量进行转换得到元素个数一样多的向量。对于源集合中的每个元素，
在结果集合中都有一个元素与之对应

std::vector 是一个类模板。使用 range，实现这一转换是非常简单的：

```
template <typename T, typename F>
auto transform( const std::vector<T>& xs, F f )
{
    Return xs | view::transform( f ) | to_vector;
}
```

把给定的向量看作 range，对其中的每个元素调用 f 进行转换。就像仿函数定义要求的一样，函数 f 要返回一个向量，就需要对结果再转换回向量类型。如果更宽容一点，可以返回一个 range。

现在已经有了仿函数，现在把它转换成 monad，这就需要构造函数和 mbind 函数。构造函数接收一个值，并用它构造一个向量。最自然的做法就是使用向量的实际构造函数。如果要编写一个适当的函数，构造一个单一值的向量，可以如下编码：

```
template <typename T>
std::vector<T> make_vector( T&& value )
{
    return { std::forward<T>( value ) };
}
```

现在就剩下 mbind 函数了。实现 mbind 使用 transform 加 join 是最简单的，如图 10-9 所示。

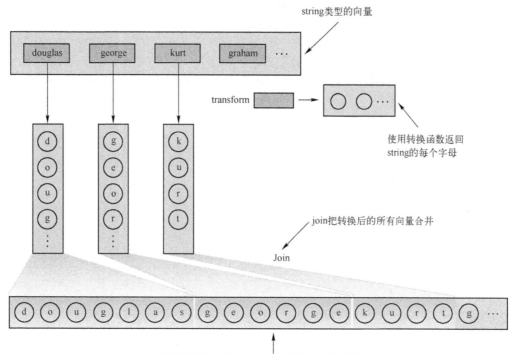

图 10-9　向量的 mbind 函数对原始向量中的每个元素应用转换函数。每个转换的结果是一个向量。收集所有这些向量中的元素到一个结果向量。与 transform 不同，mbind 不但允许每个输入元素有一个结果，还允许有任意多个结果

mbind 函数（与 transform 不同）需要一个能够把多个值映射成 monad 实例的函数——在这个例子中，它是 std::vector 的实例。这就意味着对于原始向量中的每个元素，它将返回一个新的向量，而不是单一的元素，如清单 10-2 所示。

清单 10-2　向量的 mbind 函数

```
template <typename T, typename F>
auto mbind( const std::vector<T>&xs, F f )
{
```
f接收一个T类型的值，返回T类型或其他类型的向量

187

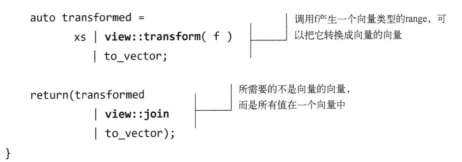

```
auto transformed =
        xs | view::transform( f )
           | to_vector;
```

调用f产生一个向量类型的range，可以把它转换成向量的向量

```
return(transformed
            | view::join
            | to_vector);
}
```

所需要的不是向量的向量，而是所有值在一个向量中

现在已经实现了向量的 mbind 函数，虽然不如想象中的高效，因为它保存了所有的临时中间向量，但这里的主要目的是说明 std::vector 就是一个 monad。

注意：这个例子把 mbind 函数定义为接收两个参数并返回结果的函数。剩下的章节把 mbind 函数写成管道形式，因为这样更具有可读性。将 mbind(xs, f)写成 xs | mbind(f)。但这样的用法不是开箱即用的，它需要一点苹板代码。这些代码可以在本书的 10-monad-vector 和 10-monad-range 的源码中找到。

10.4 range 与 monad 的嵌套使用

处理向量的方法同样适用于相似的集合，如数组和链表。所有这些集合有着相同的抽象。它们都是相同类型元素的扁平集合。

前面已经学习过处理这些类型的抽象：range。前面用 range 实现了 std::vector 的处理函数。

transform 函数非常有用。现在 mbind 函数与之类似，但更加强大。问题是这种附加的强大功能是否需要。后面会发现它对其他的 monad 十分有用，但先来看看对普通的集合和 range 有什么作用。

mbind 更适合集合类的结构。先从 transform 开始，因为它的工作原理大家都清楚。transform 转换接收一个集合，并产生一个新的集合。它遍历原集合中的每个元素，对它们进行转换，并把转换后的元素放到新的集合中。

mbind 与之类似，只是稍有不同。前面讲过，它相当于 transform 与 join 的组合。transform 函数对原集合中的每个元素创建一个 range，join 把得到的所有 range 连接起来。换句话说，mbind 对于原集合中的每个元素，不仅可以产生一个新元素，而且可以产生任意多的新元素，如图 10-10 所示。

这在什么时候有用呢？另一个已经见过的函数是 filter，很容易用 mbind 实现。只需要给 mbind 传递一个函数，如果当前元素被过滤，则返回一个空的 range，否则就返回一个元素的 range。

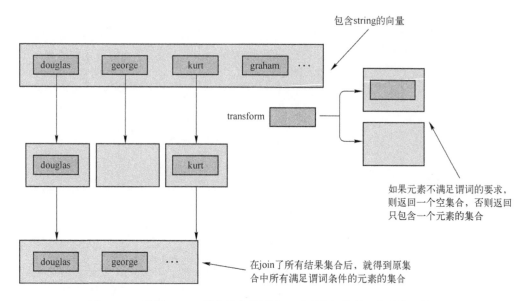

图 10-10　通过 mbind 很容易实现过滤，可以给它传递一个转换函数，

如果不满足谓词条件，则返回一个空集合，否则返回一个只包含一个元素的集合

清单 10-3　mbind 实现的过滤

```
template <typename C, typename P>
auto filter( const C&collection, P predicate )
{
    return collection
        | mbind([ = ]( auto element ) {
            return view::single( element )
                | view::take( predicate( element )
                            ? 1 : 0 );
        } );
}
```

创建单个元素的range
（从一个值创建monad
实例），依据当前元素
是否满足谓词，接收0
个或1个元素

一些 range 转换可以用类似的方式实现。如果使用可变的函数对象，列表 list 将增大。虽然不推荐使用可变状态，因为可变数据不被共享（见第 5 章），所以在该例中它应该是安全的。很明显，有些事情可以做，但不应该去做。这里只是说明可以用 mbind 来表达。

因为 range 就是 monad，所以不仅可以用很酷的方式重新实现 range 转换，而且可以嵌套使用 range。

假设需要生成一个毕达哥拉斯三元组列表（两个数的平方和等于第三个数的平方）。用 for 循环实现，需要 3 层循环。mbind 允许使用类似于 range 的嵌套完成。如清单 10-4 所示。

清单 10-4　生成毕达哥拉斯三元组

```
view::ints( 1 )
    | mbind([] (int z) {
        return view::ints( 1, z )
            | mbind([z]( int y ) {
                return view::ints( y, z ) |
                    view::transform([y, z]( int x ) {
                        return std::make_tuple( x, y, z );
                    } );
            } );
    } )
    | filter([] (auto triple) {
        …
    } );
```

产生一个无限的整数列表

对于每个整数z，产生一个1~z的列表，把它们称作y

对于每个y，产生y～z之间的整数

现在已经有了一个三元组，需要过滤掉那些不是毕达哥拉斯元组的元组

展平 range 很有用。range 库提供了几个特殊的函数可以实现这样的代码，而且更有可读性。使用 for_each 和 yield_if 组合就可实现这样的功能，如清单 10-5 所示。

清单 10-5　**range** 组合实现毕达哥拉斯三元组

```
view::for_each( view::ints( 1 ), [] (int z) {
    return view::for_each( view::ints( 1, z ), [z]( int y ) {
        return view::for_each( view::ints( y, z ), [y, z]( int x ) {
            return yield_if(
                x * x + y * y == z * z,
                std::make_tuple( x, y, z )
            );
        } );
    } );
} );
```

和前一个例子一样，产生 (x,y,z) 三元组

如果 (x,y,z) 是毕达哥拉斯函数，则放入到结果 range 中

range 组合包括两部分。第一部分是 for_each 函数，它遍历传递给它的集合，并收集传递给它的函数的处理结果。如果 range 嵌套有多层，所有产生的值会依次放在结果 range 中。range 嵌套不会产生 range 的 range，而是把结果展平（得到一个 range，而不是 range 的 range）。第二部分是 yield_if。如果符合第一个参数指定的条件，则把一个值放在结果 range 中。

简言之，range 嵌套就是带有过滤的 transform 或 mbind。因为任意的 monad 都包含这些函数，而不仅仅是 range，所以也可以把它们称作 monad 嵌套（monad comprehensions）。

10.5　错误处理

在本章的开头就通过返回值类型表示错误，而不是抛出异常。函数式编程中的函数的主

要功能——事实上，是它唯一的功能——是计算结果并返回它。如果函数执行失败，则返回一个值（如果它计算出了值），或在发生错误时不返回任何值。就如同在第 9 章提到的一样，可以使用 optional 作为返回值。

10.5.1　std::optional<T>作为 monad

Optional 可以表示有可能出现的缺失值现象。虽然有一定的好处，但也有一个缺陷：如果使用值的话，要检查它是否存在。对于前面定义的 user_full_name 和 to_html 函数，它们都返回 std::optional<std::string>，所以代码中充满了各种检查：

```cpp
std::optional<std::string> current_user_html()
{
    if ( !current_login )
    {
        return {};
    }
    const auto full_name = user_full_name( current_login.value() );
    if ( !full_name )
    {
        return {};
    }
    return to_html( full_name.value() );
}
```

想象一下，如果像这样链接更多的函数，代码将变得与古老的 C 代码一样，每次函数调用之后都要检查错误代码。

然而，代码可以更智能些。只要看到包装的值，在调用其他函数时需要剥离出来，就可以使用 monad。使用 optional 包装这个值，表示的是这个值是否存在。因为其他函数需要普通的值（而不是 optional），所以调用这些函数时，这个值需要剥离出来，如图 10-11 所示。

这正是 monad 可以做的：组合函数而无须额外处理上下文信息。std::make_optional 是 monad 的构造函数，而 mbind 也是很容易实现的：

```cpp
template <typename T, typename F>
auto mbind(const std::optional<T>&opt, F f)
->decltype( f( opt.value() ) )        指定返回值类型，如果
                                       没有值则返回 {}
{
    if ( opt )  {
        return f( opt.value() );       如果opt包含一个值，则调用f对值进行
    } else {                           转换，并返回转换结果。因为它返回的
        return {};                     是optional类型
    }
}                                      如果没有值，则返回空的
                                       std::optional
```

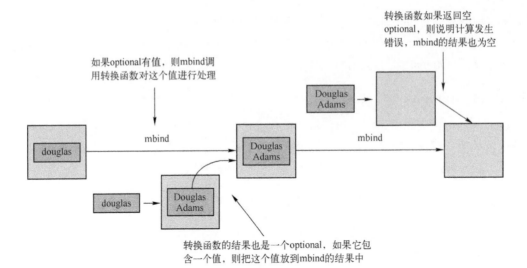

转换函数如果返回空 optional，则说明计算发生错误，mbind的结果也为空

如果optional有值，则mbind调用转换函数对这个值进行处理

转换函数的结果也是一个optional，如果它包含一个值，则把这个值放到mbind的结果中

图 10-11　为了用 optional 而不是异常来处理错误，可以用 mbind 链接返回

optional 的函数。一旦任何一个转换执行失败，链会断开并返回空的

optional。如果所有的转换都执行成功，将得到

一个包含结果的 optional

如果原值缺失或 f 函数执行失败返回空 optional，这个函数就会给出空结果，否则返回有效的结果。如果使用这种方式串联多个函数，就会自动处理错误：函数会依次执行，直到有一个函数执行出现错误。如果没有函数执行失败，将会得到处理结果。

现在函数变得更简单了：

```
std::optional<std::string> current_user_html()
{
    return mbind(
            mbind(current_login, user_full_name),
            to_html );
}
```

相应的，可以用与 range 相似的管道语法创建 mbind 转换函数，这样代码更具有可读性：

```
std::optional<std::string> current_user_html()
{
    return current_login | mbind(user_full_name)
                         | mbind(to_html);
}
```

这与仿函数的例子非常像。在那个例子中使用普通函数和 transform 函数；这里，函数返回 optional 类型的值，并且使用 mbind。

10.5.2　expected<T，E>作为 monad

std::optional 可以处理错误，但不能表明发生了什么错误。使用 expected<T，E>，不但可以处理错误，还能表明发生了什么错误。

和使用 std::optional<T>类似，如果没有发生错误，则 expected<T，E>包含一个值，否则它就包含关于错误的信息，如清单 10-6 所示。

清单 10-6　组合 expected monad

```
template <
    typename T, typename E, typename F,
    typename Ret = typename std::result_of<F( T )>::type     ← f可能返回不同的
                                                               类型，因此在返
    >                                                          回之前，需要类
Ret mbind( const expected<T, E>& exp, F f )                    型推断
{
    if ( !exp ) {
        return Ret::error( exp.error() ) ;     ← 如果exp包含错误，
    }                                             则继续把它传递下去

    return f( exp.value() ) ;     ← 否则，就返回f的返回结果
}
```

可以很容易地对函数进行转换，不但可以告诉用户是否有值，而且可以告知发生的错误。为了简单起见，这里使用整数来表示错误：

```
expected<std::string, int> user_full_name(const std::string& login);
expected<std::string, int> to_html(const std::string& text);
```

current_user_html 函数的实现不需要做任何改变：

```
expected<std::string, int> current_user_html()
{
    return current_login | mbind( user_full_name )
                         | mbind( to_html );
}
```

和以前一样，这个函数在没有错误的情况下将返回一个值。否则，只要任一函数返回错误，执行就会停止，并向调用者返回这一错误，如图 10-12 所示。

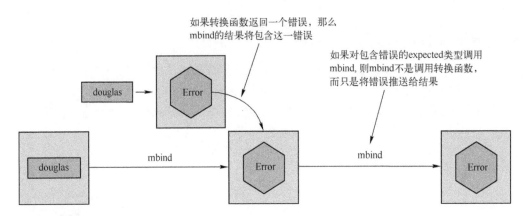

图 10-12　当用 expected 处理错误时，可以串联多个转换函数，就像使用 optional 一样。一旦遇到错误，转换将会停止，并在结果 expected 对象中得到这一错误。如果没有错误，则得到转换后的值

对于 monad 应该注意的是它需要一个模板参数，但这里需要两个。mbind 不仅可以对值进行处理，也可以对错误进行转换和处理。

10.5.3　try monad

expected 类型允许使用任何类型表示错误。可以使用整数表示错误代码，字符串表示错误信息，或两者的组合也可以。也可以像普通异常处理一样，将错误类型指定为 std::exception_ptr 类型，使用原来的异常类层次，如清单 10-7 所示。

清单 10-7　把异常包装成 expected monad 的函数

函数f没有参数，如果要使用参数调用
它，可以传递lambda表达式

```
    template <typename F,
            typename Ret = typename std::result_of<F()>::type,
            typename Exp = expected<Ret, std::exception_ptr>
    Exp mtry( F f )
    {
        try {
            return(Exp::success( f() ) );
        }
        catch ( ... ) {
            return Exp::error( std::current_exception() ) ;
        }
    }
```

如果没有抛出异常，则返回一个expected实例，包含f的返回结果

如果有异常抛出，则返回一个expected实例，包含指向该异常的指针

在 expected monad 中使用异常指针，就可以很容易地把它与处理错误的代码整合在一起。例如，有时要获取系统的第一个用户。查找用户列表的函数有可能出现异常，如果没有用户，则抛出异常：

```
auto result = mtry([ = ] {
                auto users = system.users();
                if ( users.empty() )
                {
                    throw std::runtime_error( "No users" );
                }
                return users[0];
            } );
```

执行结果要么是一个值，要么是一个指向异常的指针。

也可以以另一种方式实现：如果函数返回一个包含指向异常指针的 expected 实例，就可以很容易地把它集成到使用异常的代码中。可以创建一个函数，要么返回存储在 expected 对象中的值，要么抛出其中的异常：

```
template <typename T>
T get_or_throw(const expected<T, std::exception_ptr>& exp)
{
    if (exp)
    {
        return exp.value();
    } else {
        std::rethrow_exception( exp.error());
    }
}
```

这两个函数允许把 monad 错误处理和基于异常的错误处理整合在一起。

10.6　monad 状态处理

monad 在函数式编程中流行的原因是它可以以"纯"的方式处理包含状态的程序。但这不是必需的，因为在 C++中一直存在可变状态。

另一方面，如果要用 monad 或 monad 转换链的方式实现程序，跟踪链条中的每个转换的状态，这就十分有用了。前面已经说过多次，如果要使用纯函数，则不能有任何副作用，不能从外部改变任何东西。那又如何改变状态呢？

不纯的函数可能无意中修改程序的状态。调用这个函数，看不到发生了什么，也不知道改变了什么。如果要以"纯"的方式改变状态，就需要显式地改变（这些状态）。

最简单的方式就是把当前状态与函数的正常参数一起传递，并返回新的状态。在第 5 章曾经说过，处理可变状态的最好办法是创建一个新的状态，而不是修改原来的。

下面通过例子说明这一问题。这里要重用 user_full_name 和 to_html 函数，但不是处理异常，而是保留已执行操作的调试日志。日志就是要修改的状态。这里使用积类型（product type），积类型不但包含值同时还可以包含附加信息（调试日志），而不用使用 optional 或 expected，因为它们是共用体类型（union type），共用体类型同时只能表示一个值，要么是计算结果（值），要么是表示错误的信息⊖。

实现这一功能的最简单方式是创建一个类模板：

```
template <typename T>
class with_log {
public:
    with_log( T value, std::string log = std::string() )
        : m_value( value )
        , m_log( log )
    {
    }


    T value() const
    {
        return m_value;
    }


    std::string log() const
    {
        return m_log;
    }


private:
    T m_value;
    std::string  m_log;
};
```

现在可以重新定义 user_full_name 和 to_html 函数，使之返回处理结果和日志。两者都会返回结果和各自操作的日志：

```
with_log<std::string> user_full_name(const std::string& login);
with_log<std::string> to_html(const std::string& text);
```

和以前一样，如果想要轻松地组合这两个函数，需要用 with_log 构造一个 monad，如图 10-13 所示。创建 monad 构造函数很简单，既可以使用 with_log 的构造函数，也可以像编写 make_vector 一样编写 make_with_log（函数）。

mbind 函数实现了主要功能。它接收一个 with_log<T>实例和一个函数。with_log<T>实例包含一个值和当前的日志（状态），该函数对值进行转换，并返回转换后的值和新的日志。mbind 需要返回一个新的结果，并把新的日志信息追加到原来的日志中，如清单 10-8 所示。

⊖ 在学术上，通常称为 Writer monad，因为写出的只是上下文信息。在 user_full_name 和 to_html 函数中没有使用上下文。

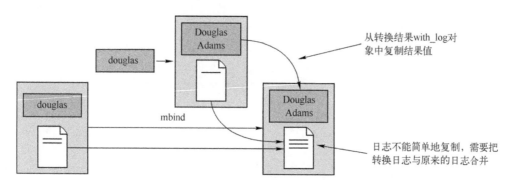

图 10-13　optional 和 expected 的结果只与最后一个转换有关，而 with_log 则不同。
它需要收集所有转换的日志

清单 10-8　mbind 维护日志

```
template<typename T,
        typename F>
        typename Ret = typename std::result_of<F( T )>::type
Ret mbind( const with_log<T1>& val, F f )
{
    const auto result_with_log = f(val.value());
    return Ret( result_with_log.value(),
            val.log() + result_with_log.log() );
}
```

使用 f 进行转换，返回转换结果和 f 的日志字符串

返回处理结果，但日志不仅仅是 f 的日志，还要与原来的日志进行拼接

这一方法记录日志，与把日志输出到标准输出相比有几个优点。可以处理多个平行日志——每个链中的转换对应一个日志——而不需要特殊的日志组件。一个函数根据调用者的不同，可以写出各种日志，而无须指明"这个日志写到这里""那个日志写到那里"。另外，这一方法记录日志，会使同一异步操作链中的日志记录在一起，而不会与其他操作链中的日志混杂。

10.7　并发和延续 monad

现在已经学习了几种 monad。所有的 monad 都包含 0 个或多个值和上下文信息。由此可以推断 monad 是某种类型的容器，它知道如何处理其中的值，如果有这个容器的实例，则可以在需要时访问这些值。

这一比喻适合大多数的 monad，但并非全部。回想一下 monad 的定义，可以从普通值创建 monad 实例，或对 monad 中的值进行某种转换。然而还没有一个可以从 monad 中提取数据的函数。

如果有个容器可以存放数据，但无法提取数据，这似乎有点怪怪的。毕竟，程序员可以

从向量、列表和 optional 中访问元素。不是吗？

不是的。可能对类似于 std::cin 这样的输入流，大部分人不认为它是一种容器，但事实上它们是（容器）。它们包含字符类型的元素。还有 istream_range<T>，它是包含 0 个或多个类型 T 元素的容器。与普通的容器相比，所不同的是不能事先知道它们的大小，在用户输入之前，也无法访问其中的元素。

从程序员的角度来看，没有太大差别。对于类向量容器和输入流类容器，都可以很容易地编写诸如过滤和转换的通用函数。

但这样的代码在执行中却有着巨大的差别。如果执行处理输入流容器的代码，程序会被阻塞，直到用户输入需要的数据，如图 10-14 所示。

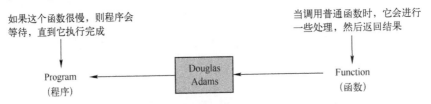

图 10-14　如果在主函数中调用函数，则主程序阻塞直到函数执行完成。
如果这个函数很慢，程序阻塞的时间就会很长，这段时间可用于执行其他的任务

在交互式系统中，绝不允许阻塞程序。最好的办法是告诉程序，一旦数据可用应该如何处理数据，而不仅仅是请求数据并对其进行处理。

假设要抽取网页中的标题。需要连接到服务器，等待响应，然后加载网页，进行解析并查找标题。连接服务器和获取网页可能很慢，但不能因此阻塞程序，要等待它完成。

需要在请求数据的同时继续执行程序中的其他任务。当请求完成获得数据时，就可以进行处理。

这需要一个处理器，在数据可用时访问这些数据。把它称作 future，因为数据不能立即可用，只能在将来的某个时间使用，如图 10-15 所示。这种思想对于其他的场合也很有用，因此不能把 future 限制为字符串类型，它应该是通用的 future<T> 处理器。

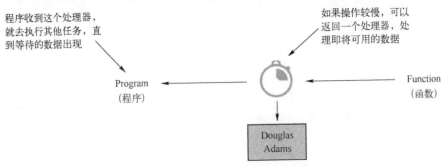

图 10-15　与其等待一个缓慢的函数执行完毕，不如返回一个处理器，访问它的计算结果

总结一下，future<T> 可能没有值，但 T 类型的值在将来可能出现。通过它就可以设计多组件并发或异步执行的程序。如果一个操作较慢，或不知道操作完成的具体时间，就可以

返回 future<T>，而不是普通的值。future 看起来像一个容器类型，但它的元素不能直接获取——除非异步操作完成，并且值在容器中。

10.7.1　future 作为 monad

future 对象就是一个 monad。它是一个类似容器的东西，可以包含 0 个或 1 个结果，这取决于异步操作是否完成。

首先来看一下 future 是不是仿函数。如果能够创建一个转换函数，它接收 future<T1>和函数 f：T1→T2，返回 future<T2>类型的实例，则 future 就是仿函数。

从概念上讲，这应该没什么问题。future 是一个将来值的处理器。如果 future 到来时可以获取这个值，那就可以把它传递给函数 f，并得到处理结果。在将来的某个时间点会得到转换后的值。如果知道如何创建这一处理器，就可以给 future 创建转换函数，那么 future 就是一个仿函数。

如果不关心异步操作的所有结果，而只关心其中的一部分——就像前面的例子一样，只需要获取网页中的标题，这是十分有用的。如果有一个 future 实例和它的转换函数，就可以很容易做到：

```
get_page(url) | transform(extract_title)
```

这样就得到一个字符串 future，当字符串到达时，就可以给出网页的标题了。

如果 future 是一个仿函数，就会转向下一操作，检查它是否是 monad。创建一个已存在值的处理器（handler）应该是十分容易的。更有意思的是 mbind。再次修改 user_full_name 和 to_html 的结果类型。这一次，为了获得用户的全名，需要连接服务器获得数据。操作以异步方式执行，假设 to_html 是一个缓慢的操作，也需要异步执行。两个操作都需要返回 future，而不是普通的值：

```
future<std::string> user_full_name(const std::string& login);
future<std::string> to_html(const std::string& text);
```

如果使用转换组合这两个函数，会得到 future 的 future，这听起来有点奇怪。这时得到的处理器 handler 会在将来的某个时候再给出一个处理器，然后这个处理器稍后会给出一个值作为结果。如果组合更多这样的异步操作，就更难以理解了。

这正是 mbind 要解决的问题。正如前面的例子一样，它可以避免嵌套，如图 10-16 所示。此时就可以得到值的处理器 handler，而不是 handler 的 handler。

mbind 必须做所有的工作。必须确定 future 何时到达，调用转换函数，并得到处理最终结果的处理器 handler。还有更重要的是：它必须立即给出最终结果的处理器 handler。

mbind 可以串联任意多个异步操作。使用 range 符号，可以得到下面的代码：

```
future<std::string> current_user_html()
{
    return current_user() | mbind( user_full_name )
                          | mbind( to_html );
}
```

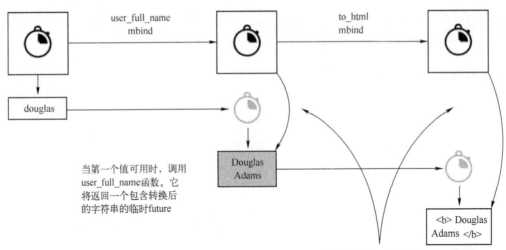

当第一个值可用时，调用
user_full_name函数。它
将返回一个包含转换后
的字符串的临时future

mbind返回的future对象是转换后的值的
句柄，临时future对于调用者不可见

图 10-16   monad 风格的绑定允许串联多个异步操作。结果是 future 对象，用于处理上一次异步操作的结果

在这段代码中，串联了 3 个异步操作。每个函数处理前一个函数的结果。因此，传递给 mbind 的函数通常称为延续函数（continuation），定义的 future 值的 monad 称为延续 monad（continuation monad）。

这段代码是局部化的、易读的，并且是易于理解的。如果使用普通的方法（如回调函数、signal 或 slot）实现同样的过程，这个单独的函数将会被拆成几个独立的函数。每次调用异步操作，都需要创建一个新的函数来处理它的结果。

10.7.2   future 的实现

现在已经理解了 future 的概念，来看看 C++中对它提供了什么支持。从 C++11 开始，std::future<T>提供了一个处理 future 值的处理器。除了值以外，如果异步函数执行失败，std::future 还可以包含一个异常。从某种程度上说，它与 expected<T, std::exception_ptr>的 future 类似。

不幸的是，它不能智能地附加延续函数。唯一能获得值的方法是通过它的.get 成员函数，但如果 future 尚未准备好，则 get 函数将阻塞，如图 10-17 所示。需要阻塞主程序，分离等待 future 的线程，或以轮询的方式查询 future 是否完成。

如果操作较慢，可以对这个将
来的值返回一个处理器

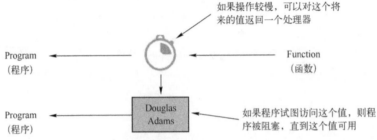

Program
（程序）

Function
（函数）

Program
（程序）

如果程序试图访问这个值，则程
序被阻塞，直到这个值可用

图 10-17   使用 std::future 中的值的一种方法是使用.get 成员函数。很不幸，如果这个 future 尚未完成，则调用者将会被阻塞。这对于并行计算，得到结果才能继续的程序非常有用，但对于交互式系统将会引发问题

所有这些解决方法都不太好。有人提出建议，用.then 成员函数扩展 std::future，并可以把延续函数传递给它，如图 10-18 所示。

目前，这一建议已经在 C++17 中随并发 TS（Concurrency TS）一起发布：大多数的标准库提供商都会支持它，扩展后的 future 类可以通过 std::experimental::future 使用。如果编译器不支持 C++17，则可以使用 boost::future 类，它已经支持延续函数了。

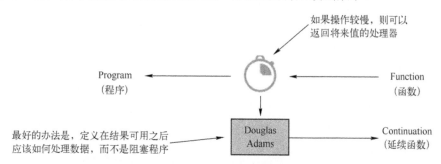

图 10-18　比较好的解决方法是，向 future 对象附加一个延续函数，而不是阻塞程序的运行。当等待的值可用时，将调用延续函数对它进行处理

成员函数.then 的行为与 mbind 类似，只是稍有不同。monad 的 bind（函数）接收一个函数，它的参数是普通的值，返回值为 future 对象，而.then 接收的函数要求其参数为一个完成的 future（对象），并返回一个新的 future。因此，then 并不是使 future 变为 monad，而是使实现 mbind 变得简单，如清单 10-9 所示。

清单 10-9　使用.then 成员函数实现 mbind

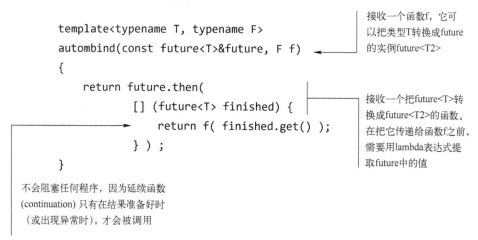

在 C++之外，一些其他的库实现了自己的 future。绝大多数都实现了最基本的功能，而且对于异步操作中可能出现的错误提供了处理和报告功能。

除了标准库和 boost 之外，最值得注意的是 Folly 库的 Future 和 Qt 的 Qfuture。Folly 提供了 future 概念干净利落的实现，而且不会阻塞（future 未准备好的情况下，.get 函数抛出异常，而不是阻塞）。QFuture 使用信号（signals）和槽（slot）连接延续函数，但和标准库中的 future 一样，.get 函数也会阻塞。QFuture 对基本概念进行了扩展，收集一段时间内的多个结果而不是一个结果。尽管有这些不同，但所有的 future 类都可使用 monad 的 bind（绑定）连接多个异步操作。

10.8　monad 组合

至此，已经有了一个 monad 的对象实例，并使用 mbind 函数把该对象在 monad 函数之间传递。这将产生一个相同 monad 类型的实例，可以与其他的函数绑定。

这与普通的函数应用程序相似，在普通的函数程序中，可以传递一个值并得到结果，然后再传递给其他的函数等。如果去除原来的值，就得到一系列可以组合的函数，这些组合的函数产生一个新的函数。

monad 也可以这样。即使没有原来的 monad 实例，也可以进行绑定，只不过关心的是要组合哪些 monad 函数。

在本章中，有几个 user_full_name 和 to_html 函数的变体。很多都是接收一个字符串，并返回包装字符串的 monad 类型。它们看起来像下面的代码（M 替代了 optional、expected 或其他包装类型）：

```
user_full_name : std::string → M<std::string>
to_html : std::string → M<std::string>
```

为了创建组合这两个函数的函数，它必须接收一个表示用户名字的 M<std::string>。在函数内部，将这个名字在两次 mbind 调用之间传递：

```
M<std::string> user_html( const M<std::string> & login )
{
    return mbind(
                mbind( login, user_full_name ),
                to_html );
}
```

这段代码可以正常工作，但有些冗长。如果 user_html 是 user_full_name 和 to_html 的组合应该更容易一些。

可以很容易地创建通用组合函数。在进行普通函数组合时，假设有两个函数 f：T1→T2 和 g：T2→T3。结果得到一个把 T1 转换成 T3 的函数。使用 monad 组合，则稍微有一些不同。函数不是返回普通的值，而是包装在 monad 中。因此组合的函数变为 f：T1→M<T2>和 g：T2→M<T3>，如清单 10-10 所示。

清单 10-10　组合两个 monad 函数

```
template <typename F, typename G>
auto mcompose( F f, G g )
{
    return [ = ]( auto value ) {
```

```
                return mbind( f( value ), g );
        };
    }
```

现在可以将 user_html 定义如下：

```
auto user_html = mcompose(user_full_name, to_html);
```

mcompose 函数也可用于简单的 monad，如 range（和向量 vector、列表 list 和数组 array）。假设有一个 children 函数，它返回某人所有的孩子。正好可以作为 monad 函数：它接收一个 person_t 的值，产生 person_t 的 range。这样就可以创建查找所有孙子的函数：

```
auto grandchildren = mcompose(children, children);
```

使用 mcompose 函数可以编写更简短、更通用的代码，而且还有理论上的优越性。回想一下，前面列出了几条不太直观的 monad 规则。使用这个组合函数，就能够使用更优雅的方式表示它们。

如果 monad 的构造函数与任意 monad 的函数组合，则得到函数本身：

```
mcompose(f, construct) == f
mcompose(construct, f) == f
```

根据结合性的原则，如果有 3 个函数 f、g 和 h 需要组合，无论是先组合 f 和 g，再把结果与 h 组合，还是先组合 g 和 h，结果再与 f 组合，都是没有关系的：

```
mcompose(f, mcompose(g, h)) == mcompose(mcompose(f, g), h)
```

这也称为 Kleisli 组合（Kleisli composition），通常它与普通函数组合具有相同的属性。

提示：关于本章主题更多的信息和资源，请参阅 https://forums.manning.com/posts/list/43779. page。

总结

- 程序设计总是与面向对象联系在一起，但函数式编程也有经常使用的习语和抽象，如仿函数和 monad。
- 仿函数（functor）是一种类似于集合的结构，它知道如何使用转换处理自己的东西。
- 仿函数能做的，monad 也能做，但还多出了两个操作：可以把普通的值转换为 monad 的值，而且可以把嵌套的 monad 值释放出来。
- 仿函数可以很容易地转换包装类型，而 monad 可以把返回包装类型的函数组合起来。
- 把 monad 作为一个盒子更好理解。但"盒子"这个术语不足以涵盖类似延续函数的 monad（continuation monad）——永远持有数据的 monad。
- 现实中的盒子可以打开看看里面有什么东西，但 monad 却不是这么回事。一般情况下，只能告诉这个盒子如何处理其中的值——而不能直接访问其中的值。

第 11 章
模板元编程

本章导读

- 编译时操作类型。
- 使用 constexpr-if 在编译时进行分支操作。
- 编译时执行静态类型检查。
- std::invoke 和 std::apply 的用法。
- 创建 DSL 定义数据记录更新的事务。

对编程的认识就是编写代码、编译，然后用户执行编译后的二进制代码。大多数编程都是这种方式。

在 C++中，可以编写不同类型的程序——在编译时执行的代码。这听起来有点奇怪（没有用户的输入，也没有数据需要处理，这样做的意义能有多大？）。编译时执行代码的主要目的不是处理数据，而是操作编译时的类型和已经产生的代码，因为数据只能在执行编译后的程序时才可以获得。

这在编写通用优化代码时是非常必要的。针对不同类型的特点，对于同一算法可能要编写不同的代码。例如，对于集合是否可以随机存储是十分重要的。根据这一特性，可能选择不同的算法实现。

C++中编译时编程（或元编程）最主要的机制是模板。现在来看看第 9 章中的 expected 类模板的定义：

```
template<typename T, typename E = std::exception_ptr>
class expected
{
    ...
};
```

这是一个参数化的模板，有两种类型，T 和 E。当指定这两个参数时，就可以创建具体类型的类实例。例如，如果把 T 设置为 std::string，E 设置为 int，就得到类型 expected <std::

string，int>。如果 T 和 E 都设置为 std::string，则得到不同的类型 expected<std::string, std::string>。

这两种结果类型相似，可以用同样的方式实现，但毕竟是两种不同的类型，不能把两种类型相互转换。更重要的是，这两种类型在编译后的二进制代码中是两种独立的类型。

因此，就得到一种称为 expected 的类型，它接收两种类型，给出一种类型作为结果。就像一个函数，但操作的不是值，而是自己的类型。为了区别于普通函数，把这种函数称为元函数（metafunction）。

使用模板的元编程（或 TMP，模板元编程）可以单独写成一本书。本章仅涉及与本书有关的部分。这里集中介绍 C++17，因为它引入了一些新特性，使得 TMP 编码更容易。

11.1 编译时操作类型

假设要编写一种通用算法，求集合中所有元素的和。它应该只接收集合作为参数，返回集合中所有元素的和。但问题是这个函数的返回值类型是什么？

这用 std::accumulate 实现非常容易——结果的类型与累加的初始值类型相同。但这里的函数只能接收集合作为参数，而没有初始值（作为参数）：

```
template <typename C>
??? sum(const C& collection)
{
    ...
}
```

最明显的答案是，返回值类型与集合中元素的类型相同。如果给定一个整数的向量，则结果应该是整型值。如果给定双精度实数的链表，结果应该是双精度实数类型，对于任意字符串的集合，结果应该是字符串类型。

但问题是用户知道集合的类型，而不是集合中元素的类型。这就需要编写一个元函数（metafunction），接收一个集合类型，给出集合中元素的类型作为结果。

对于大多数集合来说，可以使用迭代器（iterator）遍历其中的元素。如果对迭代器解引用，则可以得到包含类型的值。如果要创建一个变量保存集合中的第一个元素，可以如下编写：

```
auto value = *begin(collection);
```

编译器能够自动推断它的类型。如果是一个整数集合，则 value 就是 int 类型，这正是用户想要的。编译器在编译时可以准确推断类型。现在可以用这一事实，创建一个元函数实现相同的功能。

这里需要注意的是，编译器在编译时并不知道集合是否包含元素。即使在运行时集合为空，它仍然能够推断 value 的类型。当然，运行时如果集合为空，而又试图对 begin 返回的迭代器解引用，则会得到一个运行时错误，但当前的关注点不在这里。

如果要获得表达式的类型，可以使用 decltype 说明符。下面创建一个元函数，接收一个集合并返回集合包含的元素类型。可以把这个元函数作为通用类型别名（generic type alias），如下所示⊖：

```
template <typename T>
using contained_type_t = decltype(*begin(T()));
```

下面分析一下这段代码。模板声明说明了 contained_type_t 是个元函数，它接收一个参数：类型 T。这个元函数将返回包含在 decltype 中的表达式的类型。

当声明了 value 变量，就有了一个具体的集合，可以对它调用 begin 函数。但这里并没有集合，有的只是集合类型。因此，就创建了一个默认构建的实例 T()，并把它传递给了 begin。结果迭代器被解引用，contained_type_t 元函数返回迭代器指向的值的类型。

与前面的代码不同，这段代码不会在运行时出现错误，因为在编译时处理的是类型。decltype 永远不会执行传递给它的代码，它只会返回表达式的类型，而不去计算它。表面上听起来好像不错，但这个元函数存在两个重要的问题。

首先，类型 T 必须是可默认构建的。虽然标准库中所有的集合都有默认的构造函数，但对于类似集合的结构却不是这样。例如，可以把前面提到的 expected<T，E>作为一个集合，它包含 0 个或 1 个类型 T 的值。但它却没有默认的构造函数。如果需要一个空的expected<T，E>对象，就必须指明一个错误，说明它为什么为空。

因为对它调用 T()将出现编译时错误，所以不能对它应用 contained_type_t 元函数。为了修正这一问题，需要使用 std::declval<T>()工具函数替换构造函数调用。它接收任何类型的 T，可以是一个集合、一个整型值，或诸如 expected<T，E>的自定义类型，然后假装创建一个该类型的实例，以便在需要值而不是类型时，用在元函数中——使用 decltype 通常属于这种情况。

在求集合中元素的和时，通常知道如何进行求和操作。唯一的问题是不知道返回值类型。contained_type_t 元函数可以给出包含在集合中的元素的类型，因此可以用它在求集合元素和的函数中推断返回值类型。

可以按以下方式使用它：

```
template <typename C,
          typename R = contained_type_t<C>>
R sum(const C& collection)
{
    ...
}
```

虽然称这些函数为元函数，其实就是使用模板定义的函数。通过实例化模板调用元函数。对于这个例子，是用集合类型 C 实例化 contained_type_t 模板。

⊖ 关于类型别名（type alias）的更多信息，请参阅 http://en.cppreference.com/w/cpp/language/type_alias。

11.1.1　推断类型调试

实现 contained_type_t 的第二个问题是，它所做的并不是用户想要的。如果试图使用它，很快就会遇到问题。如果编译前面的代码，会得到一个提示，对于 std::vector<T>的 contained_type_t，它的结果不是 T，而是其他东西。

对于这些情况——期望的是一种类型，而编译器却认为是另一类型——如果能够进行类型检查就再好不过了。可以依靠 IDE 显示类型，但这往往不够精确，或强制编译器报告类型。

一个技巧是，声明一个类模板，但并不实现它。当需要检查某个类型时，可以尝试实例化该模板，这时编译器将报告错误，指定传递的类型，如清单 11-1 所示。

清单 11-1　检查 contained_type_t 推断的类型

```
template <typename T>
class error;

error<contained_type_t<std::vector<std::string>>>();
```

这将产生如下所示的编译错误（与使用的编译器有关）：

```
error: invalid use of incomplete type
'class error<const std::string&>'
```

contained_type_t 推断的类型是字符串的常引用类型，而不是用户想要的字符串类型——auto value 推断出来也是这样。

这是预料之中的，因为 auto 遵循的推断规则与 decltype 不同。当使用 decltype 时，可以得到表达式的具体类型，但 auto 试图更智能，其行为有点类似于模板参数类型推断。

因为得到了类型的常引用类型，并且需要的仅仅是类型，而不是类型的常引用，所以需要移除类型的引用部分和 const 修饰符。移除 const 和 volatile 修饰符，使用 std::remove_cv_t 元函数，并使用 std::remove_reference_t 移除引用，如清单 11-2 所示。

清单 11-2　contained_type_t 元函数的完整实现

```
template <typename T>
using contained_type_t =
        std::remove_cv_t<
            std::remove_reference_t<
                decltype( *begin( std::declval<T>() ) )
                >
            >;
```

现在再检查 contained_type_t<std::vector<std::string>>的类型，则为 std::string。

<type_traits>头文件

大多数标准元函数都定义在<type_traits>头文件中。它包含十几个有用的元函数，用于在元程序中操作类型，模拟 if 语句和逻辑操作。

> 以后缀_t 结尾的元函数在 C++14 中引入。对于只支持 C++11 特性的编译器，若要实现类似的类型操作，需要使用更笨拙的结构。对于 remove_cv 而不是带后缀_t 的用法，请参阅http://en.cppreference.com/w/cpp/types/remove_cv。

编写和调试元程序的工具是 static_assert。静态断言可以保证编译时采用某些特殊的规则。例如，可以编写一系列测试验证 contained_type_t 的实现：

```
static_assert(
    std::is_same<int, contained_type_t<std::vector<int> > >(),
    "std::vector<int> should contain integers" );
static_assert(
    std::is_same<std::string, contained_type_t<std::list<std::string> > >(),
    "std::list<std::string> should contain strings" );
static_assert(
    std::is_same<person_t*, contained_type_t<std::vector<person_t*> > >(),
    "std::vector<person_t> should contain people" );
```

static_assert 检查编译时的 bool 值，如果为 false，则停止编译。前面示例中的代码，检查 contained_type_t 元函数是否给出了正确的类型。

不能使用==操作符进行类型比较，需要使用表示元相等（meta equivalent）的 std::is_same。std::is_same 元函数接收两个类型，如果两类型相同，则返回 true，否则返回 false。

11.1.2　编译时的模式匹配

现在介绍一下前面使用的元函数是如何实现的，然后实现自定义版本的 is_same 元函数。它应该接收两个参数，并在类型相同时返回 true，否则返回 false。因为要操作的是类型，所以元函数不能返回 true 或 false 值，而是一种类型——std::true_type 或 std::false_type。可以把这两个类型作为元函数的 bool 常量。

在定义元函数时，需要考虑通常情况下应该是什么结果，并在计算结果时考虑特殊的情况。对于 is_same，有两种情况：如果给定两种不同的类型，则返回 std::false_type，如果给定两种相同的类型，则返回 std::true_type。第一种情况比较普遍，因此先来介绍一下：

```
template <typename T1, typename T2>
struct is_same : std::false_type {};
```

这一定义创建了两个参数的元函数，不论 T1 和 T2 是什么情况，它总返回 std::false_type。

下面介绍第二种情况：

```
template <typename T>
struct is_same<T, T> : std::true_type {};
```

这是前一模板的特殊情况，只用于 T1 和 T2 相同的情况。当编译器看到 is_same<int, contained_type_t<std::vector<int>>>时，它首先计算 contained_type_t 的结果，结果为 int。然

后，查找所有可用于<int, int>的 is_same 的定义，并选择最具体的那个，如图 11-1 所示。

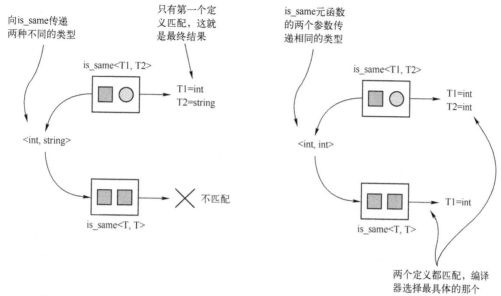

图 11-1 如果 is_same 的两个参数不同，只有返回 std::false_type 的第一个定义匹配。
　　　　如果两个参数的类型相同，两个定义都匹配，更具体的匹配胜出——返回 true_type

在前面的定义中，对于<int，int>两种都符合———一个继承 std::false_type，另一个继承 std::true_type。因为第二个更具体，所以它被选择。

如果写 is_same<int, std::string>会怎么样呢？编译器会产生所有可用于 int 和 string 的定义列表。在这种情况下，更具体的定义不适用，对于<T, T>不可能替换得到<int,;std::string>。编译器只有选择第一个：从 std::false_type 继承的那个。

is_same 是返回编译时 bool 常量的元函数。可以自定义实现一个类似的函数，返回修改后的值。下面实现与标准库等价的 remove_reference_t 函数。这时有 3 种情况。

- 给定的类型为非引用类型（这是最常见的一种）。
- 给定的类型为左值引用（lvalue reference）。
- 给定的类型为右值引用（rvalue reference）。

对于第一种情况，应该返回未修改的类型，而对于第二和第三种情况，需要将引用剥离。

实现 remove_reference 函数不能像 is_same 那样从结果继承。用户需要确定的类型作为结果，而不是从结果继承的自定义类型。为了实现这一功能，创建一个结构模板，该模板包含嵌套类型以保存确定的类型作为结果，如清单 11-3 所示。

清单 11-3 remove_reference_t 元函数的实现

```
template<typename T>
structremove_reference {
    using type = T;
};
```

通常情况下，remove_reference<T>::type 的类型应是T，它接收什么类型就返回什么类型

```
template<typename T>
structremove_reference<T &> {
    using type = T;
};
```

如果接收左值引用T&，剥离引用返回T

```
template<typename T>
structremove_reference<T &&> {
    using type = T;
};
```

如果接收右值引用T&&，剥离引用返回T

使用模板类型别名（template type alias）实现了 contained_type_t 元函数，但这里采用了不同的方法。模板结构定义了内嵌的别名，称为 type。要使用 remove_reference 元函数获取结果类型，使用的语法要比使用 contained_type_t 笨拙得多。需要创建 remove_reference 模板，并获得嵌套在其中的类型定义。基于这个原因，每次使用必须编写 typename remove_reference<T>::type。

这样写太冗长了，可以创建一个方便的 remove_reference_t，不需要每次编写 typename...::type，类似于 C++对 type_traits 头文件中的元函数所做的操作：

```
tklemplate <typename T>
using remove_reference_t<T> =
    typename remove_reference<T>::type;
```

当对某个模板参数应用 remove_reference 模板时，编译器将会查找与该参数匹配的模板定义，并选择最具体的那个。

如果调用 remove_reference_t<int>，编译器将检查前面的定义，看哪个可用。与第一个定义匹配，并推断 T 为 int。第二个和第三个定义都不匹配，因为不可能有任何类型 T 的引用为 int（int 不是引用类型）。因为只有一个匹配，它将被使用，所以结果为 int。

如果调用 remove_reference_t<int&>，编译器再次搜索所有与之匹配的定义，这时会搜到两个。第一个最通用的定义将匹配，并将 T 匹配为 int&。第二个定义也与之匹配，将 T&匹配为 int&，也就是将 T 匹配为 int。第三个定义不匹配，因为它接收的是右值引用类型。对于两个匹配的定义，第二个更具体，也就意味着 T 就是 int（也就是结果）。调用 remove_reference_t<int&&>的过程与之相似，所不同的是，第二个定义不匹配，但第三个定义将与之匹配。

现在已经可以获取集合中元素的类型，最后可以实现对集合中元素的求和操作了。假设元素类型的默认构造值与相加的元素相同，则可以把它作为初始值传递给 std::accumulate：

```
template <typename C,
          typename R = contained_type_t<C> >
R sum_iterable(const C& collection)
{
    return std::accumulate(begin( collection ),
                           end( collection ),
```

```
                R() );
}
```

如果对指定类型的集合调用该函数，编译器必须推断 C 和 R 的类型。类型 C 将被推断为传递给函数的集合类型。

因为没有定义 R，它将获得 contained_type_t<C>类型的默认值。也就是将集合 C 的迭代器解引用，然后移除 const 修饰符和引用得到的类型。

11.1.3　提供类型的元信息

前面的例子说明了如何查找包含在集合中元素的类型。但这一工作非常烦琐而且易于出错。因此，集合类给出这样的信息（类型信息）是通常的做法。对于集合来说，通常将包含的元素类型作为名为 value_type 的内嵌类型定义提供。可以很容易地将这一信息添加到 expected 的实现中：

```
template <typename T, typename E>
class expected {
public:
    using value_type = T;
    ...
};
```

标准库中的所有容器类——甚至是 std::optional——都提供了这个功能。一些便于使用的第三方类库的容器类也应该提供。

有了这种附加信息，就可以避免到此为止所有的元编程，编写如下代码：

```
template <typename C,
          typename R = typename C::value_type>
R sum_collection(const C& collection)
{
    return std::accumulate(begin(collection),
                           end(collection),
                           R());
}
```

在集合迭代器不直接返回元素而返回包装类型的情况下，使用 value_type 内嵌类型有额外的好处。对于这样的集合，如果用 contained_type_t 元函数处理，将返回包装类型作为结果，而用户需要的却是元素的类型。通过 value_type，集合将返回所包含的元素信息。

11.2　编译时检查类型的属性

现在已经创建了两个 sum 函数：一个处理内嵌 value_type 类型的集合，这个比较符合要求；另一个处理任何可迭代的集合。如果能够检查给定的集合是否包含内嵌的 value_type，再进行相应的处理，这无疑是最好的。

首先介绍最奇怪的元函数——接收任意数目的类型并返回 void 的函数，如图 11-2 所示。

```
template <typename···>
using void_t = void;
```

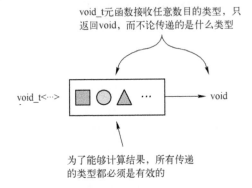

图 11-2　void_t 元函数比较奇怪：它忽略所有参数的类型，只返回 void。

它非常有用，因为作为参数传递的类型必须是有效的，才可以计算结果。

如果类型无效，void_t 将触发替代失败例程，编译器将忽略使用它的定义

这看起来没什么作用，但这个元函数的作用不在于它的结果。void_t 很有用，因为它可以在编译时的 SFINAE（substitution failure is not an error，替代失败例程不是错误）上下文中检查给定类型和表达式的有效性。SFINAE 是模板重载解析时应用的规则。如果用推断的类型替代模板参数失败，编译器并不报错，只是忽略这一重载。

注意：void_t 元函数自 C++17 的标准库得到支持。如果使用较老的编译器，请参阅 http://en.cppreference.com/w/cpp/types/void_t 关于如何实现 void_t 的说明。

这正是 void_t 起作用的地方。它可以和任意多的类型一起使用，如果有些类型无效，使用 void_t 的重载则被忽略。可以很容易地创建一个元函数检查给定的类型是否内嵌 value_type，如清单 11-4 所示。

清单 11-4　检测类型是否包含 value_type 的元函数

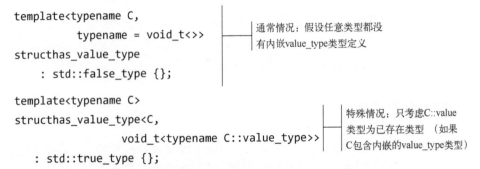

现在可以定义一个累加集合元素的函数了，并负责检查集合中是否包含内嵌的 value_type 类型：

```
template <typename C>
auto sum( const C &collection )
{
    if constexpr (has_value_type<C>() ) {
        return sum_collection( collection );
    } else {
        return sum_iterable( collection );
    }
}
```

如果给定的集合没有内嵌的 value_type，则不能对它调用 sum_collection。编译器将自动推断模板参数的类型，并执行失败处理程序。

这正是 constexpr-if 起作用的地方。正常的 if 语句在运行时检查它的类型，并把两个分支设置为可编译的。而另一方面 constexpr-if 要求两个分支都必须为有效的语法，但不会编译两个分支。对不含内嵌 value_type 类型的集合调用 sum_collection 将产生错误，编译器只会执行 else 分支，因为 has_value_type<C>()为 false。

如果传递的内容不含 value_type 类型，也不能迭代求和，会发生什么情况呢？将会得表示 sum_iterable 不能用于这种类型的错误提示。如果能设置和 sum_collection 调用同样的检查就更好了。

需要检查集合是否为可迭代的——是否可以调用它的 begin()和 end()方法，是否可以对 begin 的返回值进行解引用，而不必关心 end()是否可解引用，因为它是一个特殊的哨兵类型（见第 7 章）。

对于这种情况也可以使用 void_t。void_t 不但可以检查类型的有效性，还可以通过 decltype 和 std::declval 的帮助对表达式进行检查。如清单 11-5 所示。

清单 11-5　检查类型是否为可迭代类型的元函数

```
template<typename C,                         通常情况：假设
        typename = void_t<>>                 任何类型都不可
structis_iterable                            迭代
    : std::false_type {};

template<typename C>                          特殊情况：仅考虑C
structis_iterable<                            可迭代且其begin迭
    C, void_t<decltype( *begin( std::declval<C>() ) ),   代器可解引用
            decltype( end( std::declval<C>() ) )>>
    : std::true_type {};
```

现在可以定义完整的 sum 函数了，在对集合调用任何函数时，对集合类型进行有效性检查：

```
template <typename C>
auto sum( const C& collection )
{
    if constexpr (has_value_type<C>() ) {
        return sum_collection( collection );
    } else if constexpr (is_iterable<C>() ) {
        return sum_iterable( collection );
    } else {
/* do nothing */
    }
}
```

这个函数对它的每次调用都进行条件检查，还可以处理给定的类型为非集合类型的情况，甚至可以在这种情况下报告编译错误（参见随书源码的 11-contained-type）。

11.3　构造科里化函数

在第 4 章介绍了科里化，以及如何使用科里化增强项目中的 API。在本章将要学习如何实现通用函数，它将任何可调用函数转换成它的科里化版本。

提醒一下，科里化允许把多参数函数（multi-argument function）作为单参数函数（unary function）使用。科里化是单参函数返回另一个单参函数，另一单参函数再返回另一单参函数，以此类推，直到所有 n 个参数均被使用，最后一个函数给出结果，而不是一个有 n 个参数返回结果的函数。

回想一下第 4 章的例子。print_person 函数有 3 个参数：要打印的 person、输出流和输出格式：

```
void print_person(const person_t& person,
                  std::ostream& out,
                  person_t::output_format_t format);
```

如果手工实现这一函数的科里化版本，就变成一串内嵌的 lambda 表达式，每个 lambda 接收所有前面传递的参数：

```
auto print_person_cd( const person_t& person )
{
    return [&]( std::ostream& out ) {
            return [&]( person_t::output_format_t format ) {
                print_person( person, out, format );
            };
        };
}
```

科里化的函数要求一次传递一个参数，因为所有的科里化函数都是单参数函数：

```
print_person_cd(martha)(std::cout)(person_t::full_name);
```

写这么多圆括号太烦琐了，但请放心，可以允许一次传递多个参数。记住，这只是语法糖，科里化函数仍然只是单参数函数，只是更容易书写。

科里化函数需要是有状态的函数对象，因为它需要记住原来的函数和所有前面传递的参数。需要在 std::tuple 中存储所有捕获的参数。由于这个原因，需要使用 std::decay_t 保证类型参数不是引用而是实际的值：

```
template <typename Function, typename ··· CapturedArgs>
class curried {
private:
    using CapturedArgsTuple = std::tuple<
            std::decay_t<CapturedArgs>···>;
    template <typename ··· Args>
    static auto capture_by_copy( Args&& ··· args )
    {
        return std::tuple<std::decay_t<Args>···>(
                    std::forward<Args>( args ) ··· );
    }
public:
    curried( Function, CapturedArgs ··· args )
        : m_function( function )
        , m_captured( capture_by_copy( std::move( args ) ··· ) )
    {
    }


    curried( Function, std::tuple<CapturedArgs ···> args )
        : m_function( function )
        , m_captured( std::move( args ) )
    {
    }


    ···
private:
    Function m_function;
    std::tuple<CapturedArgs ...>   m_captured;
};
```

到此为止，就有了一个可以存储可调用对象及任意函数参数的类。现在剩下的唯一事情就是把这个类改造成函数对象——添加调用操作符。

调用操作符需要考虑两种情况。

- 用户提供了所有剩下的参数调用原来的函数，这种情况下应该调用该函数并返回结果。
- 仍然没有足够的参数调用函数，因此需要返回一个新的科里化函数对象。

为了检查是否有足够的参数，需要使用 std::is_invocable_v 元函数。它接收可调用对象类型和参数类型列表，返回这个对象可否使用参数列表调用。

为了检查 Function 是否可用当前捕获到的参数进行调用，可用如下代码：

```
std::is_invocable_v<Function, CapturedArgs...>
```

在调用操作符中，不仅需要检查当前捕获到的参数可否调用函数，而且要检查新定义的参数可否用于函数调用。这里只能使用 constexpr-if，因为调用操作符可能返回不同类型的结果，要么是函数的调用结果，要么是新的科里化对象实例。

```
template <typename ··· NewArgs>
auto operator()(NewArgs&& ··· args ) const
{
    auto new_args = capture_by_copy( std::forward<NewArgs>( args ) ··· );
    if constexpr (std::is_invocable_v<
                    Function, CapturedArgs ···, NewArgs ···>) {
        ...
    } else {
        ...
    }
}
```

在 else 分支中，需要返回与当前相同实例的 curried 实例，只不过在 m_captured 元组中添加了新的参数。

11.3.1 调用所有可调用的

then 分支需要根据给定的参数对函数求值。通常调用函数的方法是使用常规调用语法，因此这里试着这样做。

但问题是，在 C++中有些像函数的东西却不能这样调用：通过指向成员函数和成员变量的指针进行调用。如果有 person_t 和成员函数 name，则可以得到这个成员函数的指针 &person_t::name。但是不能像指向普通函数那样调用这个指向函数的指针，因为会得到一个编译器错误：

```
&person_t::name(martha);
```

这是 C++核心语言一个不幸的限制。每个成员函数就像普通的函数，其中第一个参数暗含为 this 指针，但仍不能将其作为函数调用。成员变量也是如此。它们可以看作是一个接收类实例作为参数，返回存储在成员变量中的值的函数。由于语言的这种限制，很难编写调用一切的通用代码——不论是函数对象，还是指向成员函数和变量的指针。

作为这种限制的补救措施，标准库引入了 std::invoke。有了 std::invoke，就可以调用一切可以调用的东西，而不论可调用的东西是否允许普通的调用语法。虽然前面的片段仍然会产生编译错误，但下面的代码可以通过编译，并实现所需要的功能：

```
std::invoke(&person_t::name, martha);
```

std::invoke 的语法非常简单。第一个参数为可调用对象，后面紧接着是传递给可调用对象的参数：

```
std::less<>(12, 14)          std::invoke(std::less<>, 12, 14)
fmin(42, 6)                  std::invoke(fmin, 42, 6)
martha.name()                std::invoke(&person_t::name, martha)
pair.first                   std::invoke(&pair<int,int>::first, pair)
```

std::invoke 的优势在于通用代码——不知道可调用对象的确切类型的时候调用它。每当实现接收函数作为参数的高阶函数时，或保存任意可调用类型的 curried 类时，不应该使用常规函数调用语法，而应该使用 std::invoke。

对于 curried 函数，不能直接使用 std::invoke，因为它是可调用对象与参数 std::tuple 元组的集合而不是独立的参数。这时应使用称为 std::apply 的辅助函数。它的行为与 std::invoke 相似（通常由 std::invoke 实现），只有稍微不同：它接收包含参数的元组作为参数，而不是接收独立的多个参数——这正是这个例子所需要的，如清单 11-6 所示。

清单 11-6　curried 的完整实现

```
template<typename Function, typename ··· CapturedArgs>
class curried {
private:
    usingCapturedArgsTuple =
        std::tuple<std::decay_t<CapturedArgs>···>;

    template<typename ··· Args>
    static auto capture_by_copy( Args&& ··· args )
    {
        return std::tuple<std::decay_t<Args>···>(
                std::forward<Args>(args) ··· ) ;
    }

public:
    curried( Function function, CapturedArgs ··· args )
        : m_function( function )
        , m_captured( capture_by_copy( std::move( args ) ··· ) )
    {
    }
```

```
    curried( Function function,
            std::tuple<CapturedArgs ···>args )
        : m_function( function )

    , m_captured(std::move( args ) )
{
}


template<typename ··· NewArgs>
 auto operator()( NewArgs&& ··· args ) const
 {
    autonew_args = capture_by_copy(
            std::forward<NewArgs>(args ) ··· );

    autoall_args = std::tuple_cat(
            m_captured, std::move(new_args ) );

    ifconstexpr (std::is_invocable_v<Function,
            CapturedArgs ···, NewArgs ···>) {

        return std::apply( m_function, all_args ) ;

    } else {
        return curried<Function,
                    CapturedArgs ···,
                    NewArgs ···>(
            m_function, all_args ) ;
    }
 }
private:
    Function  m_function;
    std::tuple<CapturedArgs ···> m_captured;
};
```

右侧注释：
- 用新参数创建一个元组
- 把新参数与前面搜集的参数连接起来
- 如果可以使用给定的参数调用 m_function，请执行此操作
- 否则，返回一个新的科里化实例，其中包含迄今为止存储在其中的所有参数

根据 constexpr-if 的执行分支的不同，调用操作符将返回不同的类型，这一点非常重要。现在就可以很容易地创建 print_person 的科里化版本了：

```
auto print_person_cd = curried{print_person};
```

因为参数以值的方式进行存储，所以如果调用科里化函数时需要传递不可复制的对象（如输出流），或由于性能的原因避免使用复制时（如复制 person_t 实例），可以用引用包装的方式传递参数：

```
print_person_cd(std::cref(martha))(std::ref(std::cout))(person_t::name_only);
```

这就会调用 print_person 函数，并给它传递 martha 的常引用和 std::cout 的可变引用。另外，person_t::name_only 以值的方式进行传递。

科里化的这种实现适用于普通函数、指向成员函数的指针、普通和通用 lambda、具有调用操作符的类——通用的和非通用的——甚至对于具有多个不同调用操作符重载的类，都是适用的。

11.4　DSL 构建块

到目前为止，本书一直致力于编写通用的工具，使代码更短小、更安全。有时这些工具过于通用，需要有一定的针对性。

读者可能已经注意到了项目中存在的模式：一直在重复做的事件，只是稍微有差异。但它们又没有那么通用，没有像 range 库那样的通用性。解决的问题只是针对特定的领域，但是本着"不重复自己"的原则，仍然需要努力解决这样的问题。

考虑下面的场景。假设有一个记录的集合，更新时在单个事务中要更新一个记录的所有域。如果任意一个域更新失败，则记录应该保持不变。这时可以实现一个事务系统，并把代码放到 start-transaction 和 end-transaction 中。但这样做容易出现错误——有可能忘记终止一个事务，或在没有开启事务时，意外改变了一条记录。如果能够创建更加灵活的语法，使得用户无须考虑事务就可以更新，这样就再好不过了。

这时就可考虑创建一个小的领域特定语言（domain-specific language，DSL）。它只需要以更优雅的方式更新记录，其他的无须考虑。它不需要很通用，只需要用在这个小的领域——在事务中更新记录。当用户指定需要的更新时，DSL 将处理事务的问题。

创建的 DSL 可能如下所示：

```
with(martha) (
  name = "Martha",
  surname = "Jones",
  age = 42
);
```

很显然这不是普通的 C++代码——没有花括号或分号。但是如果花费点时间实现 DSL 的话，它将是有效的 C++代码。它的实现并不一定优美，但主要关注点是隐藏主代码的复杂性——使主程序逻辑尽量简单，而牺牲大多数人看不见的底层部分。

现在来思考一下这段代码的语法。

■ 称为函数（或类型）的 with。因为使用参数 martha 调用它，所以它是个函数。
■ 这个函数的调用结果是另一个函数，它应该能够接收任意数目的参数，因为可能需要同时修改多个域。

还有 name 和 surname 实体，以及定义在它们身上的赋值操作符。这些参数的结果被传递给 with(martha)返回的函数。

实现这样的 DSL 时，最好的办法是从里层的元素开始创建所有的类型，来表示抽象的语法树（AST），如图 11-3 所示。在这个例子中，需要从 name 和 surname 实体开始。很明显，它们的意义是代表 person 记录的成员。如果需要改变类的成员，需要把它设置成 public，或添加 setter 成员函数。

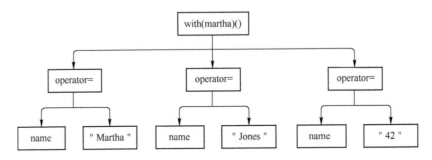

图 11-3　抽象的语法树模型包含 3 个层次：需要更新的对象、需要执行的一系列更新
（如果每个更新包含两个条目，这个域就要被更新）和属性域的新值

需要创建一个简单的结构存储指向成员或成员函数的指针。可以通过创建一个容纳任何东西的虚拟结构 field 来完成此操作：

```
template <typename Member>
struct field {
    field( Member member )
        : member( member )
    {
    }


    Member member;
};
```

有了这个就可以提供自己的类型了。在随书代码 11-dsl 中，可以看到如何对某一类型定义域。

有了 AST 节点保存指向成员或 setter 成员函数的指针，就可以实现语法需要支持的其他功能了。从前面的例子中，可以看到 field 域需要定义赋值操作符。与普通的赋值操作符不同，这个赋值操作符不能改变任何数据——它只需要返回另一个名为 update 的节点，用来定义更新操作。这个节点应该能够保存成员指针和新的值：

```
template <typename Member, typename Value>
struct update {
    update( Member member, Value value )
        : member( member )
        , value( value )
```

220

```
    {
    }


    Member    member;
    Value     value;
};
template <typename Member>
struct field {
    …
    template <typename Value>
    update<Member, Value> operator=( const Value & value ) const
    {
        return update { member, value };
    }
};
```

现在就剩下主节点：with 函数。它接收一个 person 记录，返回表示接收一系列更新操作的函数对象。因此，把这个函数对象称为 transaction。它将存储指向 person 记录的引用，以便修改，并且一系列 update 实现将被传递给 transaction 的调用操作符。调用操作符返回一个 bool 值表示事务是否执行成功：

```
template <typename Record>
class transaction {
public:
    transaction( Record & record )
        : m_record( record )
    {
    }


    template <typename ··· Updates>
    bool operator()( Updates ··· updates )
    {
        …
    }


private:
    Record & m_record;
};
template <typename Record>
auto with( Record & record )
{
```

```
    return transaction( record );
}
```

现在已经有了需要的全部 AST 节点,可以实现 DSL 所需的行为了。

考虑一下事务的意义。如果使用数据库,则必须启动事务,并在处理完所有更新后提交。如果需要通过网络发送所有更新记录的操作,并保持分布式数据的同步,需要等待所有更新执行完毕,才能发送下一批更新。

为了简单起见,考虑 C++的结构,它的成员更新作为事务来执行。如果更新数据的过程中发生异常,或某个 setter 函数返回 false,则认为更新失败,需要取消当前事务的执行。实现这一功能最简单的方法是第 9 章介绍的复制-交换(copy-and-swap)技术。创建当前记录的副本,对它执行所有的修改,如果所有更新执行成功,则与原来的记录互换,如清单 11-7 所示。

清单 11-7   transaction 调用操作符的实现

```
template<typename Record>
class transaction {
public:
    transaction( Record & record )
        : m_record( record )
    {
    }


    template<typename ··· Updates>
    bool operator()( Updates ··· updates )        创建一个执行更新的临时副本
    {
        auto temp = m_record;

                                                  执行所有的更新,
        if ( all( updates( temp ) ··· ) ) {       如果执行成功,则
            std::swap(m_record, temp );           与原来的记录交换,
            return true;                          并返回rue
        }
        return false);
    }


private:
    template<typename ··· Updates>                收集不同更新的结
    bool all( Updates ··· results ) const         果,如果全部执行
    {                                             成功则返回rue
        return(··· && results);
    }
```

```
Record &m_record;
};
```

在临时副本上调用所有的更新。如果任一更新返回 false 或抛出异常，原始记录将保持不变。

唯一没有实现的是 update 节点的调用操作符。它有以下 3 种情况。

■ 持有一个指向可以直接改变的成员变量的指针。

■ 普通的 setter 函数。

■ 返回 bool 值表明更新是否成功的 setter 函数。

std::is_invocable 可用于检查给定的函数是否可用特定的参数进行调用，这些参数可用于检查某个成员变量是否有 setter 函数或指针。这里需要注意的是，对于返回 void 和返回 bool（或其他可转换为 bool 的类型）的 setters 要进行区分。这可以通过 std::is_invocable_r 进行实现，它不但可以检查函数是否可被调用，还可以检查是否返回期望的类型，如清单 11-8 所示。

清单 11-8　update 结构的完整实现

```
template<typename Member, typename Value>
struct update {
 update( Member member, Value value )
  : member( member )
 , value( value )
   {
   }

    template<typename Record>
    bool operator()( Record & record )
    {
        ifconstexpr (std::is_invocable_r<              如果Member可调用对
                bool, Member, Record, Value>() ) {     象在传递给它一个记
            return std::invoke( member, record, value ) ;   录和新值时返回一个
                                                       bool值，那么可能是某
                                                       个setter函数执行失败
        } else if constexpr (std::is_invocable<        如果返回类型不是bool
                Member, Record, Value>() ) {           型或可转换成bool型的
            std::invoke( member, record, value );      类型，则调用setter函数
            return true;                               并返回true

        } else {
            std::invoke( member, record ) = value;     如果有指向成员变量的指
            return true;                               针，设置它并返回true
        }
    }
```

223

```
    Member member;
    Value value;
};
```

C++对实现 DSL 提供了方便的支持——运算符重载和可变参数模板是两个主要工具。使用这些工具，就可以开发复杂的 DSL。

实现 AST 节点所有必要结构的主要问题是，工作冗长而乏味，并且需要很多呆板代码。虽然这一缺陷限制了 DSL 的应用，但它提供了两个巨大的优势：主程序代码非常简洁，并且可以在不同的事务间进行切换，而不需要修改主程序代码。例如，如果需要把所有记录保存到数据库，只需要实现 transaction 类的调用操作符，程序的其他部分就可以向数据库保存数据了，而不需要修改主程序的任何代码。

注意：关于本章主题更多的信息和资源，请参阅 https://forums.manning.com/posts/list/43780. page。

总结

- 模板提供了在程序编译期间执行图灵完备语言的能力。它由 Erwin Unruh 偶然发现，他创建了一个 C++程序，在编译期间打印前 10 个素数作为编译错误。
- TMP 不仅是一个图灵完备的语言，而且是一个纯函数式语言。所有变量都是不可改变的，也没有任何形式的可变状态。
- type_traits 头文件包含许多有用的关于类型操作的元函数。
- 有时由于编程语言的限制，或缺乏相应的支持，向标准库中增加了一些变通的方法。例如，std::invoke 允许调用所有类似于函数的对象，甚至不支持普通函数调用语法的对象。
- DSL 编写比较麻烦，但可使主程序逻辑简化。从某种程度上讲，range 也是一种 DSL，对于使用管道语法定义了自己的 AST。

第 12 章
并发系统的函数式设计

本章导读
- 把软件拆分成独立的组件。
- 把信息看作数据流。
- 反应流转换。
- 使用有状态的软件组件。
- 并发和分布式系统中反应流的优点。

软件开发中最大的问题是复杂性处理。软件系统随着时间的推移迅速增长，很快超出原来的设计。当需要实现的功能与设计相悖时，要么重新实现系统的重要部分，要么引入临时解决方案，以保证开发的顺利进行。

这种复杂性问题在含有并发的系统中更加明显——从简单的用户交互式应用到网络服务和分布式软件系统都存在这样的问题。

软件开发中最大的问题是程序员不能真正理解他们的代码所有的可能状态。在多线程环境下，这种理解缺乏和后果会被放大，几乎达到令人恐慌的程度。

——John Carmack[⊖]

绝大多数问题源自不同系统组件的交互。相互独立的组件访问和修改相同的数据需要同步。这种同步传统上使用信号量或同步原语来解决，这种方法虽然可以解决问题，但会严重影响问题的规模和并发性。

解决这种共享可变数据的一个方法是不使用可变的共享数据。但也有另一种选择：保留共享数据，但不共享它。前者已经在第 5 章进行讨论，下面对后一种选择进行论述。

⊖ John Carmack，《In-Depth: Functional Programming in C++（C++函数式编程深入研究）》，#altdevblogaday，2012 年 4 月 30 日转载于 Gamasutra, http://mng.bz/OAzP。

12.1　Actor 模型：组件思想

本章将把软件设计成为相互隔离、独立的组件。首先以面向对象的设计讨论这一话题，稍后再讨论函数式设计。

在设计类时，总会创建 getter 和 setter 方法——getter 用于获取对象的信息，setter 用于在不违背类的不变性的前提下改变对象的属性。许多面向对象的支持者认为这种方式与 OO 的理念相悖。他们仍然把这种编程方式称为面向过程的编程（procedural programming），因为这种方法的关注点仍然集中于算法的步骤，而对象只是作为容器并对数据进行验证。

将成功的面向过程的开发人员转变为成功的面向对象的开发人员的第一步是切除术。

——David West[⊖]

现在要考虑的是对象应该做什么，而不是它包含了什么数据。作为例子，可以考虑表示人的类。通常实现方法是创建 name、surname、age 和其他属性的 getter 和 setter，然后如下编写代码：

```
douglas.set_age(42);
```

这正是问题所在。设计的类只是作为数据的容器，而不是将它设计成一个人的行为。可以把一个人的年龄强制设置为 42 岁吗？不能。谁也不能改变一个人的年龄，因此，就不应该设计这样的类，允许用户这样做。

类应该设计成为一系列行为，添加必要的数据实现这些行为。在表示人的类中，应该创建一个动作，告诉这个人经过了多长时间，然后对象做出正确的反应，如图 12-1 所示，而不是提供一个设置年龄的 setter 方法。对象应该有一个 time_passed 的成员函数，而不是 set_age 方法：

```
void time_passed(const std::chrono::duration& time);
```

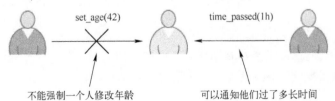

图 12-1　不能设置真实对象的属性。可以向对象发送消息，让对象本身处理这一消息

当发送指定的时间后，表示人的对象应该能够增加自己的年龄，并执行其他与之相关的操作。例如，人随着年龄的增加，头发和身高会随之改变。因此，对象需要一系列如何执行的任务，而不是 getter 和 setter。

不要请求做这项工作需要的信息；而是要请求包含这些消息的对象为用户而工作。

——Allen Holub[⊖]

⊖ David West, 对象思想（Object Thinking）（微软出版社，2004）。

⊖ Allen Holub，《通过代码学设计模式（Holub on Patterns: Learning Design Patterns by Looking at Code）》（Apress, 2004）。

如果要对客观世界的人进行建模，很快就会意识到多个人的对象不能共享任何数据。现实世界中的人通过交谈共享信息，但不需要任何人都可以访问和改变的共享变量。

这是 Actor 思想的根本。在 Actor 模型中，所有的 Actor 都是完全独立的实体，没有任何共享信息，但可以相互发送消息。最小的 Actor 类应该具备接收和发送消息的能力，如图 12-2 所示。

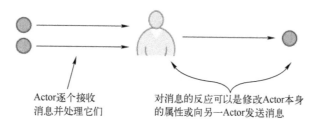

图 12-2　Actor 是一个可以接收和发送消息的独立组件。Actor 对消息逐个处理；
对于任何一条消息，Actor 可以改变自己的状态或行为，或向系统中的其他 Actor 发送消息

一般地，Actor 可以接收和发送各种类型的消息，任何一个 Actor 可以选择向哪个 Actor 发送信息。而且消息通信应该是异步的。

C++的 Actor 框架

在 http://actor-framework.org 可以找到 C++的 Actor 模型的完整实现。C++ Actor 框架有很多激动人心的特性。Actor 是轻型并发进程（是比线程还轻的进程），Actor 网络是透明的，这意味着可以在多个不同的机器上部署 Actor，而不需要修改任何代码。虽然传统的 Actor 不太容易组合，但很容易使其适合于本章的设计。

C++ Actor 框架的代用品是 SObjectizer 库（https://sourceforge.net/projects/sobjectizer）。它的性能更好，但没有内置的跨进程分布式 Actor 的支持。

在本章将定义比 C++ Actor 模型简单的 Actor，因为这里的侧重点是如何进行软件设计，而不是实现一个真正的 Actor 模型，如图 12-3 所示。虽然本章的 Actor 设计与传统的 Actor 模型稍有不同，但出现的概念却可用于传统的 Actor。

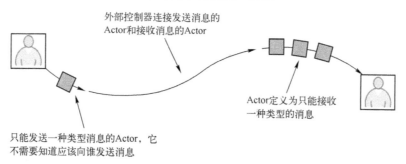

图 12-3　这里使用简化类型的 Actor，它不需要关心谁向谁发送消息：这将由外部控制器负责

Actor 的设计如下所述。

- Actor 只能收发一种类型的消息（收发的消息类型不一定相同）。如果需要支持输入/输出不同类型的消息，可以使用第 9 章的 std::variant 或 std::any。
- 在外部的控制器中指定某个 Actor 向哪个 Actor 发送消息，以便以函数式的方式组合 Actor，而不是由 Actor 自行选择发送消息的对象。外部的控制器可以指定 Actor 的监听源（发送消息的 Actor）。
- 外部的控制器还可以决定哪些消息异步处理，哪些不需要异步处理。

注意：现在的大多数软件都使用了一种事件循环，用于异步传递消息，但这里并不实现这样的系统。这里重点关注易于调整，适用于任何事件驱动的系统设计。

下面的代码列出了 Actor 接口，如清单 12-1 所示。

清单 12-1　Actor 的迷你接口

```
template<typenameSourceMessageType,
 typenameMessageType>
class actor {
public:
    using value_type = MessageType;

    void process_message( SourceMessageType&& message );

    template<typenameEmitFunction>
    void set_message_handler( EmitFunction emit );
private:
 std::function<void(MessageType&&)> m_emit;
};
```

Actor可以接收一种类型的消息，而发送另一种类型的消息

处理新到达的消息

定义Actor发送消息的类型，以后使用Actor可以进行检查

设置Actor发送消息时需要调用的m_emit处理器函数

这个接口清晰地表明，Actor 只需要知道如何接收消息和如何发送消息。它可以包含自己工作所需要的私有变量，但不能被外界访问。因为这些数据不能共享，所以也没有必要对其进行同步处理。

很重要的一点是，可以有只接收消息的 Actor（通常称为宿（sink）），只发送消息的 Actor（通常称为源（sources）），以及一般的 Actor，既可以接收消息，也可以发送消息。

12.2　创建简单的消息源

在本章将创建一个小型的 Web 服务，可以接收并处理书签（请参考示例：bookmarks-service）。客户端可以连接它并发送以下格式的 JSON 书签：

```
{ "FirstURL": "https://isocpp.org/", "Text": "Standard C++" }
```

为了实现这一功能，需要几个外部的库。对于网络通信使用 Boost.Asio 库（http://mng. bz/d62x）；对于 JSON 处理使用 Niels Lohmann 的 JSON 库，它是现代 C++的 JSON 函数库（https://github.com/nlohmann/json）。

首先需要创建监听网络连接的 Actor，收集客户端发送给服务的消息。为了使协议尽量简单，每条消息只有一行，消息的末尾只能包含一个换行符。

这个 Actor 是源 Actor（Source Actor）。它从外界（不属于 Web 服务的实体）接收消息，只要涉及这个 Web 服务，它都可以作为所有消息的源。系统的其他部分不需要关心消息来自哪里，因此可以认为客户连接是源 Actor 的一部分。

这个服务的接口类似于 Actor，但不需要 process_message 函数，因为它是一个源 Actor，如图 12-4 所示。它不需要接收系统中其他 Actor 的消息（正如笔者所说，它从外界——客户——获取消息，在这个服务中它并不作为 Actor 看待）；服务 Actor 只负责发送消息，如清单 12-2 所示。

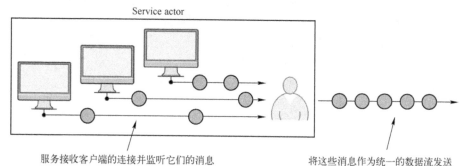

图 12-4　服务 Actor 监听客户端的连接和消息。这对程序其他部分不可见，
它们只知道从某处发来的字符串流

清单 12-2　监听客户端连接的服务

```
class service {
public:
    using value_type = std::string;   ◄──── 逐行读取客户的输入，
                                              所以发送的是字符串消息

    explicit service(
            boost::asio::io_service & service,
            unsigned short port = 42042 )
        : m_acceptor( service,
            tcp::endpoint(tcp::v4(), port ) )     创建监听指定端口
        , m_socket( service )                     的服务（默认42042）
    {
    }

    service( const service & other ) = delete;    禁止复制，
    service( service && other ) = default;        但可以移动
```

229

```
template<typenameEmitFunction>
void set_message_handler( EmitFunction emit )
{

    m_emit = emit;
    do_accept();
}
```

直到在message_service
中注册并监听消息，才
可以接收客户端的连接

```
private:
  void do_accept()
  {
      m_acceptor.async_accept(
          m_socket,
          [this]( const error_code &error ) {
              if ( !error ) {
                  make_shared_session(
                          std::move( m_socket ),
                          m_emit
                      )->start();

              } else {
                  std::cerr<<error.message() << std::endl;

              }

              /* Listening to another client */
              do_accept();
          } );
  }
  tcp::acceptor   m_acceptor;
  tcp::socket     m_socket;
  std::function<void(std::string &&)> m_emit;
};
```

对客户端创建并启用session。
当session对象从客户端读取一
条消息，它就会传递给m_emit。
make_shared_session方法创建
一个指向session对象的共享指针

这一服务相当易于理解。比较难的部分应该是 do_accept 函数，因为这是基于 Boost. Asio 回调的 API。简而言之，它执行以下操作。

■ m_acceptor.async_accept 调度传递给它的 lambda，以便在客户出现时执行。

■ lambda 检查客户是否连接成功。如果成功，就为其创建一个 session 对象。

■ 因为需要接收多个客户端的连接，所以再次调用 do_accept。

session 对象做了大部分工作。它需要逐条读取客户端的消息，并通知处理消息的服务，处理消息的服务才能向程序的其他部分发送消息。

　　session 对象还需要维护自己的生命周期。一旦出现错误，客户端失连，session 将自己销毁。这里有点技巧，session 对象可继承 std::enable_shared_from_this。这样便允许 std::shared_ptr 管理的 session 实例安全地创建自己的共享指针。session 的共享指针可以保证，只要有系统的任何部分使用 session，它就保持活跃，如图 12-5 所示。

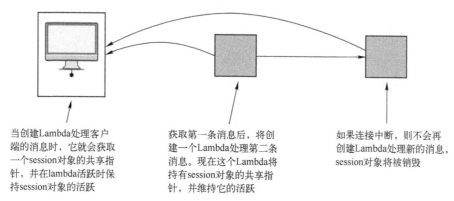

当创建Lambda处理客户端的消息时，它就会获取一个session对象的共享指针，并在lambda活跃时保持session对象的活跃

获取第一条消息后，将创建一个Lambda处理第二条消息。现在在这个Lambda将持有session对象的共享指针，并维持它的活跃

如果连接中断，则不会再创建Lambda处理新的消息，session对象将被销毁

图 12-5　在 lambda 中捕获 session 的共享指针，并处理客户端发来的消息。
只要客户端保持连接活跃，session 对象就保持活跃

　　在处理连接事件的 lambda 中获取 session 的共享指针。只要 session 对象还有等待的事件，session 对象就不会被删除，因为处理事件的 lambda 持有 session 共享指针的实例。不再需要处理事件时，对象将被销毁，如清单 12-3 所示。

清单 12-3　读取并发送消息

```
template<typenameEmitFunction>
class session :
    public std::enable_shared_from_this<session<EmitFunction>> {
public:
    session(tcp::socket && socket, EmitFunction emit )
        : m_socket( std::move( socket ) )
        , m_emit( emit )
    {
    }

    void start()
    {
        do_read();
    }

private:
    using shared_session =
```

```
        std::enable_shared_from_this<session<EmitFunction>>;

    void do_read()
    {
        auto self = shared_session::shared_from_this();
```

创建另一个
session的共
享指针

```
    boost::asio::async_read_until(
        m_socket, m_data, '\n',
        [this, self]( const error_code &error,
                    std::size_t size ) {
```

输入中遇到换行符时
调度lambda执行

```
            if ( !error ){
                std::istream is( &m_data );
                std::string line;
                std::getline( is, line );
                m_emit( std::move( line ) );
```

可能遇到错误，或
读取一行，并把它
发送给注册的消息
监听者

```
                do_read();
            }
        } );
    }

    tcp::socket  m_socket;
    boost::asio::streambuf m_data;
    EmitFunction  m_emit;
};
```

如果读取消息成功，则调
度读取下一条消息

虽然服务类的用户不知道 session 对象的存在，但它却向它们发送消息。

12.3　将反应流建模为 monad

现在已经创建了发送 std::string 类型消息的服务。它可以发送任意多的消息——0 个或多个。它看起来有点像链表：某种类型值的集合，可以逐个元素进行遍历，直到末尾。唯一不同的是，对于链表，所有元素都是现成的，而此处的值却是不知道的——它们依时间的次序先后到达。

回想一下，在第 10 章见过类似的结构。future 和延续函数 monad。future 是一种类似容器的结构，在将来的某一时刻它可能包含一种给定类型的值。这里的服务与之类似，所不同的是，它不限于单个值，而是持续发送新值，如图 12-6 所示。类似于这样的结构称之为异步流（Asynchronous Stream）或反应流（Reactive Stream）。这里需要注意的是，它不同于 future<list<T>>——这意味着将来的某一时刻可获得所有的值。

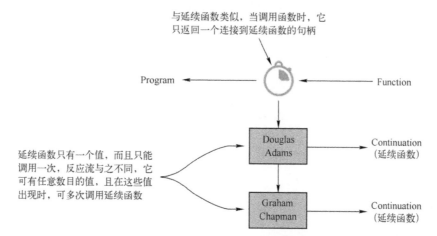

图 12-6　与延续函数的 monad 不同，它只调用延续函数一次，反应流可有任意数目的值。对于每个新到达的值，都可以调用延续函数

反应流看起来像集合。它们包含相同类型的元素；只是并不是所有的元素都可立即获得。在第 7 章有与之类似的类型：输入流。使用 range 库函数处理输入流并执行需要的转换：

```
auto words = istream_range<std::string>(std::cin)
                | view::transform(string_to_lower);
```

对于 future 和 optional（可选值）可以创建相同的转换，读者有可能猜出笔者要说什么了，对于讲过的所有的 monad 也可以创建相同的转换。这里一个比较重要的问题是反应流是不是 monad。

从概念上讲，它的确很类似。回想一下 monad 应该符合的条件。

- 它必须是一个通用的类型。
- 需要一个构造函数——用于创建包含给定值的反应流实例的函数。
- 需要转换函数——返回反应流的函数，该函数把来自源流的值转换后发出。
- 需要一个连接函数，从给定的流接收所有的消息，并把它们逐个发送。
- 需要遵守 monad 的法则（这已超出本书讨论的范畴）。

第一条是满足的：反应流是在流发出的消息类型（value_type）上参数化的泛型类型。在接下来的章节中，可以执行以下操作使反应流成为 monad。

- 创建一个流转换 Actor。
- 创建一个按给定值创建流的 Actor。
- 创建一个可以同时监听多个流的 Actor，并发送这些流。

12.3.1　创建宿（Sink）接收消息

在实现所有显示反应流是 monad 的函数之前，先实现一个简单的宿（Sink）对象，用于测试上面的 Web 服务。宿是一个只接收消息而不发送的 Actor，如图 12-7 所示。因此不需要 set_message_handler 函数，只需要定义 process_message 函数即可。需要创建一个通用的宿，在每次收到新消息时，可以执行任意给定的函数，如清单 12-4 所示。

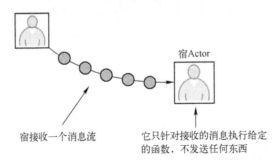

宿接收一个消息流　　　　它只针对接收的消息执行给定的函数，不发送任何东西

宿Actor

图 12-7　宿 Actor 对于收到的每条消息调用一个函数。它不发送任何东西。

可以用它在 std::error 上打印所有的消息，或者进行更高级的处理，如把消息保存到文件或数据库

清单 12-4　宿对象的实现

```
namespace detail {
    template<typename Sender,
            typename Function,
            typenameMessageType = typename Sender::value_type>
    class sink_impl {
    public:
        sink_impl( Sender && sender, Function function )
            : m_sender( std::move( sender ) )
            , m_function( function )
        {
            m_sender.set_message_handler(
                [this]( MessageType&& message )
                {

                    process_message(
                        std::move( message ) );
                }
            );
        }

        void process_message( MessageType&& message ) const
        {
            std::invoke( m_function,
                    std::move( message ) );
        }
```

宿一旦创建就连接到分配给它的发送者

只要得到一条消息，就把它传递给用户定义的函数

234

```
private:
    Sender m_sender;
    Function m_function;
};
}
```

单一所有者设计

　　本章值得注意的是 std::move 和右值引用（rvalue reference）用得比较多。例如，sink_impl 把 sender 对象作为右值引用（接收）。宿对象（sink object）变成了 sender 的唯一所有者。相似的，其他的 Actor 变成了它们各自发送者的所有者。

　　这就也意味着数据流流水线拥有所有的 Actor，当流水线销毁时，所有的 Actor 也将被销毁。而且，消息使用右值引用在 Actor 中传递，表明同一时刻只能有一个 Actor 访问这一消息。这种设计简单而且逻辑明显，笔者认为这是证明 Actor 概念和数据流设计的最好方法。

　　缺点是系统中不能有多个组件监听一个 Actor，也不能在不同的数据流中共享 Actor。允许共享 Actor 的所有关系（std::shared_ptr 将是不错的选择），并允许每个 sender 持有多个侦听器（通过保留消息处理器函数的集合而不是只有一个）来轻松解决。

　　现在需要一个函数创建 sink_impl 的实例，并给定发送者和一个函数：

```cpp
template <typename Sender, typename Function>
auto sink( Sender&& sender, Function&& function )
{
    return detail::sink_impl<Sender, Function>(
            std::forward<Sender>( sender ),
            std::forward<Function>( function ) );
}
```

　　把服务对象连接到宿 Actor，就可以测试服务对象能否正常工作，宿 Actor 负责把所有消息写到 std::cerr，如清单 12-5 所示。

清单 12-5　启动服务

```cpp
int main( int argc, char* argv[] )
{
    boost::asio::io_service event_loop;
```
io_service是Boost. Asio中的一个类，负责处理事件循环。它负责监听事件，并调用适当的回调lambda处理它们

```
auto pipeline =
    sink( service( event_loop ),
        [] (const auto & message) {
            std::cerr<< message << std::endl;
        } );
event_loop.run();
}
```

创建服务并与
宿Actor相连接

启动处理事件

C++17 和类模板参数推断

编译本章的例子代码需要支持类模板推断的 C++17。它并不十分严格地需要创建 sink 函数，可以命名类 sink，前面的代码仍然可以工作。

分离 sink 和 sink_impl 的原因在于支持反应流中类 range 语法。两个 sink 函数根据传递的参数数目的不同返回不同的类型。如果 sink 不是一个合适的函数，这是很难实现的。

这有点类似于调用集合的 for_each 函数：给它传递一个集合和一个处理每个元素的函数。这样的语法很难理解，因此可以用管道符号替代它——类似于 range 库的用法。

为此，需要 sink 函数只接收对每条消息调用的函数，而不接收 sender 对象。且必须返回一个临时的包含这一函数的辅助对象。当指定发送者时，管道操作符（pipe operator）将创建 sink_impl 的类实例。可以认为这是一种偏函数应用——绑定第二个参数，而留下第一个参数以后再进行定义。唯一的区别是，使用管道语法而不是普通的函数调用语法指定第一个参数，这一点与第4章的偏函数应用不同：

```
namespace detail {
    template <typename Function>
    struct sink_helper {
        Function function;
    };
}
template <typename Sender, typename Function>
auto operator|( Sender && sender,
        detail::sink_helper<Function> sink )
{
    return detail::sink_impl<Sender, Function>(
            std::forward<Sender>( sender ), sink.function );
}
```

用这种类似的方法，对于每个创建的转换定义 operator |。每个函数接收任何发送者对象作为第一参数和定义了转换的_helper 类作为参数。这样可以增强 main 函数的可读性：

```
auto sink_to_cerr =
```

```
sink([] (const auto & message) {
        std::cerr << message << std::endl;
    } );
auto pipeline = service( event_loop ) | sink_to_cerr;
```

现在就可以优雅地测试 Web 服务是否可以正常工作了。不论什么样的流（stream）都可以把它的所有消息输出到 cerr。编译并运行程序，使用 telnet 或类似的程序，通过端口 42042 进行文本链接。任何客户发送的消息将自动出现在服务器的输出设备上。

12.3.2　转换反应流

现在的任务是把反应流（Reactive Stream）变成一个 monad。最重要的任务是创建 transform 流修改器。它应该接收一个反应流和任意一个函数作为参数，并返回一个新的流——使用给定的函数对原来的流进行转换，并发送转换后的消息。

换言之，transform 转换器是一个既可接收消息又可发送消息的 Actor。对于每条接收到的消息，调用给定的转换函数进行转换，并把结果作为发送的消息，如图 12-8 所示。

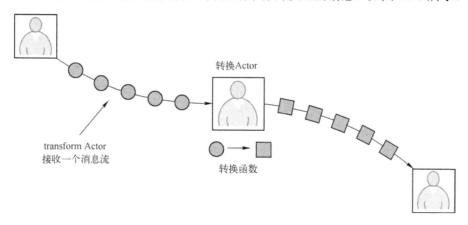

图 12-8　与 range 类似，反应流的 transform 对每个接收到的消息应用给定的转换函数，并把函数的转换结果发送给下一个 Actor

清单 12-6　流转换器的实现

```
namespace detail {
template<
    typename Sender,
    typename Transformation,
    typenameSourceMessageType =
        typename Sender::value_type,
    typenameMessageType =
        decltype( std::declval<Transformation>()(
            std::declval<SourceMessageType>() ) )>
```

为了更好地定义接收和发送消息的函数，需要接收和发送的消息类型

```cpp
class transform_impl {
public:
    using value_type = MessageType;

    transform_impl( Sender && sender, Transformation transformation )
        : m_sender( std::move( sender ) )
        , m_transformation( transformation )
    {
    }

    template<typenameEmitFunction>
    void set_message_handler( EmitFunction emit )
    {
        m_emit = emit;
        m_sender.set_message_handler(
            [this]( SourceMessageType&& message ) {
                process_message(
                    std::move( message ) );
            } );
    }
    void process_message( SourceMessageType&& message ) const
    {
        m_emit( std::invoke( m_transformation,
            std::move( message ) ) );
    }

private:
    Sender m_sender;
    Transformation m_transformation;
    std::function<void(MessageType&&)>m_emit;
};
}
```

> 如果某个Actor对发送的消息感兴趣，就会连接到发送消息的Actor

> 调用给定的函数对接收的消息进行转换，并把转换的结果作为消息发送给监听者Actor

这里值得注意的是，与宿 Actor 不同，transform 不会立即连接到它的发送者。如果没有人发送消息，也就不需要处理。只有当 set_message_handler 被调用时——也就是当需要监听消息时，才需要监听发送者发送的消息。

在创建了所有的辅助类和管道操作符之后，就可以像使用 range 一样使用 transform 修改器了。例如，在打印消息之前去掉多余的空格，可以执行以下操作：

```cpp
auto pipeline =
```

238

```
service(event_loop)
| transform(trim)
| sink_to_cerr;
```

现在有点像 range 了。这也是最主要的：反应流可以使开发者把软件作为输入流的集合，对流进行加工转换，并输出转换结果——就和 range 的用法一样。

12.3.3 创建给定值的流

Transform 函数使得反应流成了一个仿函数（functor），为了使它是一个正常的 monad，需要能够从给定的值创建流，而且需要 join 函数。

先来实现比较简单的功能。给定一个值或一系列值（为了方便起见），根据这个（些）给定的值创建一个发送它们的流。这个流不接收任何消息，只是发送消息，就像前面看到 service 一样。

不需要监听来自其他 Actor 的消息。用户必须在构造流时指定这些值，并进行存储，当有 Actor 监听这个类（的实例）时，把这些值发送给它：

```cpp
template <typename T>
class values {
public:
    using value_type = T;
    explicit values( std::initializer_list<T> values )
        : m_values( values )
    {
    }



    template <typename EmitFunction>
    void set_message_handler( EmitFunction emit )
    {
        m_emit = emit;
        std::for_each( m_values.cbegin(), m_values.cend(),
                [&]( T value ) { m_emit( std::move( value ) ); } );
    }


private:
    std::vector<T> m_values;
    std::function<void(T &&)> m_emit;
};
```

这个类可用作反应流（Reactive Stream）的 monad 构造函数。可以通过向宿对象（Sink Object）发送消息，检查它能否正常工作：

```
auto pipeline = values{42} | sink_to_cerr;
```

这就创建了一个包含单一值的流。当 sink_to_cerr 连接到这个流时，将在 std::cerr 上打印这个值。

12.3.4　连接流

把反应流作为 monad 的最后一件事情就是定义 join 函数。假设服务需要监听多个端口。这样就需要为每个端口创建一个 service 实例，并把所有这些实例的消息连接起来形成一个统一的流。

可能的实现方法如下：

```
auto pipeline =
        values{42042, 42043, 42044}
        | transform([&](int port) {
                return service(event_loop, port);
        })
        | join()
        | sink_to_cerr;
```

这看起来有点难，但对于已经学习过的东西，它算是比较简单的了。它的实现类似于 transform。函数 join 和 tranform 都接收一种类型的消息，而发送不同类型的消息。所不同的是，对于 join 函数，接收的消息都是新的流，需要监听来自这些流的消息并把它们进行传递，如清单 12-7 所示。

清单 12-7　实现 join 转换

```
namespace detail {
    template<
        typename Sender,
        typenameSourceMessageType =          需要监听的流类型
            typename Sender::value_type,
        typenameMessageType =                正在监听的流发送
            typenameSourceMessageType::value_type>   的消息类型——需
    class join_impl {                        要传递给监听器的
    public:                                  消息类型

        using value_type = MessageType;
        …

        void process_message( SourceMessageType&& source )    当监听到新的流时，
        {                                        保存它，并把它的消
            m_sources.emplace_back( std::move( source ) );     息作为自己的消息
            m_sources.back().set_message_handler( m_emit );    发送
```

```
    }

    private:
        Sender m_sender;
        std::function<void(MessageType&&)>m_emit;
        std::list<SourceMessageType> m_sources;
    };
}
```

保存所有监听到的流，并扩展它们的生命周期。使用list减少内存分配的次数

现在已经有了 join 和 transform，反应流可以称为 monad 了。

12.4　过滤反应流

到目前为止，已经创建的转换使反应流可以作为 monad，但还要提供一些其他操作，使它更像一个 range。下面添加 range 中另一个有用的功能。

在前面的例子中，把所有来自客户端的消息都输出到标准的错误输出（std::cerr）。现在假设需要忽略其中的某些消息。例如，需要滤除空消息和以#开头的消息，因为以#开头的消息只表示注释。

可以用下面的代码实现：

```
auto pipeline =
        service(event_loop)
    | transform(trim)
    | filter([](const std::string& message) {
        return message.length() > 0 &&
        message[0] != '#';
      })
    | sink_to_cerr;
```

需要创建一个类似于 transform 的流修改器。它可以接收消息并只发送符合谓词要求的消息。与 transform 和 join 不同的是，过滤器监听和发送的是同一类型的消息，如清单 12-8 所示。

清单 12-8　对流中的消息进行过滤的 Actor
```
template<typename Sender,
        typename Predicate,
        typenameMessageType =
            typename Sender::value_type>
class filter_impl {
public:
    using value_type = MessageType;
```

接收的消息类型与发送的消息类型相同

```
…
    void process_message( MessageType&& message ) const
    {
        if ( std::invoke( m_predicate, message ) ) {
            m_emit( std::move( message ) );
        }
    }
```

接收一条消息，检查是否满足谓词条件，如果满足则继续传递

```
private:
    Sender      m_sender;
    Predicate      m_predicate;
    std::function<void(MessageType&&)>m_emit;
};
```

如果需要剔除无效数据或不感兴趣的数据，过滤是非常有用的。

12.5 反应流的错误处理

因为要实现的是基于 Web 的服务，它可以接收 JSON 格式的消息，所以需要能够处理转换错误。在第 9 章和第 10 章讨论了几种处理函数式编程错误的方式。对计算中出现错误的情况，可以将 optional<T>置为空，表示这种错误。如果需要提示具体发生的错误，可以使用 expected<T，E>。

示例依赖的 JSON 库是基于异常处理的，正因为如此，本章将使用 expected<T，E>来进行错误处理。T 代表要发送的消息类型，E 是指向异常的指针（std::exception_ptr）。每条消息要么包含一个值，要么包含一个指向异常的指针。

使用 expected 作为错误处理，包含那些可能出现错误的代码，需要使用第 10 章的 mtry 函数。快速回想一下，mtry 是一个将抛出异常的函数转换成返回 expected<T, std::exception_ptr>实例的函数的辅助函数。可以给 mtry 传递任何可调用的对象，这个对象将会被执行。如果一切正常，就得到包装在 expected 对象中的值。如果出现异常，就得到一个包含指向异常指针的 expected 的对象。

有了 mtry 就可以包装 json::parse 函数，并使用 transform 对所有客户端传递到 JSON 对象的消息进行转换。这样就可以得到一个 expected_json 的对象流（expected<json, std:: exception_ptr>），如清单 12-9 所示。

清单 12-9 把字符串转换成 JSON 对象

```
auto pipeline =
    service( event_loop )
    | transform( trim )
    | filter([] (const std::string & message) {
        return(message.length() > 0 &&
```

```
            message[0] != '#');
    } )
```

试图转换接收的每个字符串。结果要么是一个JSON
对象，要么是一个指向异常的指针（或者具体点是
expected＜json, std::exception_ptr＞的对象）

```
    | transform([] (const std::string & message) {
          return mtry([&] {
              return json::parse( message );
          } );
      } )
    | sink_to_cerr;
```

每个 JSON 对象的数据需要转换成适当的结构。需要定义一个保存书签的 URL 和文本
的结构，而且需要一个接收 JSON 对象，并在对象包含所需要数据时给出书签数据，或给出
一个错误（当 JSON 对象没有需要的数据时）：

```
struct bookmark_t {
    std::string  url;
    std::string  text;
};
using expected_bookmark = expected<bookmark_t, std::exception_ptr>;
expected_bookmark bookmark_from_json( const json & data )
{
    return mtry([&] {
                return bookmark_t { data.at( "FirstURL" ), data.at( "Text" ) };
            } );
}
```

如果试图使用 at 函数访问不存在的内容，JSON 库将抛出异常。正因为如此，与
json::parse 一样，需要用 mtry 对其进行包装。现在就可以处理消息了。

到此为止，已经对字符串完成了转换，并得到 expected<json, … >对象。需要跳过无效
的值，并从有效的 JSON 对象中创建 bookmark_t 的值。还有一点，因为转换成 bookmark_t
的过程可能失败，所以需要跳过所有失败的值。可以组合 transform 和 filter 实现这一功能：

```
auto pipeline =
    service( event_loop )
    | transform( trim )
    | filter( … )
```

只取得有效的JSON对象

```
    | transform([] (const std::string & message) {
        return mtry([&] {
            returnjson::parse( message );
        } );
```

```
} )
| filter(&expected_json::is_valid )
| transform(&expected_json::get )

| transform( bookmark_from_json )   ◄──  仅取得有效的书签
| filter(&expected_bookmark::is_valid )
| transform(&expected_bookmark::get )

| sink_to_cerr;
```

前面的结构模式比较清楚：执行转换有可能失败，滤除所有无效的结果，并从 expected 对象中提取数据以备进一步处理。唯一的问题是写法太冗长。但这不是主要问题。更大的问题是一旦遇到错误就会忘记错误。如果想要忘记错误，就不能使用 expected，而应该使用 optional。

例子现在变得更有趣了。现在得到一个值的流，每个值是一个 expected monad 的实例。到目前为止，只将流作为 monad，而把消息作为普通值。如果把 expected 看作 monad，代码是不是更有可读性呢？expected 实际上就是 monad。

这里只以 monad 的方式对 expected 实例进行转换，而不是执行整个的 transform-filter-transform（转换-过滤-转换）操作。如果查看 bookmark_from_json 函数的声明，就会发现它接收一个值，并给出一个 expected monad 实例。前面已经学习过，对于这样的函数，可使用 monad 风格的 mbind 进行组合，如清单 12-10 所示。

清单 12-10　把 expected 作为 monad

```
auto pipeline =
    service( event_loop )
    | transform( trim )
    | filter( … )                                    直到这里流还是普
                                                     通值的流。此处得
                                                     到一个expected实
    | transform([] (const std::string & message) {   例的流：monad中
        return mtry([&] {                            包含一个monad
            returnjson::parse( message );
        } );
    } )
    | transform([] (const auto & exp_json) {         如果可以使用mbind
        return mbind( exp_json, bookmark_from_json ) ;  转换expected实例，
    } )                                              则可以提升转换处理
                                                     expected对象的流
    …    ◄──   可以连接任意多个
              容易出错的转换

    | sink_to_cerr;
```

244

这是提升和 monad 绑定一起工作的绝好实例。从一个处理普通值 JSON 的函数开始，限制它可用于 expected_json，然后再提升它可用于处理 expected_json 的对象流。

12.6　响应客户端

到现在为止，Web 服务只能接收客户端的请求但不能响应。如果把客户端发送的书签保存起来就再好不过了——不是把书签输出到 sink_to_cerr，而是保存到数据库中。

最常见的情况是需要向客户端发送某种形式的响应，至少确定收到了客户端发送的消息。乍一看，这是服务的设计问题。把所有的消息收集到一个单一的流中——主程序甚至不知道客户端的存在。

解决这个问题有两种选择。一个是重新开始设计。另一个是听一下别人的意见，“monad，可以用 monad 解决。”听一下这个意见，不要删除目前已经实现的代码。

如果要把书签回应到客户端，而不是输出到 std::cerr 或数据库中，就需要知道哪个客户端发送了哪条消息。系统中唯一能说明这件事的只有 service 对象。从某种程度上说，关于客户端的信息需要通过整条管道——从 service(event_loop)到宿对象（Sink Object）——而不能在任何一步中改变。

service 对象发送的消息不能仅是字符串，需要包含消息字符串以及用于与客户交互的 socket 指针。因为 socket 需要在消息改变时通过所有转换，所以需要创建一个类模板，保存消息和 socket 指针，如清单 12-11 所示。

清单 12-11　保存消息和 socket 的结构

```
template <typename MessageType>
struct with_client {
    MessageType  value;
    tcp::socket  * socket;
    void reply( const std::string & message ) const
    {
        /*
         * Copy and retain the message until the async_write
         * finishes its asynchronous operation
         */
        auto sptr = std::make_shared<std::string>( message );
        boost::asio::async_write(
            *socket,
            boost::asio::buffer( *sptr, sptr->length() ),
            [sptr]( auto, auto ) {} );
    }
};
```

为了简化主程序，使其不依赖于 Boost.Asio，还需要创建 reply 成员函数（完整实现见随书源码的 examplebookmark-service-with-reply），可以用它向各户端发送消息。

with_client 是一个含有额外信息的通用的类型。前面已经学习过，看到类似的东西应该想到仿函数 functor 和 monad。很容易创建一个函数说明 with_client 就是一个 monad。

> **with_client 的 join 函数**
>
> 唯一需要考虑的是 join 函数。如果把 with_client 嵌套在另一个 with_client 中，则得到一个值和两个 socket 指针，但调用 join 后只需要一个 socket 就可以了。
>
> 如果 socket 指针不为空，可以选择最内层的 with_client 中的 socket，也可以选择最外层的 with_client 中的 socket。在需求中，无论怎么做都需要回应最初的客户端连接，这也就意味着需要保留最外层中的 socket。
>
> 或者，可以修改 with_client 类，保存 socket 的集合，而不仅是单一的 socket。在这种情况下，join 两个 with_socket 的嵌套实例，就需要把这两个集合合并。

如果要把 service 发送的消息由原来的普通字符串改造成 with_client<std::string>类型，为了使程序能够正常编译需要做哪些改变？很显然，需要对宿（sink）进行修改。它必须把消息发送到客户端而不是 std::cerr，而且将接收 with_client<expected_bookmark>类型的消息。它需要检查 expected 对象是否包含错误，然后相应地执行以下操作：

```
auto pipeline =
    service( event_loop )
    …
    | sink([] (const auto & message) {
                const auto exp_bookmark = message.value;
            if ( !exp_bookmark )
            {
                message.reply( "ERROR: Request not understood\n" );
                return;
            }
            if ( exp_bookmark->text.find( "C++" ) != std::string::npos )
            {
                message.reply( "OK: " + to_string( exp_bookmark.get() ) +
                            "\n" );
            } else {
                message.reply( "ERROR: Not a C++-related link\n" );
            }
        } );
```

如果解析书签时发生错误，需要通知客户端。而且需要接收关于 C++的书签，如果书签不包含 C++，则需要报告错误。

现在已经修改了 service，而且修改了宿 sink 回应客户端，还需要修改什么？

需要逐个修改所有的转换，直到它们全都理解新引入的 with_client 类型。或许可以更睿智一点，就像使用 mbind，而不是使每条消息通过转换-过滤-转换的修改器链条，处理可能出错的转换一样。尝试使用类似的手法解决这一问题。

这是另一层次的 monad。对于 with_client 类型值的流（实际上是一个 monad），每个元素包含一个 expected<T, E>类型的值（第三层嵌套的 monad），只需要把所有东西提升一个层次。

对于 reactive::operators 命名空间（请参考示例：bookmark-service-with-reply）中的处理反应流的 transform 和 filter 函数进行重新定义，使之可以处理 with_client 值的反应流。

```
auto transform = [] (auto f) {
    return reactive::operators::transform( lift_with_client( f ) );
};
auto filter = [] (auto f) {
    return reactive::operators::filter( apply_with_client( f ) );
};
```

lift_with_client 是一个简单的函数，可以把任何函数从 T1 提升到 T2，把 with_client <T1>提升到 with_client<T2>。apply_with_client 函数与之类似，只是返回一个未包装的值，而不是把返回结果包装到 with_client 对象中。

这就是所有要做的事情了。下面的代码不需要任何改变就可以正常工作，如清单 12-12 所示。下面的代码可以在 bookmark-service-with-reply/main.cpp 中找到。

清单 12-12　服务器的最终版本

```
auto transform = [] (auto f) {
    return reactive::operators::transform( lift_with_client( f ) );
};
auto filter = [] (auto f) {
    return reactive::operators::filter( apply_with_client( f ) );
};
boost::asio::io_service event_loop;
auto pipeline =
    service( event_loop )
    | transform( trim )
    | filter([] (const std::string & message) {
            return message.length() > 0 && message[0] != '#';
        } )
    | transform([] (const std::string & message) {
            return mtry([&] { return json::parse( message ); } );
        } )
    | transform([] (const auto & exp) {
            return mbind( exp, bookmark_from_json );
        } )
    | sink([] (const auto & message) {
            const auto exp_bookmark = message.value;
            if ( !exp_bookmark )
            {
```

```
            message.reply( "ERROR: Request not understood\n" );
            return;
        }
        if ( exp_bookmark->text.find( "C++" ) != std::string::npos )
        {
            message.reply( "OK: " + to_string( exp_bookmark.get() ) +
                        "\n" );
        } else {
            message.reply( "ERROR: Not a C++-related link\n" );
        }
    } );
std::cerr << "Service is running...\n";
event_loop.run();
```

这就是使用通用抽象，如仿函数（functors）和 monad 的威力。通过修改很少的东西并使主程序逻辑完整，可以对整个处理过程进行深入挖掘。

12.7　创建状态可修改的 Actor

虽然应该避免任何可修改的状态，但有些场合可变状态却十分有用。到目前为止，它可能还没有被注意到，但前面已经实现了一个包含可变状态的转换：join 转换。它保留了一个所有源的消息列表。

在这种情况下，可变状态是实现 join 转换的灵魂——需要保持源的活跃。但在有些情况下，具有显式状态的 Actor 是必要的。

为了保证 service 的响应速度，不能对所有的消息指定相同的优先级。假设有一个客户端试图通过发送大量消息来执行拒绝服务（denial-of-service，DoS）攻击，从而使服务器无法响应其他的客户端。

可以有很多方法处理这样的问题。一种简单的技术就是消息限制（Message Throttling）。如果收到客户端的一条需要处理的消息，则在一定时间间隔内拒绝后续发来的消息。例如，消息限制时间为 1s，也就意味着从客户端接收一条消息，则忽略该客户端 1s。

这样做的话，需要创建一个 Actor 接收消息并记住发送消息的客户端，以及限制的时间间隔，在这一时间间隔之后，才再次接收该客户端的消息。这就需要 Actor 具有可变状态，它需要记住并修改每个客户端的时间间隔。

在普通的并发系统中，可变状态需要同步，但在基于 Actor 的系统中却不是这样。Actor 是一个独立于其他 Actor 的单线程组件。需要修改的状态不会被不同的并发进程修改。因为不需要共享任何资源，因此也不需要任何同步。

前面提到过，书签服务实例中的 Actor 是十分简化的。可以同时处理多个客户端，但所有的处理仍然只在单一的线程中执行。只在与客户端通信的地方（使用 Boost.Asio 的代码部分）使用异步消息传递。

在通用 Actor 模型中，每个 Actor 位于一个独立的进程或线程中（或位于轻型线程中）。因为所有的 Actor 都有自己的小天地，而与其他的 Actor 在时间上不相关，所以就没有同步消息。

所有的 Actor 都有自己的消息队列，可以向其中添加任意多的消息。Actor（作为一个单线程组件）逐个处理队列中的消息。

在例子的实现中，消息是同步的。调用一个 Actor 的 m_emit 就会立即调用另一个 Actor 的 process_message 函数。如果要构造一个多线程的系统，则需要把所有调用变成间接调用。在每个线程中需要一个消息处理循环，这一循环把消息传递给正确的 Actor。

Actor 的基础结构不会发生大的变化，接收和发送消息的 Actor 是一个独立组件的概念始终保持不变。变化的只是消息的投送机制。

虽然底层的实现需要改变，但软件的设计不需要（改变）。在设计消息流水线时，并不限制系统是单线程的。可以把系统设计成处理相互消息的独立的组件集合——并不要求任何消息立即投递。即使需要彻底改变底层的系统，无论从概念上，还是从代码上，设计的流水线都可以保持完整。

12.8　用 Actor 编写分布式系统

把并发系统设计成为一组相互发送消息的 Actor 还有另一个好处。笔者曾经说过，所有 Actor 都是独立的，它们什么也不共享，甚至连时间轴也不共享。唯一可以保证的是消息队列中的消息是按到达顺序处理的。

Actor 并不关心它们是否位于同一线程、同一进程中的不同线程、同一计算机的不同进程或不同的计算机中，只要它们可以相互发送消息即可。这也就意味着可以很容易地扩展服务的规模，而无须修改它的主逻辑。每个创建的 Actor 可位于不同的计算机中，通过网络发送消息。

就像从单一线程切换到多线程系统不会对主程序逻辑产生任何改变一样，把基于 Actor 和反应流的普通系统切换为分布式系统，同样可以保证主程序的逻辑完整性。唯一需要改变的是系统的消息投递机制。在多线程执行中，需要在每个线程中创建消息处理循环，并且知道如何把消息传递给正确的循环，从而到达正确的 Actor。在分布式系统中道理是一样的——但所处的间接层次不同。消息不仅需要能够在线程间传递，而且需要能够序列化并在网络上传递。

　　提示：关于本章主题更多的信息和资源，请参阅 https://forums.manning.com/posts/list/43781. page。

总结

- 许多 C++程序员编写面向过程的代码。推荐阅读 David West 的《面向对象思想

（Object Thinking）》（微软出版社，2004）以帮助编写更好地面向对象的代码。对于函数式编程也是十分有益的。

- 人类相互交流实现了伟大的发明。大家没有共同的思想，但沟通能力却可以实现复杂的目标。这也是发明 Actor 模型的原因。

- monad 可以很好地交互，而无须担心它们层叠使用。

- 可以为反应流实现类似于输入 range 的转换。但无法对它们进行排序，因为排序需要随机访问所有的元素，却无法知道反应流中到底有多少个元素——它们可能是无限的。

- 与 Future 类似，反应流的常见实现不限于发送消息，还可以发送特殊的消息，如"流结束了"。这对于高效的内存管理是很有用的：当反应流不再发送消息时，可以销毁它。

第 13 章
测试与调试

本章导读

- 把错误消灭在编译阶段，避免运行时错误。
- 理解单元测试中纯函数的优点。
- 对纯函数自动产生测试用例。
- 按照需求编写测试代码。
- 基于 monad 的并发系统的测试。

计算机变得无处不在，智能手表、电视和烤面包机等。软件缺陷的后果小则轻微烦恼，大则出现严重问题，包括身份失窃，甚至危及生命。

因此，软件的正确性就变得举足轻重：它应该实现需要的功能，并且不能包含错误和缺陷。谁也不想编写包含错误的软件。很多重要的软件包含错误，这也是可以接受的。开发者们往往下意识地制定解决办法，以避免在使用的程序中发现错误。

虽然这听起来有点沮丧，但不能作为不努力编写正确程序的借口。关键是编写正确的程序并不容易。

由于这个原因，很多高级编程语言中引入了许多特性。C++尤其这样，最近的许多解决方案都集中于使编写安全的程序更加容易——或者更确切地说，使程序员更易于规避编程中的错误。

智能指针提升了动态内存管理的安全性，auto 自动类型推断显著降低代码长度，并能很好地避免意外的自动类型转换，std::future 等 monad 可以在不使用底层信号量的前提下开发正确的并发程序。代数数据类型 std::optional 和 std::variant、（计量）单位和用户自定义字面量（如 std::chrono::duration）等推动了基于类型的编程。

13.1 程序编译正确吗？

所有这些特性可帮助减少常见的编程错误，并把错误检测由运行时转移到编译进行。因小失大的著名案例是火星气候轨道器的错误，大多数代码假设距离单位是公制单位，但有少量代码使用了英制单位，因此造成了不可挽回的损失。

MCO MIB 已经确定 MCO 航天器损失的根本原因是未能在轨道模型中使用的地面软件文件 "Small Forces" 的编码中使用公制单位。具体而言，在标题为 SM_FORCES（Small Forces）的软件应用程序代码中使用英制单位而不是公制单位的推进器性能数据。

——NASA⊖

如果使用更强的类型而不是原始值进行编码，则可以避免此类错误。可以很容易地创建一个处理距离的类，强制使用统一的测量单位：

```
template <typename Representation,
          typename Ratio = std::ratio<1>>
class distance {
    ...
};
```

这个类可根据不同的测量单位创建不同的类型，可以使用任意的数值类型表示这些单位的数值——整数、浮点数或自己定义的类型。假设使用米作为默认单位，则可以创建其他的单位类型（为了简单起见，将英里四舍五入到米）：

```
template <typename Representation>
using meters = distance<Representation>;

template <typename Representation>
using kilometers = distance<Representation, std::kilo>;

template <typename Representation>
using centimeters = distance<Representation, std::centi>;

template <typename Representation>
using miles = distance<Representation, std::ratio<1609>>;
```

还可以对这些定义创建自定义的字面量，使得使用更加容易：

```
constexpr kilometers<long double> operator ""_km( long double distance )
{
```

⊖ NASA，《火星气候轨道器事故调查委员会第 1 阶段报告（Mars Climate Orbiter Mishap Investigation Board Phase I Report）》，1999 年 11 月 10 日，http://mng.bz/YOl7.

```
    return kilometers<long double>( distance );
}
```

```
… /* And similar for other units */
```

现在就可以编写使用任何单位的程序了。但如果试图混合匹配不同的单位，则会触发编译错误，因为这会引起类型不匹配：

```
auto distance = 42.0_km + 1.5_mi; // error!
```

为了应对这种情况，可以提供转换函数，但至少实现了主要的目标：一个小小的，零花费的抽象就可以把错误从运行时转移到编译时。这对于软件开发周期来说意味着巨大的不同——因错误丢失空间探测和在空间探测开始之前就检测到错误的区别。

通过本书介绍的高级抽象，可以把许多常见的软件错误移到编译时期。基于这个原因，某些人认为只要函数式程序成功编译，就可以正确运行。

很明显，所有重要的程序都包含错误，函数式编程风格的程序也是这样。代码越短（可以看到，函数式编程和它引入的抽象与通常的命令式编程相比，可以编写更短小的代码），犯错的概率就越小。编译时检测到的错误越多，运行时的错误就会越少。

13.2　单元测试与纯函数

虽然时刻试图编写可以在编译时检测错误的代码，但这是不可能的。程序需要在运行时处理真实数据，有可能出现逻辑错误或产生不正确的结果。

基于这个原因，在软件中需要自动测试。在改变现有代码的回归测试中自动测试也非常有用。

最底层的测试是单元测试（unit tests）。单元测试的目标是隔离程序的一小部分，单独对它们进行测试，以保证它们的正确性。这只是测试了单元代码的正确性，而没有测试与其他单元集成时的正确性。

一个好消息是，函数式编程的单元测试与命令式单元测试非常相似。在测试中可以使用自己惯于使用的库编写测试代码，唯一的不同是测试纯函数更加容易。

传统上，对包含状态的对象进行单元测试，包括建立对象的状态、对该对象执行操作并检测结果。假设有一个处理文本文件的类。它可能包含几个成员函数，包括一个统计文件中行数的函数，就像第 1 章中统计行数的方式一样——通过统计文件中换行符的数目确定行数：

```
class textual_file {
public:
    int line_count() const;
```

```
    …
};
```

为了对这个函数进行单元测试，则需要创建几个文件，对所有的文件创建 textual_file 实例，检查 line_count 函数的结果。

如果要测试的类包含状态，则这是通用的方法。必须先初始化状态，然后才可以进行测试。经常需要对类的各种状态执行相同的测试。

这通常意味着要编写一个好的测试用例，需要清楚地知道类的哪些状态将影响测试结果。例如，textual_file 类可能包含一个表示文件是否可写的标志，这就需要知道在它的内部这个标志对 line_count 函数是不是有影响，或对可写文件和只读文件两种情况进行测试。

对纯函数测试就简单很多。函数结果只与函数的实际参数有关。如果没有向函数添加多余的参数，则可以认为所有参数都参与了结果的计算。

在测试之前也没必要建立外部状态，而且测试也没必要关心函数的实现细节。函数和外部状态的解耦使得函数更通用，可使重用性增强，并支持在各种环境下测试该函数。

考虑下面的纯函数：

```cpp
template <typename Iter, typename End>
int count_lines(const Iter& begin, const End& end)
{
    using std::count;
    return count( begin, end, '\n' );
}
```

作为一个纯函数，它不需要外部状态计算结果，除了使用它的实际参数外什么也不需要，而且不会修改它的实际参数。

测试时不需要提前准备就可以调用这个函数，而且可以用不同的类型调用这一函数——从列表到向量，从 range 到输入流都可以：

```cpp
std::string s = "Hello\nworld\n";               ┌─ 用字符串进行测试
assert(count_lines(begin(s), end(s)) == 2);

auto r = s | view::transform([](char c) { return toupper(c); });
assert(count_lines(begin(r), end(r)) == 2);      ├─ 用range进行测试

std::istrstream ss("Hello\nworld\n");            ┌─ 用输入流进行测试
assert(count_lines(std::istreambuf_iterator<char>(ss),    │ （而不限于文件）
                   std::istreambuf_iterator<char>()) == 2);

std::forward_list<char> l;                       ├─ 用单链表进行测试
assert(count_lines(begin(l), end(l)) == 0);
```

如果愿意还可以使用更加舒适的重载，而没必要使用两个迭代器调用 count_lines 函数。这只需要一行包装代码，而不需要进行彻底测试。

254

单元测试的任务是隔离小部分程序并独立进行测试。任何纯函数都已经是程序的独立部分，再加上纯函数易于测试的事实，可以使每个纯函数适于单元测试。

13.3　自动产生测试

虽然单元测试很有用（而且必要），但主要问题是必须手工编写测试代码。这样容易引发错误，因为可能会编写错误代码，会编写不正确或不完整的测试。对于自己的代码和别人的代码，别人的代码更易于发现错误，同样的道理很难对自己的代码进行测试。很容易忽略实现时没有考虑到的边角情况。如果能够根据测试的内容自动产生测试代码就方便多了。

13.3.1　产生测试用例

根据说明书实现 count_lines 函数：给定字符的集合，返回集合中换行符的数目。那么，问题反过来怎么样呢？给定一个数值，产生它的行数等于给定数值的所有的集合。这就产生了如下函数（只把字符串作为集合的类型）：

```
std::vector<std::string> generate_test_cases(int line_count);
```

如果这些问题是其他问题的逆问题，那么对于 generate_test_cases(line_count)产生的任何集合，count_lines 函数需要返回相同的值。对于任意数值，从零到无穷大，line_count 都必须是正确的。可以编写如下规则：

```
for ( int line_count : view::ints(0) )
{
    for ( const auto& test : generate_test_cases(line_count))
    {
        assert(count_lines(test) == line_count );
    }
}
```

这将是一个完美的测试，但还有一个小问题。测试用例是无限的，因为要对从零开始的所有整数进行测试。

对于每个测试用例，对于给定的换行符数值，可能有无限个字符串。

因为不可能对所有情况进行测试，所以只能产生一个子集，对这个子集进行测试。产生一个包含给定个数换行符的字符串非常简单。可以产生足够的随机字符串，并在两两之间用换行符连接。每个字符串的长度是随机的，包含的字符个数也是随机的——只需要保证它们不包含换行符即可：

```
std::string generate_test_case( int line_count )
{
    std::string result;
    for ( int i = 0; i < line_count; ++i )
```

```
    {
        result += generate_random_string() + '\n';
    }
    result += generate_random_string();
    return result;
}
```

这将产生一个测试用例：一个包含 line_count 个换行符的字符串。可以定义这个函数返回这些例子的无限的 range：

```
auto generate_test_cases( int line_count )
{
    return view::generate( std::bind( generate_test_case, line_count ) );
}
```

现在需要限制测试的数目。可以预先定义一个限制，而不是处理每个集合的无穷数值，如清单 13-1 所示。

清单 13-1 在随机产生的测试用例集上测试 count_lines 函数

```
for ( int line_count :
      view::ints(0, MAX_NEWLINE_COUNT)) {    ◄────  只检查到预定义的值，而
                                                    不是检查所有的整数

    for ( const auto & test :
            generate_test_cases( line_count )  ◄──── 对于每个行数指定
            | view::take( TEST_CASES_PER_LINE_COUNT)) {  测试用例的数目
        assert( line_count ==
                count_lines(begin(test), end(test)));
    }
}
```

虽然只能覆盖所有可能输入的一个子集，每次运行测试，就会产生一个随机的集合。每次运行新的测试，已经检查正确的输入空间就会被扩展。

随机测试的缺点是可能某次调用会失败，而不会出现其他的问题。这将导致错误的暗示：如果测试失败，则表示程序最后的更改包含错误。为了避免这一问题，可以在测试结果中输出产生随机数的种子，以便以后重现这种错误，从而找出引起这一错误的软件版本。

13.3.2 基于规则的测试

有些问题的检查结果是已知的，或检查本身比问题简单得多。假设需要测试一个反转向量中元素的函数：

```
template <typename T>
std::vector<T> reverse(const std::vector<T>& xs);
```

可以创建一些测试用例检查 reverse 函数能否正常工作。但还是只能覆盖用例的一小部分。这时可能需要找到应用于 reverse 函数的规则。

首先，找到反转给定集合 xs 的逆问题。找到反转后等于原始集合 xs 的所有集合。它只有一个，那就是 reverse(xs)。反转集合的逆问题就是它本身：

```
xs == reverse(reverse(xs));
```

对于任何给定的集合 xs 都是这样。可以给 reverse 函数添加一些新的规则。

■ 反转后的集合中的元素个数需要与原始集合中的元素个数相同。

■ 原始集合中第一个元素需要与反转后集合的最后一个元素相同。

■ 原始集合中最后一个元素需要与反转后集合的第一个元素相同。

任何集合都必须如此。可以产生许多随机的集合，看看它们是否满足这些规则，如清单 13-2 所示。

清单 13-2　产生测试用例并检查是否符合相应的规则

```
for ( const auto & xs : generate_random_collections() ) {
    const auto rev_xs = reverse( xs );
                                          如果对集合进行两次反
                                          转，则得到原始集合
    assert( xs == reverse( rev_xs ) );  ◄
    assert( xs.length() == rev_xs.length() );  ◄  原始集合与反转后的集
                                                  合元素个数应该相同

    assert( xs.front() == rev_xs.back() );      原始集合的第一个元素与反转
    assert( xs.back() == rev_xs.front() );      后集合的最后一个元素相同，
}                                               反之亦然
```

在前面的例子中检查 count_lines 函数的正确性，需要在新的测试中检查函数输入空间的不同部分。这里不同的是，不需要为这些测试样例创建智能的产生函数。任何随机产生的样例都必须满足 reverse 函数的所有规则。

对于其他的问题也可以这样处理——逆问题不是本身的问题，同样需要符合相应的规则。假设要测试排序函数是否工作正常。排序的方法有很多种，有些对内存中的数据排序比较高效，有些排序方法更适合外存上的数据排序。但它们都需要符合以下规则。

■ 原始集合与排序后集合的元素数目相同。

■ 原始集合中最小的元素必须与排序后集合中的第一个元素相同。

■ 原始集合中最大的元素必须与排序后集合中的最后一个元素相同。

■ 排序后集合中的每个元素都大于或等于它的前驱元素。

■ 对反转后的集合进行排序，与对未反转的集合排序结果相同。

这样就找到了容易检查的规则（这一列表并不宽泛，但足以用于演示），如清单 13-3 所示。

清单 13-3　产生测试用例检查排序规则

```
for ( const auto & xs : generate_random_collections() ) {
    const auto sorted_xs = sort( xs );
    assert( xs.length() == sorted_xs.length() );

    assert( min_element( begin( xs ), end( xs ) ) ==
            sorted_xs.front() );
    assert( max_element( begin( xs ), end( xs ) ) ==
            sorted_xs.back() );

    assert( is_sorted( begin( sorted_xs ),
                       end( sorted_xs ) ) );
    assert( sorted_xs == sort( reverse( xs ) ) );
}
```

检查排序后的集合是否与原始集合有相同数目的元素

检查最小值和最大值是否为排序后集合的第一个元素和最后一个元素

检查排序集合中的每个元素是否大于或等于它的前驱元素

检查对反转后的集合进行排序与对未反转的集合进行排序是否得到相同的结果

在对某个函数设定一套规则进行测试时，可以随机产生输入进行测试。如果任何一个规则检测失败，则说明实现是存在问题的。

13.3.3　比较测试

到目前为止，已经学习了对于已知解决逆问题的函数，如何自动产生测试用例的方法，以及无论数据如何提供，只对规则进行测试的方法。还有第三种选择，在这种情况下，随机产生的测试可改进单元测试。

假设要对第 8 章的位图向量树（Bitmapped Vector Trie（BVT））的实现进行测试。它被设计成为不可修改的数据结构。它的外观和行为与标准的向量类似，只有一点不同：它对副本进行了优化，不允许就地修改。

测试这种数据结构最简单的方法是参照与它类似的普通结构——与普通向量对比测试。对所有定义的操作进行测试，对比标准向量相同和等价的方法的测试结果。为此需要在标准向量与 BVT 向量之间进行转换，并且能够检查两者是否包含相同的元素。

这样就可以制订一些规则进行测试。同样的，这些规则必须适用于任何随机集合数据。首先需要检查用标准向量构建的 BVT 与标准向量是否包含相同的元素，反之亦然。接下来测试所有的操作——对 BVT 和标准向量执行这些操作，并检查结果集合是否包含相同的数据，如清单 13-4 所示。

清单 13-4　产生测试用例并进行 BVT 和向量的比较

```
for ( const auto & xs : generate_random_vectors() ) {
    const BVT bvt_xs( xs );
    assert( xs == bvt_xs );
```

如果两个集合都支持迭代，这一实现用std::equal非常容易

```
    {
        auto xs_copy = xs;
        xs_copy.push_back( 42 );
        assert( xs_copy == bvt_xs.push_back( 42 ) );
    }
    if ( xs.length() > 0 ) {
        auto xs_copy = xs;
        xs_copy.pop_back();
        assert( xs_copy == bvt_xs.pop_back() );
    }
    …
}
```

因为BVT不可修改，需要用标准向量模拟这一行为。首先创建一份副本，然后再进行修改

这些自动测试的方法不是互斥的。可以对单个函数进行多种测试。

例如，测试自定义的排序算法，可以使用以下 3 种方法。

- 对于每个排序后的向量，通过重排创建一个无序的向量。对重排后的向量进行排序应返回原来的向量（即已经排序好的向量）。
- 对排序实现必须具备的规则进行测试，这个已经学习过了。
- 产生随机数据，用排序方法进行排序，并用 std::sort 检查是否返回相同的结果。

对于需要检测的列表，可以使用任意多的随机样例进行测试。如果任意一个测试失败，则说明实现存在问题。

13.4　测试基于 monad 的并发系统

在第 12 章实现了一个简单的 Web 服务。这一实现主要是基于响应流的，并且还使用了几个其他的 monad 结构：expected<T, E>用于处理错误，with_socket<T>在程序的逻辑中传递 socket 指针，以便向客户端发送响应。

这种基于 monad 的数据流的软件设计有许多优点。它是可组合的，它把程序逻辑分隔成一系列独立的类 range 转换，可以很容易地在程序的其他地方或其他程序中重用它们。

另一个重要的优点是，即使修改了原服务器的实现，也可以在不修改主程序逻辑的情况下对客户端进行响应。把转换提高了一个档次，只要能够处理 with_socket<T>类型，其他的都可以正常工作。

本节将继续使用这一事实：所有 monad 的结构都是类似的——都包含 mbind, transform 和 join。如果基于这些函数构建自己的逻辑（或在这些函数之上构建自己的逻辑），就可以随意在 monad 之间进行切换，而不必修改主程序的逻辑，这样就可以实现对程序的测试了。对于并发系统，或软件的部分与主程序异步执行的系统进行测试的主要问题是，很难对系统交互的所有可能进行测试。如果两个并发进程需要相互通信，或共享相同的数据，那么某些情况下，如果其中一个未在规则的时间内执行完成，则会发生很大的变化。

259

这种模拟在测试中非常困难，很难检测到软件中出现的错误。而且，重复软件中检测到的问题非常痛苦，因为所有进程的时机很难重复。

在这个小的 Web 服务的设计中，关于转换需要多少时间没有做过任何假设（不论是显式的还是暗含的）。甚至没有假设转换是同步的。

唯一的假设是有一个来自客户端的消息流。虽然这个流是异步的，但定义的数据流却不要求这样——它对于同步的流数据也应该可以正常工作——例如，对于 range 也是可以处理的。

简单回想一下，数据的流水线就是这个样子的：

```
auto pipeline =
    source
    | transform(trim)
| filter([](const std::string &message) {
    return message.length() > 0 && message[0] != '#';
  })
| transform([](const std::string &message) {
    return mtry([&] { return json::parse(message); });
  })
| transform([](const auto &exp) {
    return mbind(exp, bookmark_from_json);
  })
| sink([](const auto &message) {
    const auto exp_bookmark = message.value;

    if (!exp_bookmark) {
        message.reply("ERROR: Request not understood\n");
        return;
    }

    if (exp_bookmark->text.find("C++") != std::string::npos) {
        message.reply("OK: " + to_string(exp_bookmark.get()) +
                     "\n");
    } else {
        message.reply("ERROR: Not a C++-related link\n");
    }
});
```

字符串流来自源（Actor），需要把它们转换成书签。如果这些代码没有排序方面的要求，首先想到的源（Actor）不是基于 Boost.Asio 的服务，而是某种集合，可以使用 range-v3 库处理它。

这种设计特别适合于测试：根据自己的需要可以把异步关闭或打开。如果系统运行，则使用反应流，但如果测试系统的主逻辑，则可以使用普通的数据集合。

如果要测试 Web 服务，看看需要做哪些改变。测试流水线时，不需要服务组件，所以可以剥离所有使用 Boost.Asio 的代码。唯一需要保留的是向客户端发回消息时使用的包装类型。因为没有了发送消息的客户端，而是一个指向 Socket 的指针，需要以这个类型保存发回的预期消息。当管道调用 reply 成员函数时，则可以检查是否得到了预期的消息：

```
template <typename MessageType>
struct with_expected_reply {
    MessageType value;
    std::string expected_reply;
    void reply(const std::string &message) const {
        REQUIRE(message == expected_reply);
    }
};
```

与 with_socket 类似，这一结构持有消息和上下文信息。可以使用此类作为 with_socket 的代用品，只要涉及数据流流水线，什么都不需要改变。

下一步就是使用 range 库中的转换替代反应流中的转换重新定义管道变换。这仍然不需要改变管道流水线，只需要改变原程序中的 transform 和 filter 的定义。它们需要提升 range 变换来使用 with_expected_reply<T>：

```
auto transform = [](auto f) {
    return view::transform(lift_with_expected_reply(f));
};
auto filter = [](auto f) {
    return view::filter(apply_with_expected_reply(f));
};
```

还需要定义 sink 转换，因为 range 没有这部分内容。sink 转换应对源 range 中的每个值调用给定的函数。可以使用 view::transform 进行实现，但需要做少量修改。传递给 sink 的函数返回 void，不能直接传递给 view::transform，因为它只会产生包含 void 的 range。需要把转换函数封装成返回真实值的函数。

```
auto sink = [](auto f) {
    return view::transform([f](auto&&ws) {
        f(ws);
        return ws.expected_reply;
    });
};
```

全部结束了。现在可以创建一个 with_expected_reply<std::string>的向量实例，并把它沿管道传播。集合中每个元素处理后，就会测试响应是否正确。本例的全部实现源代码，请参考随书示例：bookmark-service-testing。

值得注意的是，这仅仅是对主程序逻辑的测试。还必须对 service 服务组件，每个转换组件，如 filter 和 transform 进行测试。通常，对于这样小规模的组件进行测试比较容易，组件实现中不会出现太多的 bug，错误大多出现在组件的交互中。这些交互正是需要简化测试的原因。

提示：关于本章主题更多的信息和资源，请参阅 https://forums.manning.com/posts/list/43782.page。

总结

- 每个纯函数都特别适合单元测试。关于计算结果的输入是已知的，而且它不会受到外部状态的影响——它唯一的作用就是返回一个结果。
- 一个最有名的对随机产生的数据集进行属性检测的库是 Haskell 语言的 QuickCheck。它引领了许多语言的类似项目，包括 C++。
- 通过改变 random 函数，可以改变经常测试的数据类型。例如，在生成随机字符串时，可以通过使用具有正态分布且均值为零的随机函数来支持较短的字符串。
- 模糊测试（Fuzzing）是另一种使用随机数据进行测试的方法。这一思想主要用于测试软件对无效的输入能否正常工作。特别适合接收无结构输入的软件测试。
- 记住随机种子的初始值可以重复失败了的测试。
- 正确设计的 monad 风格的系统，如果延续函数 monad 或反应流被普通值和数据集合取代，仍然可以正常工作。这就允许测试在并发和异步执行之间随意切换。可以在测试中使用这种切换。